焦典 赵君 著

重塑学习

元认知潜能的聚变与升维

Cognition
&
Brain
Teaching
Technology

电子工业出版社

Publishing House of Electronics Industry

北京·BEIJING

内容简介

本书共九章：第一章讲述认知、元认知的定义及两者的区别；第二章指出元认知对于学习的价值；第三章阐述基于元认知的学习策略；第四章至第七章，分别为元认知学习法在语文、数学、音乐及美学这四门科目中的应用；第八章帮助学生掌握积极的情绪管理；第九章阐述元认知对于构建终生学习理念与行为习惯的作用。本书旨在改变被动低效的刷题式学习，使学生通过主动探索，获得高效通达事物本质及规律的学习能力。

本书适合探寻高效学习方法的学生、家长及从事教育行业的人士进行阅读及学习。

未经许可，不得以任何方式复制或抄袭本书之部分或全部内容。
版权所有，侵权必究。

图书在版编目（CIP）数据

重塑学习：元认知潜能的聚变与升维/焦典，赵君著.—北京：电子工业出版社，2021.9
ISBN 978-7-121-41914-0

Ⅰ.①重… Ⅱ.①焦… ②赵… Ⅲ.①元认知–研究 Ⅳ.① B842.1

中国版本图书馆 CIP 数据核字（2021）第 177766 号

责任编辑：秦　聪
印　　刷：中国电影出版社印刷厂
装　　订：中国电影出版社印刷厂
出版发行：电子工业出版社
　　　　　北京市海淀区万寿路 173 信箱　邮编：100036
开　　本：720×1000　1/16　印张：17　字数：303.6 千字
版　　次：2021 年 9 月第 1 版
印　　次：2021 年 9 月第 1 次印刷
定　　价：79.90 元

凡所购买电子工业出版社图书有缺损问题，请向购买书店调换。若书店售缺，请与本社发行部联系，联系及邮购电话：（010）88254888，88258888。
质量投诉请发邮件至 zlts@phei.com.cn，盗版侵权举报请发邮件至 dbqq@phei.com.cn。
本书咨询联系方式：（010）88254568，qincong@phei.com.cn。

序 言
FOREWORD

选择这个题目之时，我从一只脚踏入教育行业到全身心投入教育事业，已历经十二个年头。在亲历诸多业态和机构发展的同时，我深深地陷入了对于行业创新的思考……在科技飞速发展的时代，2016年AlphaGo的压倒性胜利宣告了人工智能等新技术将在未来改变多个行业，如从亿万个交易数据中判定消费趋势，根据复杂的路况规划符合出行人需求的合理路线，甚至智能推荐适合你的晚餐菜单……这些创新技术的应用也宣告了某些岗位的落伍甚至被淘汰，这将牵动多少学子的前途以及多少家庭的未来……

人，优于机器的长处是什么？

家长，希望孩子拥有怎样的生活与未来？

未来需要什么样的人才？

作为曾经的某教育头部企业的首席战略顾问，我在服务客户的过程中不断思索：如何真正让孩子体会获得知识的快乐并掌握学习的核心能力？

作为上市教育企业的高管，我在企业运营中不断地实践着对这个目标的探索，因此开启了对脑神经科学与认知心理学的学习之路。

2017年，我在发布于自己的公众号的文章中提及：人与人的终极差距，以及人胜于机器的优势就是经过科学教育培养的、具备元认知学习能力及善于创新的能力素养。

爱学习的孩子不少，会学习的孩子却不多。大多数孩子把知识点死记硬背下来，在考试前通过反复不断的刷题、"机经"、猜题攻略去获取考试的高分。极少有人教导他们去探究知识点背后蕴含的价值与规律，从而使他们掌握应对不确定性的核心能力。

我通过在教育一线的积累及思考，结合持续的专业学习发现，很多时候孩子在学习上找不到出路，没有学习兴趣、学习效率低、缺乏学习习惯造成的自信心不够，不过是"不识庐山真面目，只缘身在此山中"。如果我们帮助孩子转换思路，让他们以旁观者的视角审视事物本身，基于人脑发育与认知能力发展的进程，针对不同的学习目标和任务采用不同的学习策略，困难往往就迎刃而解了。这种"旁观者"的视角就是"元认知"，即我们审视自己思想的能力；元认知学习方法——CBTT（Cognition & Brain Teaching Technology），即基于脑神经科学与认知心理学的教学方法，是应对未来各科目学习的基底思维框架。

元认知就像一个导航系统，帮助孩子认清自己所处的学习阶段：是否制定了正确的学习目标，是否真正掌握了所学的知识，接下来应该做出什么行动以达成目标。如果用计算机原理来说明，那么元认知即调整思维、改进思维结构的利器，是"系统"；人脑——一切无形的思想皆产生于这个有形的器官中，即"硬件"；应对工作与生活中各式挑战的能力，即"应用程序"。

脑神经科学与认知心理学虽然经过了漫长且各自独立的发展历程，但两者合力在教育领域衍生出的教育神经科学尚处于发展初期。因此，我虽尽力在本书中谈及前沿的研究成果，但也难免有所遗漏；伴随着科技的高速发展，神经科学领域会不断涌现出新的研究方法和成果，例如，马斯克创建的Neuralink公司，已经通过商业化积累了大量的实践数据，从而改变甚至颠覆了一些已知的信息或知识。我会持续关注相关领域的发展，适时通过网络载体更新内容。相信通过持续不断地对教育神经科学、学习科学进行研究与讨论，最终能够摸索出一套符合新时代教育理念的产品及服务模式。

在此感谢在成长之路上鼓励我的师长和朋友们。

For Learners，By Learners.

焦典博士

2021 年夏于北京

前 言
PREFACE

"认知"已经成了社会热点词。从科学的角度解释，认知是人们通过感觉器官接受外界输入的各类信息，经过大脑的加工处理，转换成内在的心理活动，进而影响人的意识和行为等活动的总称。该过程包含感觉、知觉、记忆、思维、想象和语言等，是人类从类猿到直立行走的智人，再至现代人类的漫长进化之路，也是人与动物从本质上区分开来的高等智能的表现，标志着人类自我意识的觉醒。

人类自我意识的觉醒与认知的诞生，最具标志性的代表活动主要有两个。一是早期人类将对逝者遗体进行妥善处理的系列活动演变成丧葬仪式：从随意丢弃遗体（如动物），发展到举行特别的祭奠仪式，这也是人类对自我存在与世界互动关系的思考。二是对长者群体的善待，以生理学角度看待人类个体：当老年男性无法对族群部落做体能方面的贡献，如参与狩猎、防御野兽与敌人等；当女性无法生育，不能再为族群部落贡献新生力量时。如果在其他动物族群中，长者群体很快就会被抛弃，被赶出族群自生自灭。但人类因拥有高等智能，也就是认知能力，在生理上衰老之后，依然可以凭借其智力和经验的贡献，获得族群的有效照料，甚至拥有更权威的地位。

进入东西方百家争鸣的时代，各种社会的观念和欲望都是由个人的"自我和自我意识"产生的，且该自我意识独立、顽强、坚韧地存在着。关于自我和自我意识的探讨，开辟了人类对心理、认知行为和学习机制的科学研究。而在科学研究"认知"及"认知过程"中，"元认知"的概念应运而生。

元认知（Metacognition）这个专业词汇最早源自美国儿童心理学家J.H.Flavell的著作《认知发展》一书。Flavell与合作研究者在1970年的一项记忆研究中，做了几组学前儿童和小学生的记忆行为和成绩之间关系的试验。

结果表明，一部分儿童能更好地判断自己是否已经充分记住了所需学习的内容，并且能更好地预测自己可以回忆出其中有多少类目。Flavell 把这个现象定义为元认知。

不难看出，元认知的概念产生于对自我认知过程的思考，即审视、评价与反思这个过程是否合理，这是元认知的行为标志。简单来说，元认知就是对"认知过程的再认知"。换成更容易理解的方式来比喻——认知是玩家以第一人称视角进入的射击/冒险游戏，感觉、知觉、记忆、思维、想象和语言全方位仿佛身临其境一般，而元认知则是该玩家的第三人称视角。元认知对认知过程的审视与调节，好比在游戏场景里遇到无法跳跃的障碍时，玩家及时切换到第三人称视角，发现原来是游戏人物的某一部分（躯干、腿等虚拟形象部位）卡在了游戏地形（如箱子）中，通过调整角度后，顺利越过障碍。

本书的写作目的，一是依托于笔者多年的教育行业经验，结合教育学、认知心理学及脑神经科学的研究经历，探寻高效学习的方式方法；二是帮助中国家长更深刻地理解孩子的个性发展与学习差异，如各科目适合什么样的学习方式；三是倡议业界人士以学生为中心打磨产品与服务体系的理念，而不是盲目追求对学习效果帮助有限的科技噱头。因此，本书设为九章：第一章讲述认知、元认知的定义及两者的区别；第二章指出元认知对于学习的价值；第三章阐述基于元认知的学习策略；第四章至第七章，分别为元认知学习法在语文、数学、音乐及美学这四门科目中的应用；第八章帮助学生掌握积极的情绪管理；第九章阐述元认知对于构建终生学习理念与行为习惯的作用。本书旨在改变被动低效的刷题式学习，使学生通过主动探索，获得高效通达事物本质及规律的学习能力。

目 录
CONTENTS

01
第一章　认知与元认知 / 001

第一节　认知的定义 / 002

　　一、认知是信息的获取加工和处理过程 / 002

　　二、认知是心理认知过程与情绪意志过程 / 005

　　三、认知的两项功能 / 006

第二节　元认知的定义 / 007

　　一、元的概念 / 007

　　二、元认知的概念 / 008

　　三、元认知的核心组成 / 008

第三节　认知与元认知的关系 / 012

　　一、认知与元认知的区别 / 012

　　二、元认知能力与智力因素 / 013

02
第二章　元认知与学习 / 015

第一节　元认知能力与学习 / 016

一、元认知能力是打开学习潜能枷锁的那把科学钥匙 / 016

二、元认知能力与课堂学习 / 019

三、元认知能力与在线学习 / 020

第二节　元记忆 / 022

一、记忆过程与元记忆 / 022

二、感知觉信息对元记忆的影响 / 026

三、脑神经结构与元记忆的关系 / 029

四、幼儿元记忆能力的发展阶段 / 032

五、情绪对元记忆的影响 / 033

六、元记忆与学习策略 / 034

第三节　元理解 / 036

一、阅读与元理解 / 036

二、元理解能力的体现 / 037

三、数字阅读对元理解的影响 / 039

四、元理解能力的训练策略 / 040

03

第三章　元认知学习策略 / 043

第一节　强化工作记忆 / 044

一、工作记忆对学习的影响 / 044

二、工作记忆与语言阅读 / 045

三、工作记忆与数学思维 / 047

四、工作记忆与音乐素养 / 048

五、工作记忆与美学鉴赏 / 049

六、工作记忆的强化 / 049

第二节　塑造专注力与理解力 / 051

　　一、学习前——抗干扰处理原则 / 054

　　二、学习中——"专注—放松"双向调控机制 / 056

　　三、学习后——舒缓畅想方法 / 060

第三节　监控调节与溯源反馈 / 061

　　一、专注力层面的监控与调节 / 061

　　二、理解力层面的监控与调节 / 064

　　三、专注力与理解力的溯源反馈 / 066

第四节　知识网络构架 / 068

　　一、知识树的构成 / 070

　　二、知识树的管理 / 070

　　三、如何构建知识树 / 072

第五节　元认知教学法 / 074

　　一、学生进行预习，教师进行准备 / 076

　　二、学生进行演示，教师进行观察 / 077

　　三、学生进行练习，教师统计专注程度 / 077

　　四、学生做测试，教师帮助巩固 / 078

　　五、学生进行评估，教师进行反馈 / 078

04

第四章　元认知与语文学习 / 081

第一节　脑神经科学与语言文字 / 083

　　一、音素的产生 / 083

　　二、语素的意义 / 085

　　三、字符与书写 / 086

四、句式与语法 / 088
　　五、阅读理解 / 090
　　六、大脑边缘系统的参与 / 091
　　七、阅读障碍与健康建议 / 091

第二节　认知科学与语言文字 / 093
　　一、语言与人脑的双重进化 / 094
　　二、语言与思维发展 / 096
　　三、语言与形式载体 / 098
　　四、语言与文化特质 / 099
　　五、语言与跨文化沟通 / 100
　　六、语文学科学习 / 101

第三节　语文学科产品及教学分析 / 103
　　一、语文的发展简史 / 103
　　二、语文学科政策导向 / 104
　　三、语文学科市场规模 / 105
　　四、主流语文学科产品与教学体系分析 / 106
　　五、语文学科产品与教学总体评价 / 116

第四节　元认知语文学习方法 / 118
　　一、基础知识学习阶段 / 119
　　二、认知学习阶段 / 123
　　三、元认知学习反馈阶段 / 127

05

第五章　元认知与数学思维 / 133

第一节　数学思维的脑神经科学基础 / 135

一、天赋数感 / 135

   二、数字符号化的挑战 / 136

   三、运算规则 / 137

第二节　认知科学与数学思维 / 138

   一、空间思维能力 / 139

   二、语言理解能力 / 139

   三、情景式教学 / 140

   四、性别差异与优势 / 141

第三节　数学思维教育产品及教学分析 / 142

   一、数学思维源起 / 143

   二、数学思维教育政策导向与市场规模 / 143

   三、数学思维教育产品与教学体系分析 / 144

   四、数学思维教育产品与教学总体评价 / 149

第四节　元认知数学思维学习方法 / 151

   一、基础知识学习阶段 / 151

   二、认知学习阶段 / 155

   三、元认知学习反馈阶段 / 157

06

第六章　元认知与音乐素养 / 161

第一节　脑神经科学与音乐素养 / 164

   一、音乐：普通人的超能力 / 165

   二、音乐脑的概念 / 166

   三、音乐频率与学习 / 169

第二节　认知科学与音乐素养 / 171
　　一、音乐与人格特性 / 172
　　二、音乐与社交能力 / 174
　　三、音乐与认知能力 / 178

第三节　音乐教育产品与教学分析 / 181
　　一、音乐教育发展简史 / 181
　　二、音乐教育政策导向 / 184
　　三、音乐教育市场规模 / 185
　　四、音乐教育产品与教学体系分析 / 187
　　五、音乐教育产品与教学总体评价 / 192

第四节　元认知音乐学习方法 / 194
　　一、基础知识学习阶段 / 195
　　二、认知学习阶段 / 196
　　三、元认知学习反馈阶段 / 197
　　四、再谈音乐学习的关键期 / 199

07

第七章　元认知与美学观念 / 201

第一节　美学的脑神经机制 / 203
　　一、感知觉强化 / 203
　　二、共情反应 / 205
　　三、内啡肽效应 / 206

第二节　认知科学与美学观念 / 208
　　一、审美认知模块 / 209
　　二、色彩、运动刺激与图形 / 210

三、想象与创造 / 212

第三节　美术教育产品与教学分析 / 214
　　　一、美术教育专业化源起 / 214
　　　二、美术教育政策导向与市场规模 / 215
　　　三、美术教育产品与教学体系分析 / 216
　　　四、美术教育产品与教学总体评价 / 219

第四节　元认知美术学习方法 / 220
　　　一、基础知识学习阶段 / 220
　　　二、认知学习阶段 / 225
　　　三、元认知学习反馈阶段 / 228

08
第八章　元认知与情绪管理 / 231

第一节　学习体验设计 / 233

第二节　元认知与情绪管理技巧 / 237

09
第九章　元认知与终生学习 / 243

尾声与展望 / 254

参考文献 / 255

第 一 章

CBTT

认知
与
元认知

第一节　认知的定义

人类，

发明的火车替代了马车，超越了地球上所有的动物机械能；

发明的火箭遨游太空，脱离了地心引力的束缚；

发明的人工智能，超越了人类部分类型的脑力计算能力。

我们，以这个星球上"孱弱"的生物动能（力量）及并不出众的大脑重量与神经元结构，占据了除天气、地质灾害等自然力量之外的顶峰。相信你也会不禁反思，是什么推动着人类这个物种的升级迭代。

上述的伟大成就，核心在于人类通过创造工具，改变了与世界及外部环境的物理交互方式，与自身内部的心理交互关系。我们将这类对于外部环境和内部心理活动的诠释，称为认知。认知涉及脑神经科学、认识心理学甚至计算机科学等诸多学科，因此，对于认知的定义也有所不同，这印证了认知的意义中的核心部分——诠释事物的角度取决于观察者本身所拥有的背景知识框架（Background Framework），由个体或群体的知识、环境、经验与文化等因素所决定。为了便于理解与分析，在此总结几个学科领域对于认知的定义。

一、认知是信息的获取加工和处理过程

脑神经科学与现代人工智能计算学科的主流观点认为，认知是人类将感受器官获取到的外部信息，在人脑内部神经元（类似于计算机内部处理单元）

之间进行传递、加工、存储及提取的过程。相应的学科领域关注点在于人脑及其神经元结构功能的分析。人脑分辨及处理具体事物时相对应的功能区域如图1-1所示。

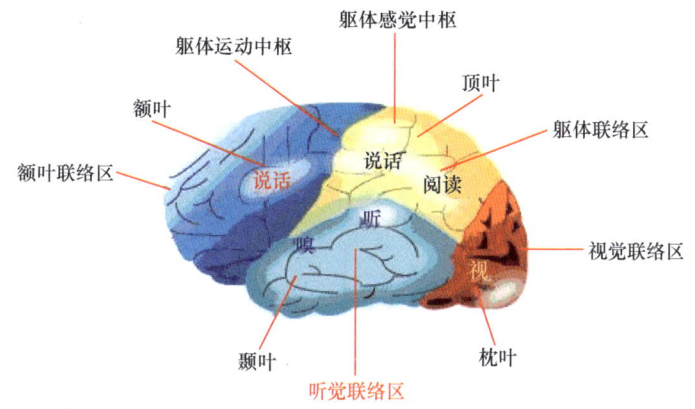

图 1-1　人脑核心功能区域示意图

如图1-1所示，人脑的几个核心功能区域是人处理复杂事物的高等认知功能的集合，各区域核心功能的简要阐述如下。

额叶负责对内外部刺激做出分类及优先级排列，主管注意和注意集中、抽象概括、推理判断、概念形成、问题解决等高等认知功能。额叶被视为人脑的"司令部"，可以监控和调节除生理机能之外的其他认知能力，特别是思维与心理活动。

顶叶负责精细触觉、空间、方位感、躯体感觉、运动感觉信息的接收、加工、整合。顶叶在空间与方位感信息处理上需要调用视觉、触觉、听觉等输入信息的识别；确保人要达成运动行为系列顺序（如挥拍打球的一系列动作）所需的视觉运动记忆及系列行为程序的预置；感受人体的姿态，即身体各部位及其空间位置。在语言理解上，顶叶参与语词、语调解译，以及判断语词的强度与时序，控制声音的调节；在注意力功能上，顶叶负责注意力的切换和警觉，帮助我们从专注于某个任务快速切换到下一个专注点上。

颞叶靠近人的听觉器官——耳朵，所以，**颞叶**负责听觉信息、音乐知觉的处理，以及参与记忆、情绪、动机、人格等高等认知能力。在语言理解功能上，颞叶（以及枕叶）参与对语言的理解。

枕叶的核心功能是负责视觉信息的整合以及视觉信息的记忆与转录。在语言理解上，枕叶参与对语言结构、词语逻辑的理解（颞叶也参与其中）。

边缘系统由海马结构和杏仁核构成，主要在情绪活动中起整合作用。边缘系统负责人脑在加工处理内外部信息与事件时，加入情绪因素，特别是参与构筑对于内外部刺激信息的情景记忆，这与边缘系统的位置处于大脑皮层的各联合区之间有着密切的关系，即颞叶、顶叶、枕叶联合区的信息通过边缘系统的扣带回传至额叶联合区，将情绪因素作为人脑决策判断依据的组成部分。

丘脑是大脑中重要的"翻译官/数据中枢"，将所有除了嗅觉之外的感觉信息消化吸收并传输到其他皮层中作为信息二次加工的"原料"。丘脑与高等认知加工、情绪和记忆的形成密切相关。

下丘脑以及脑干部分在维持人体内环境稳定上扮演着重要角色，被视作人体这个生态圈的"环境中枢"，它通过直接或间接途径控制各腺体分泌神经递质，来调节控制呼吸、心跳、内分泌、体温、饥饿感等与生存相关的核心机能。

感觉联合区位于顶叶附近，因此在机能上也连通了顶叶参与处理的触觉等信息，主要接收来自感觉皮层区域中的多种触觉信息，并对这些"原始信息"进行加工、整合，成为抽象思维或概念。

躯体运动联合区位于额叶附近，因此可视为"参谋中心"，主要参与各种复杂动作行为的预编排，即计划和编排人体的系列运动行为（额叶的部分功能），然后将信息传至运动皮层，将内心中抽象的思维转变为人体的具体行动。

值得注意的是，人的左右半脑的分工协调机制是人体经过漫长演化的精密性体现。人的左右半脑以胼胝体这一神经元层面的"信息高速公路"相连，将人的左右半脑处理的感觉信息和运动信息双向交互到各自的半脑中，这样左右交叉、两侧对称的结构和机制，使得左半脑控制着我们身体右侧，而右半脑控制着身体左侧。而在两个半脑的功能分工上也演化出了各自不同的特点，例如，从总体来看，人的左半脑负责语言、阅读、书写，还涉及数学能力和分析能力；右半脑以空间、方位、形象等非语言类的信息进行思维，因此负责与空间合成或概念有关的能力，如空间认知和音乐旋律等。这里需要强调的是，左右半脑分工的绝对论已经被科学研究和fMRI（功能性磁共振成像）观察证明所推翻，即打破原先认定的左半脑只掌管语言、逻辑等，右半脑只掌管空间、创造力等，这些分工活动被后续研究证明是不绝对的：一些因伤病等原因被切除左半脑的患者，在经历一段时间的康复训练后重新掌握语言能力，fMRI的结果也表明，这类患者健康的右半脑复刻出了左半脑的结构。我们的左右半脑在功能上都复刻了彼此相应的功能，在极端情况下是可互相替换的。所以，没有绝对的"左半脑思维"或"右半脑思维"，我们日常的工作生活中，都是左右半脑并用的"全脑模式"。

综上可见，外部环境产生的"刺激事件"，经由我们的感受器官（视觉、听觉、触觉、嗅觉、味觉）所接收，通过神经元网络传递到了人脑中的不同功能区域，人就产生了对外部环境的认知。然而，由于人脑功能与结构的复杂性以及人体实验的道德伦理性限制，我们对人脑结构中更精确具体的功能分工，特别是排除外部环境的刺激后，人的内部心理世界是如何产生对事物的认知的，还需要很长的探索之路。为此，我们把目光延伸到认知心理学的视角。

二、认知是心理认知过程与情绪意志过程

心理认知过程是指生命个体对外部环境和内部心理世界了解和觉察的心理行为，包括感知觉、记忆和联想等心理现象。

感知觉是指生命个体通过感受器官对外界事物的直接认识。要感谢脑神经科学领域的研究突破，使心理学终于有了感知觉方面的理论依据，你所能感受到的外部环境刺激都可以归因于感知觉。

记忆是把我们感受到的外部环境、经历的事件、情感体验等内容，在脑中保留下来，在需要的时候提取出来。例如，你和家人的甜蜜时光、上学时的

趣事等，这些事件成为一个个记忆片段。

联想是借助于对现实世界的认知，在心理上创造出一个新事物的过程。远古时期，人们对自然现象的解读，就是通过联想创造出了系列的神话故事，并以此故事凝聚了同样相信此故事的人群，进而形成了文化与价值观。科幻作品是联想这个认知功能的最佳体现：它既脱离不了对当时现实世界的认知，又充满当时所不具备的非现实想象。你常常能在 20 世纪 20~30 年代的科幻作品中感受到：充满未来感的智能机器人还背负着巨大的燃烧设备，以蒸汽或燃料所驱动，依靠传送带传输力量等与现代科技环境"违和"的结构。这正是因为科幻作品的作者本身，无法跳脱出对于当时的现实世界的生命个体认知，也就是时代的局限性。

在心理认知的过程中，伴随着情绪、情感体验与意志行为。情绪、情感体验是生命个体对待客观事物与自身需要之间的关系的态度体验。当外部发生的事情如我们所愿时，我们体会到的是积极的情绪，如快乐、兴奋、高兴、愉悦等正向情绪；当外部发生的事情与我们的愿望背道而驰时，我们体会到的是难过、伤心、悲哀、恐惧、愤怒、抑郁、焦虑等负向情绪；而当外部发生的事情与我们的愿望并无关联时，我们相对不会有情绪起伏。

意志产生的过程，则是当客观世界不符合我们的需要时，我们发现可以尝试坚持做一些事情，使最终结果更符合我们的预期。而我们采取上述行动去改变外部世界的过程就是意志行为。例如，当我们体检发现血糖值或体脂率有高风险时，我们更希望自己健康，就会锻炼身体、合理饮食，最终将血糖值和体脂率控制在健康的范围内，这就是意志的体现。同理，当我们意识到拖延不是一个好习惯的时候，立即行动起来对抗拖延症也是意志行为。

三、认知的两项功能

结合脑神经科学与认知心理学对认知的定义，笔者将认知的功能总结为两个层面。

1. 基础认知功能

基础认知功能（S.A.M.D.）即感知觉（外部信息的感受与加工处理）、注意力（维持对于特定目标的持续性关注）、记忆（对某事件的加工、存储与调取），以及决策（对前三点的基础判断与行为执行）。这四点构成了我们作为生命个体的基础认知功能，让我们能够获取、存储、交互与转化物理与心理信息。

2. 高等认知功能

高等认知功能（A.P.E.M.E.T.）即执行力（协调身体与心理的执行意志）、觉知（利用已有知识，收集和解读内外部事物的心理表征）、情感（围绕事件产生的情绪记忆）、动机（执行意志的持续性驱动力）、控制力（管控整体身心活动的控制能力）以及思维（解决问题的想法和策略）。

第二节　元认知的定义

一、元的概念

元认知区别于认知的意义在于理解"元"的概念。

元认知中的"元"，对应 Metacognition 中的"Meta"，Meta 和很多英文词缀一样，都源于古希腊语，Meta 意味着"在什么之上"，最具代表性的词汇为 Metaphysics（哲学理念中的形而上学），其本意指对世界本质和规律的研究，即研究一切存在的物体、一切现象（尤指抽象概念）的原因及本源。

与 Meta 相对应，中文采用了"元"这个概念，即第一的、居首位的（《抱朴子·备阙》："淮阴，良将之元也……"）；开始、起端（《易经·乾卦》："乾，元亨利贞。"）；根源、根本（《文子·道德》："夫道者德之元，天之根，福之门。万物待之而生。"）。

融合中西方的哲学观点，"元"即关于对应事物的根本与起源。例如，元数据就是关于数据的数据，元经济即关于经济的经济，而元认知即关于认知的认知。

二、元认知的概念

元认知——关于认知的认知。心理学界普遍认可的定义是"对自己认知过程的反省和思考，即对认知活动的自我意识和自我监控调节"。不难看出，元认知抽离于认知之上，是对生命个体认知过程的综合调控与反思改进。如果以前言中提到的游戏为案例来进一步阐述，玩家在第一人称的视角中所体验的游戏环境、与游戏元素的交互，以及与游戏中其他玩家的交流，都可以当作认知过程；而当把这个游戏切换到第三人称视角时，玩家看着自身虚拟人物进行上述过程，并对一些在第一人称视角中所观察不到的问题进行修正，就是元认知的过程。简单来说，元认知过程就是认知的"上帝视角"，是以第三方视角观察、审慎以及调节自身的认知过程。

认知与元认知是截然不同的，认知能力建立于人类所天生具备的生理结构（脑与神经元功能）与心理表征（记忆与联想），元认知是需要科学系统的练习才能掌握抽离出认知过程并以第三方视角审视该过程的能力。这也不难理解，认知是我们日常与内外部信息交互的形式，是"无感及天生的"。反观元认知，则是一种抽象的思维方式，需要刻意地运用，才能开展对认知过程的审视。

三、元认知的核心组成

由于目前心理学界并未达成一致意见，在此以主流研究观点剖析元认知概念的三大组成要素：元认知能力、元认知知识及元认知体验。

1. 元认知能力

自我对于认知活动的调节过程可能是有意识的，也可能是无意识的。例如，当我们在一个难题上一直无法用原有的办法解决时，忽然间"灵光乍现"，改换解决思路，问题就迎刃而解了，但此时我们可能并没意识到该行为是刻意而为的。因此，在元认知能力塑造的初期，对认知活动的监控调节就需要有意识地引导，当这种能力逐步建立起来时，它就会进入我们的意识，成为一种自发的习惯。

笔者认为，元认知能力主要体现在以下几个层面。

一是目标规划，对即将采取的认知行动进行计划与准备。在认知活动的初期，目标规划主要体现为：为各项任务设定明确预期达成的目标，调用相关知识经验作为解决目标问题的参考，选择合理的解决策略，验证并确定解决思路等。目标规划不仅发生在认知活动的初期，在认知活动进行的过程中亦可存在。例如，在对自己的认知活动采取某种调整措施之前，也会就如何调整相应的目标做出预先规划。举个例子，当学生在计算有三个未知条件的应用题时，教师可以在学生们列出第二个未知条件式时，设定一个"暂停"环节，让学生参照第一个未知条件式，审视目前所列式子是否合理，有没有缺失一些未知条件，或者运算式的逻辑有无偏差等，如果有，就可当场及时纠正，这就是在解决问题的过程中采取的目标重规划技巧。教师在授课环节中反复循环几次该流程，这样就能让学生慢慢有了在解决问题的过程中调节目标规划的意识。

二是过程监测，对认知活动的进程及效果进行评估，亦是在认知活动进行的过程中以及结束后，对认知活动的效果所做的自我反馈。在认知活动的中期，过程监测主要包括：获知认知活动的进展、检查有无与目标规划相出入的地方、判断解决办法是否可行。承接上述例子，在该过程中，同时需要对照先前设定的目标规划，判断目标是否需要重新制定；而在认知活动的后期，过程监测主要表现为对认知活动的效果、效率及最终成果的心理评价，如检查是否完成了目标规划中的所有任务，评价认知活动的效率如何，以及总结自己的收获、经验、教训等，可作为未来设定任务新目标的重要参考。

三是过程调整，即根据过程监测所得来的信息，对认知活动采取适当的优化、矫正或弥补等措施，如优化解决办法、纠正错误、排除障碍等。过程调整存在于认知活动的整个进程当中，生命个体可以根据实际情况随时对认知活动进行必要、适当的调整与优化。不难看出，过程监测和过程调整，加上对照评估先前制定的目标规划，是一套连接紧密的"组合拳"——验证了目标设定是否合理，过程执行有无偏差，调整思路是否合理。

四是溯源反馈，基于笔者多年的教育经验，以上三点的元认知能力确保了生命个体顺利执行下一次认知过程，但缺乏对认知过程起始原因的深层探究，后续难以另辟蹊径、举一反三。例如，我们的认知过程是学习"苹果——apple"这个英文，经过实例观察（苹果的实物或图片）、发音纠正（音标）、记忆训练（助记）这些学习活动，我们掌握了该词义：水果的一种。而元认知过程则是审视与调整我们整个学习活动中的核心环节：实例观察是否充分（如不同种类的苹果、不同颜色的苹果——丰富了知识的范围），发音音准的纠正（不同口音的表达及对应的文化趣事等——增加了知识的深度），记忆内容的加工程度（苹果的深层价值意义：机体必备的维生素种类之一、激发牛顿思考万有引力的巧合、图灵咬了一口的苹果、万亿美元市值的苹果公司等）加深我们对该词义的理解和掌握。那么，溯源迭代这一阶段，就是把生命个体的视角放到苹果为什么会成为日常水果之一的源头：是便于各地理位置种植吗？这关系成本问题；其他水果是否也是因为成本问题所以难以得到广泛种植，还是因为它丰富的维生素成分？这涉及维生素种类及含量的问题；是否可能有替代品种？这涉及性价比的问题。这些都是回溯到源头的知识点思考。当然，我们要学习的知识远比一个词语更有广度和深度，在此只是以一个简单的实例告诉大家，如何多维度运用好元认知能力的这四大工具，以便高效和深刻地理解所学概念。

2. 元认知知识

元认知知识是指对于影响认知过程和认知结果的所有要素的理解，即我们经过多次的认知活动，逐渐积累起关于这些活动的影响因素及影响方式的一些知识。简单来说，在解决问题的过程中，我们掌握了一些通过转变思维的角度或方式方法解决问题的"成功经验"，基于该经验（因转变思维或方式方法从而调整了先前的认知过程）的知识就是元认知知识。元认知知识的重要意义在于，它是塑造元认知能力的基础核心，为调节活动的顺利实施提供经验参考。

认知调节的本质就是对当前的认知活动进行合理的规划、组织和调整。

在这个过程中，我们对目标规划中任务类型的了解程度，以及相关解决策略的知识，对调节活动起着关键的作用。如果不具备相关的元认知知识，认知调节就具有较大的盲目性。从这一角度来说，元认知知识是元认知活动得以进行的基础，是在逐步具备元认知能力过程中的经验累积。

> **Tips**
>
> 元认知知识在工作、学习、生活中随处可见。例如，当我们紧张地备考时，起初总是不得要领地全面复习书本内容，慢慢地，会发现只看考试分值最多的某些核心章节即可在考试中取得一个不错的成绩。诸如此类的"成功经验"，就是我们无意识地对自己的思维过程进行调整的表现。

3. 元认知体验

在认知活动的初期，元认知体验主要是关于目标规划中任务的难度、任务的熟悉程度，以及对完成任务的把握程度的体验（这是基于元认知知识所能够做出的预先判断）；它在认知活动的中期主要是关于当前的进展、遇到的障碍或面临的困难的体验（这是在过程调节中，对元认知知识的对比或补充）；它在认知活动的后期，主要是关于目标是否达到规划中的效果、效率如何等的体验，以及关于自己在任务解决过程中的收获的体验（巩固或优化元认知知识，形成新的处置经验）。

> **Tips**
>
> 元认知体验类似于"复盘"，但与复盘主要针对流程或结果的侧重点不同，元认知体验在于感受处理该事件时我们当下的思维过程、伴随的情绪体验，以及组织思维的习惯——这是发现"思维定式"的首要步骤。

元认知研究的开创者 Flavell 将元认知体验与元认知知识列为同等重要的两大成分，元认知体验可以为调节活动提供必需的主观感受信息，如果没有关于当前认知活动的体验，元认知活动与认知活动之间就处于脱节状态，无法衔接起来。认知调节总是基于体验所提供的关于认知活动的信息而进行的，只有清楚地意识到当前认知活动中的种种变化，才能使调节过程有方向、有针对性地进行下去。

支撑元认知体验这一主观感受的人脑结构有很多，如人脑边缘系统中的杏仁核，这是情绪反应的核心区域之一，当我们从认知过程中产生获得感及成就感时，多巴胺分泌量增多，杏仁核等就会获取并记录下这个"愉悦"的体验，在与主管记忆的海马结构交互时，这个体验的信息将会被记忆得更加深刻，在之后也容易被其他认知活动快速调取出来。

由于本书专注于元认知在学习过程中的应用，所以作者将元认知知识与元认知体验聚焦在元记忆与元理解这两个与元认知学习有关的核心概念上，将在第二章着重阐述。

第三节　认知与元认知的关系

一、认知与元认知的区别

我们分别了解了认知与元认知的定义，不难看出，两者是不可分割且相互联系的。认知是元认知的基础，没有认知活动本身，元认知便没有监控调节的对象，因为其反映的是对自身认知的再认知。同时，元认知通过对认知的调控，促进认知活动向更深层次发展。元认知和认知共同作用，促进和保证了认知任务的顺利完成，实现认知目标。

古人云"自知之明"，可以窥见元认知监控和调节的原理和本质。大家是不是会在脑海中产生一些思考：我为什么会有这样的想法？我的想法正确吗？如果不正确该如何调整呢？这就是元认知活动的代表。

如图1-2所示为认知与元认知过程。

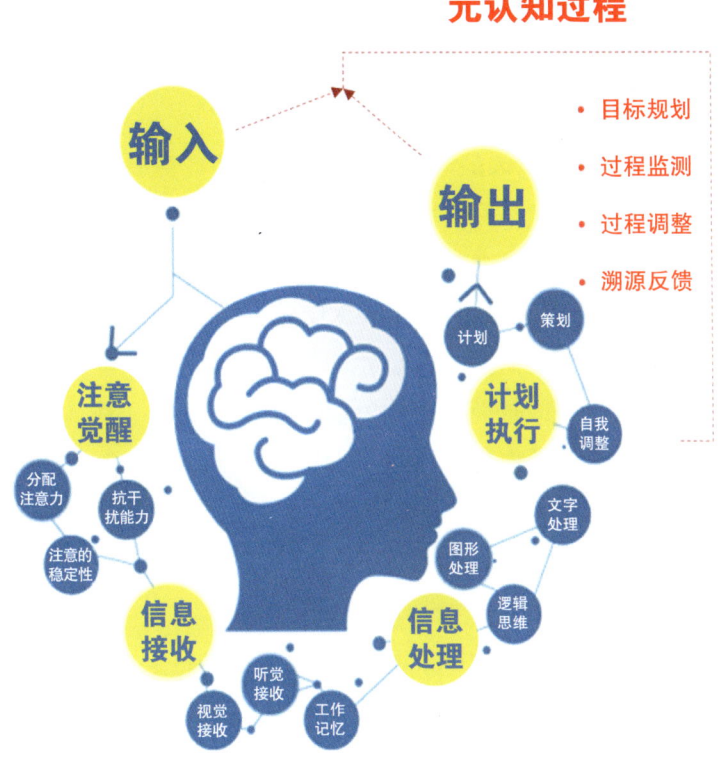

图 1-2　认知与元认知过程

二、元认知能力与智力因素

自知之明，看似简单，实则需要长期的刻意练习，才能成为自发、持续性的习惯。不然，与之对应的"当局者迷"这类的成语早就在历史长河中消失了。时至今日，自知之明依然是很多人所缺乏的能力。我们常常认为，只有慧聪贤达的"智者""天才"等智力超群的群体才具备较高的元认知能力。

在一些学者的研究论述中，将人类的智力活动与信息加工过程联系起来，判定元认知能力水平会影响对问题的理解、分析和归纳能力的发展，而这些能力正是元认知水平高低的体现。由于在人类的信息加工系统中，存在着对信息流的执行和控制的过程，而执行这些控制功能的正是元认知，它监控和指导着主体的认知活动过程的进行，负责评估主体在信息加工过程中可能会发生的各种各样的问题，以及对这些问题的解决策略、方法的使用与获得对问题解决效果的监控，确定与评价自己所选择的信息加工策略的效果是否达到预期水平等。

元认知水平直接制约人的未来发展。早期教育应更有效地让学生了解元认知知识及改善自身的元认知监控水平，提高实际的元认知知识水平，通过调节、支配和控制功能来改善自己的智力活动，促进思维和智力活动的发展。另外，需要结合脑神经科学的研究，实现人脑对环境信息的输入、加工、处理、存储和输出等的调节与控制。由于有元认知的作用，人们才能通过调节、监测与控制等主动性活动来改善学习过程中的思维活动与行为表现，促使自己能够根据学习中的实际要求，选择适宜的问题解决策略与方法，监控自己思考认知活动的过程，获得大量的反馈信息并迅速地调节自己的认知过程，并能够更换或坚持某种解决问题的方式与手段。

可见，元认知能力水平的高低决定了智力与学习活动水平，它直接制约着与学习能力相关方面的发展。反之，思维活动及智力水平也会影响元认知的发展。也就是说，"智者"们是因为元认知能力水平较高，影响并提升了智力水平的发展。这些元认知能力强的人不仅重视对问题本身的研究，而且时刻清醒地关注自己的思维过程，解决这个问题可能有哪些策略，这些策略会达到什么样的效果，应该先选用哪些策略，这样解决的效果如何，下一步怎么办，是否需要修改原来的想法等。

元认知能力水平与学习息息相关，在下一章中将重点揭示它们之间的关系。

第二章

CBTT

元认知与学习

第一节　元认知能力与学习

目前，在认知心理学及脑神经科学驱动的学习方法、效率、效果研究方向中，元认知这个关键词出现的频次很高，本节主要探讨元认知能力与学习之间的关系。

传统教育所教的"学习"，基本就是把知识点牢牢记住，并能解答习题，希望学生在未来能够将其运用在实际情况之中。但极少有人教学生学习行为背后的核心——掌握学会学习的能力，而非仅仅是知识点本身。Coursera（美国的大型公开在线课程项目）上播放量最大的慕课——《学会学习》(Learning how to learn) 总结：学会学习，指学生能够根据学习的规律和学习的具体条件，自觉地组织自己学习活动的能力。从另一层含义来看，"学会学习"是个性发展的重要方面，它使学生从只能依靠遗传的本能和他人的帮助而进行学习，转变成能够自觉、主动、独立地从事学习行为，是元认知能力在学习中的最佳体现。

一、元认知能力是打开学习潜能枷锁的那把科学钥匙

基于第一章的内容，元认知可被简单阐述为对于认知过程的认知。作为认知过程中的核心活动——学习元认知，对以下三个方面有着重要影响。

（1）学生能否客观地认识到自己学习动机的强弱。

（2）学生能否评估学习目标与内容的难度以及相应的学习方法的适用性。

（3）学生能否规划学习计划，选择适当的学习策略。

我们以一个学习行为的例子来说明这三个方面的重要性。某学生在一次

学校活动中看到同班同学的小提琴才艺表演获得了全校师生的赞叹，由此萌生了对学习小提琴的兴趣（学习动机）。为了达到和该同学一样的水平，他设定了一段时间内的学习目标——3年内达到8级水平，同时，让家长给自己报名小提琴辅导班，想通过专业教师的课程指导（学习方法），快速掌握小提琴演奏的技能。然而，这次学习经历成了该学生的惨痛记忆……相信您读到这里已经察觉到了一个根本性问题——学习动机"不纯"：该学生的学习动机不是练习小提琴演奏技艺本身，而是出于看到演奏者的才艺受到关注和追捧才诱发而出的。这就造成在之后的学习目标制定上，出现了好高骛远、不切实际的想法——用3年达到8级水平（通过实际练琴经验与数据佐证，一般练习1年才可提升一级），同时为了加速这一过程，让父母付出了高昂的学费，也加重了自己的心理负担，使得学习小提琴的过程无比焦虑和痛苦。特别是自己在换把位练习及双手协调能力上与其他同学存在差距，而要弥补这一差距显然需要投入更多的练习时间。最终，3年后该学生拿到了小提琴4级认证，离目标还差一半之多。该案例之所以如此具象，是因为案例中的这名学生正是笔者本人。

为此，笔者对3年学琴路做了一个深刻的复盘：首先，梳理学习动机，想学一门乐器，拓展自己的兴趣爱好，这个出发点是真正对学习起到正向作用的，应予以保留和深化；需要摒弃的是因为才艺受到关注和追捧，从而促使自己也盲目学习的这类出发点，因为这类出发点很容易造成时刻对比的心理，从而导致认知体验恶化（如"我学得真慢，我真不如人"），加之家长负担的学费又加深了的心理暗示（如"对于这类学习，我可能真的没有天赋，还浪费家长的钱"）。其次，笔者进一步发现，与演奏技艺相比，更喜欢学习乐理素养知识，对各国文化中的特色乐器有着更浓厚的兴趣（从心理学角度，兴趣就是生命个体对某些事物优先给予注意，并愿意把更多时间用在这样的事情上）。为此，笔者调整了自己的学习目标：学习乐理知识，并且设定了符合自己作息时间的学习方法（每周四下午下课后参加乐理素养兴趣班）。最后，给自己设定了学习计划与调控方式（通过每个月兴趣班的成果展示，巩固学习效果，从中发现问题，并及时调整）。坚持这样的学习机制，一段时间后，笔者终于收获了学习成果：因为乐理知识的扎实积淀，成为全年级的乐理素养兴趣课代表，也因此获得了同学的关注，达成了学习动机中的情感因素。更主要的是，真正找到了自己擅长和喜爱的兴趣方向。

笔者的这个亲身经历，恰好阐述了元认知能力对学习的重要影响（见图2-1）。

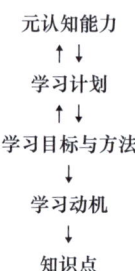

图 2-1 元认知能力对学习的重要影响

元认知能力处于学习行为的最高层，通过调控学习计划这个手段工具，协调和控制学习目标、学习方法的使用，验证学习动机的科学性、可行性及针对性。通过对元认知能力的调节，会知道自己能否轻松而又顺利地掌握目标知识点，取决于自己对知识点的学习动机强弱及动机是否得当；自行制定适当的学习目标和有针对性的学习方法，以符合知识点的学习方式；经过完整学习过程中的学习计划调控，意识到自己对该知识点的所有优劣势，从而优化选择出一种适合自己的学习策略。

同时，元认知能力在学习过程中还包含以下相关的因素，并依据这些因素的特点及其关系来安排、组织、调整学习活动。

- 学生对学习的心理活动有自我意识，即具备元认知能力。
- 学生具备一定的学习方法或技能。
- 学生懂得怎样用较少的精力和努力获得较佳的学习效果。
- 学生能够把已掌握的知识、方法及动机迁移到新的学习情境之中，解决新的学习问题。

综上，要培养学生的元认知能力，在于使学生能意识和体验到学习情境中的几个方面：一是关于个人的特点，如兴趣爱好、能力水平，特别是认知能力水平等特点；二是关于所学知识点的性质、学习任务和学习目的，如学生面临的任务是记住某些知识点，以及熟悉这类知识点的性质、结构特点、内在联系等；三是关于学生对学习计划及学习方法的使用和调节，如应在什么条件下使用什么样的方法，某一种方法对某类学习任务的完成特别有效等。

近年来，国内外教育工作者对元认知能力的探索也取得了一定的效果。如鼓励学校开设思维训练课、学习方法课，改变教师讲、学生听的状态，代之以教师指导学生自学的方法等。在此，以课堂学习（公立教育体系）和在线学习（通常是第三方培训机构所采用的）两个方向，探索目前的元认知能力在实际学习场景中的应用及方向。

二、元认知能力与课堂学习

元认知能力不是天生就有的，主要是通过实际训练逐步培养起来的。元认知技能可以在专门的训练课上获得，使其转化为学生学习能力的核心框架思维，同时贯穿于学校的日常课堂教学中。在公立教育体系的课堂中进行元认知能力的训练，主要可以采取以下几种方法。

1. 唤醒学生的元认知意识

学生的元认知意识是从无意识向有意识发展的，唤醒学生的元认知意识是训练元认知能力中不可忽略的环节。在课堂教学中，可以通过证明与讨论认知活动，让学生认识自己的元认知活动。例如，教师带领学生完成一项学习任务，可以借鉴笔者在学习小提琴时类似的"复盘过程"，让学生们讨论自己的学习动机、学习目标、学习方法这三者与最终学习成果之间的关联，让学生认识到元认知意识与活动的存在。

2. 强化学生的元认知知识

在课堂中具体可以从两个方面入手：一是教会学生正确认识自己的兴趣、爱好、能力、学习特点以及自己在学习某些内容时的局限；二是为了让学生了解自己的认知特点，教师在教学过程中应对学生的认知活动做出客观评价，既要对个人的实际情况进行评价，还要对他人和群体进行评价。在教师的不断评价中，学生就能获得对自己的认知活动特点的认识，并从教师评价他人的过程中，找出自己与他人认知方面的差异，经过对比，明白自己的认知优劣势，从而在学习活动中有针对性地发挥。

3. 传达学习目标与学习方法的设定前提

学生对学习任务的难度、性质的认识会决定他在该学习任务上设定的学习目标及分配的精力等，从而影响学习方法的选择。为了让学生了解学习任务的特点，教师一方面可以向学生讲述不同的学习任务有不同的要求；另一方面要让学生知道，同样的学习任务如果以不同的方式来解决，也会对学生解决任务的成绩产生影响。

4. 分享学习策略的调节思路

应把重点放在教给学生学习策略的特点、选择和具体运用方面。教学时注意向学生传授学习策略及可能达到的效果。告诉学生应用学习策略的步骤和解决问题的办法，使学生明白什么时候用什么策略解决问题更有效，知道什么情境使用什么策略最适当，从而达到最佳目标。

5. 增强学生的元认知体验

在教学中应引导学生注重问题解决的思维过程，采用分析、综合、比较、抽象、概括、督促等具体化的思维方法，遵循从简单到复杂，从个别到广泛，从具体到抽象，从已知到未知的认知规律，引导学生把静态知识内化到动态的思维中思考和认识。

三、元认知能力与在线学习

因为班型、费用等原因，课堂学习体验在第三方培训机构中有所区别。第三方培训机构的教师在面对较少的学生人数时，相对更有精力去照顾个人的学习情况。而在线学习是第三方培训机构所采用的主流教学方式之一，所以我们将着眼于在线学习中的元认知能力培养。

在线学习主要分为录播（包括人工智能动画课）和直播两种形式。

录播课最重要的指标就是完播率，即学生完成整个学习视频的观看率。近期的研究表明，Coursera 这样的大型慕课平台的完播率不到 5%，K12 学科类的录播课自主完播率为 60% 左右，也就意味着一半的学生没有完整学习完录播课程（某些机构设置了助教老师，在其监督下该指标会有所提升）。完播率直接影响了学习效果和质量，如果学习成果不佳，那么家长可能就会"用脚投票"——离开该培训机构。所以国内的第三方培训机构在这样的压力下，近两年偏好采用直播的教学方式来提升学生的听讲时长，用强制性方式确保学习进度的完成。虽然从客观的角度来看，直播的形式使学生不能随意快进，也较难分心（摄像头及助教监督的功劳），但是这样的方式容易忽视学生自身的元认知体验，进一步造成其元认知能力的弱化——盲目接收老师所教的学习方法，弱化自我反思的过程，是另一种"填鸭式教育"。

因此，我们需要认真反思在线学习与元认知能力的协同关系。国外的多项研究结果表明，能够提升在线学生元认知能力的主要因素为学习动机与学习兴趣，而主要抑制因素为缺乏面对面的情感互动。因此，我们需要紧密围绕上述两个趋势特点去设计、研发和优化在线学习课程的整体学习体验。

1. 学习动机与学习兴趣

学生面对课业肯定会产生压力，而在线学习可以采用娱乐化场景构架的方式，增强学习内容的互动性。例如，将枯燥无味的历史课本转化为电影剧目；依靠 AR/VR/MR 等混合现实技术，让学生体验虚拟的太阳系行星及星辰的运行规律等。最重要的是，教师可以通过更具互动效果的学习平台，使用一些教学辅助道具（如服装、装饰等）活跃课堂气氛，带动学生的学习兴趣。

2. 情感互动

很多第三方机构已经架设了直播间的聊天功能。但其最大的问题是，在千人的班课中，如果教师在教学过程中让学生随意发言，将成为教师、学生、助教的噩梦，提问的学生因为大量信息的刷屏而看不到教师或助教的回复，助教因为刷屏看不到学生反馈的问题；对教师亦然，大量的弹幕刷屏成为其教学过程中的严重干扰；而如果一律禁言，则成了一个变相的录播课，学生的情感交流需求没有得到满足。所以，伴读类的功能可以是未来在线教学机构的探索范围，即课后，学生可以在平台/App上创建虚拟自习室，邀请自己的班级好友一道学习；自习室嵌入该学科、该课堂的学习进度、学习课件等便于自习的教辅资料，方便学生在虚拟自习室中学习；学生在虚拟自习室中还可以进行知识PK游戏，挑战排行榜和所在城市/省份的天梯排名等。伴读类的功能能够进一步加深学生在线学习的黏性，提升学习兴趣。

注：本章的重点在于元认知与学习的关系。因此，主要着眼于元认知理念在学习层面的核心影响因素，笔者将其拆解为元记忆与元理解。

第二节　元记忆

一、记忆过程与元记忆

在探讨元记忆之前，有必要先理解我们的记忆过程：生理学角度的脑神经科学及认知心理学角度的信息加工理论。这两者的有机互补，完善了我们对学习活动中至关重要的能力——记忆的剖析和定义。

1. 脑神经科学的记忆过程

我们从脑神经科学的角度通过图2-2来分析人脑是如何记忆事物的（起始点在知觉过程之后，即视听觉信息已通过丘脑传导至枕叶，已经形成工作记忆）。

为了更好地理解图2-2，我们需要了解下列术语及意义：

- 工作记忆（Working Memory），作为短时记忆（Short-Term Memory）的一种，通常只能保持30秒，同时，工作记忆能够处理的信息组块（Chunks）是非常有限的。乔治·米勒在其著名的著作《神奇的字母7±2》中写道，人们的工作记忆仅能记住有限的5~9个信息组块

（如186-1136-9632，这个手机号被分为了三个组块。在生活中，也能发现很多与数字有关的信息被"-"这样的符号分割开，这就是基于工作记忆的原理，方便我们记忆相关信息）。

- 语义（Semantic）记忆，包含事实和数据的信息，是指人们对一般性知识和规律的记忆，与特殊的时间、地点无关。

- 情节（Episodic）记忆，也称情景记忆，指与一定的时间、地点及具体情境相联系的事件的识记、保持和再现。这种记忆与个人的亲身经历分不开，其最大的特点是具有情节性，如想起自己去过的旅游度假地等。

- 海马结构（Hippocampus），位于左右半脑之间，藏身于丘脑中，是人脑接收及发送信息的门户，海马结构将信息转化为记忆，发送、存储到大脑不同的区域中。在记忆工作中主要负责加工和传递与事实相关的信息。

- 杏仁核（Amygdala），作为海马结构的"亲密战友"（位置相近），其是情绪和应激信号整合的关键部位，在记忆工作中主要辅助海马结构在情节记忆加工过程中，编码情绪细节，完善情节记忆中的精确度。

- 新皮层（Neo Cortex），泛指我们大脑中成熟最晚的高等智能皮层（如不包括中脑、小脑等的左右半脑的皮层组织等）。

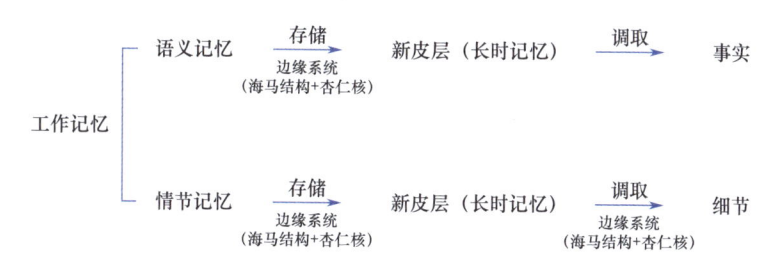

```
                存储                        调取
        语义记忆 ──→ 新皮层（长时记忆）──→ 事实
              边缘系统
工作记忆    （海马结构+杏仁核）
                存储                        调取
        情节记忆 ──→ 新皮层（长时记忆）──→ 细节
              边缘系统                  边缘系统
            （海马结构+杏仁核）      （海马结构+杏仁核）
```

图 2-2　工作记忆存储与调取的过程

1）语义记忆的过程

工作记忆中的语义信息经丘脑中的海马结构及杏仁核（相对参与较少）

加工，成为存放在大脑的新皮层中的长期记忆。此后只需通过新皮层即可调取已成为长期记忆的该语义信息（海马结构不参与该调取工作），这也是一些海马结构受损伤的失忆患者常常能够保持语义记忆的原因，如依然记得国家、首都等语义信息。

2）情节记忆的过程

工作记忆中的情节信息通过丘脑中的海马结构及杏仁核的联合加工之后，同样存放于大脑的新皮层中成为长期记忆。与语义记忆的调取机制不同，情节记忆的调取过程需要海马结构和杏仁核的参与，才能使人回想起当时的场景和情绪等细节信息。

以上是人脑记忆描述性信息的过程原理。从认知心理学的角度，脑神经科学对把信息的记忆加工过程分为习得、保持及调取三个阶段。习得与保持正是信息转化为工作记忆、工作记忆经加工成为长期记忆的过程。在这里引入元记忆的概念：元记忆即关于记忆的知识、控制与监测。其中，控制和监测对我们的记忆信息加工过程有着重要的作用。

2. 元记忆的控制作用

元记忆对记忆加工过程的控制作用，在于改变我们的记忆加工状态，如启动、继续或终止一个记忆活动。研究表明，元记忆的控制作用在记忆加工过程中可体现为以下具体形式：

- 确定学习的目标和计划；
- 确定学习时间的分配；
- 选定信息加工的类型；
- 选择加工策略；
- 启动、继续或终止某一记忆习得或提取。

元记忆的控制作用需要以监测的成果作为控制依据。而元记忆的监测可分为两大类，一类为回溯性监测（Retrospective Monitory），如对回忆再认出的答案做出正确与否的信心判断；另一类为前瞻性监测（Prospective Monitory），主要包括下列几种：

- 任务难度判断（Easy of Learning Judgement，EOJ）：在学习之前，对所要记忆项目的难易程度所做的预见性判断。
- 学习判断（Judgement of Learning，JOL）：对当前所学项目之后的测验成绩的预见性判断。
- 知晓感判断（Feeling of Knowing，FOK）：对回忆不出之前的学习细节，但又有"知道感"的所学项目，之后的测验成绩的预见性判断。

> **Tips**
> EOJ 可以类比为学生在预习阶段的前置步骤，例如，在学习新的小提琴练习曲之前，听教师完整演奏一遍之后，内心对该练习曲的难易度进行的判断；JOL 类似于摸底考试，在成绩还没出来之前，学生对自己成绩做预估；FOK 的"知道感"类似于觉得自己在考试前是复习过的，可是考试时经常想不起来却"似曾相识"的感觉，通常会产生测试分数应该不低的"错觉"。

为了便于理解，将元记忆的监测和控制作用整合到记忆信息加工的三大过程中做综合阐述分析。

1）习得阶段

习得阶段可划分为学习之前和学习过程中。在这一阶段，元记忆的监测作用表现在对某一将要学习的内容做出难易程度的预见性判断（EOJ）。这种判断是依据习得某一内容达到学习标准所应当掌握的程度而做出的。在学习之前，元记忆的控制作用体现为预先选定加工类型。在学习过程中，有 JOL 与 FOK 等监测性判断；控制作用体现为分配学习时间（指由学生自行的学习）和选择适当的加工策略，以及确定何时终止学习过程。

2）保持阶段

保持阶段主要是维持掌握前面已习得的知识，利用元记忆的监测作用判定已经习得的知识是否符合学习标准中的规定，以及对该知识的掌握程度与目标掌握程度之间的差距；该阶段的 FOK，有助于判定习得知识是否需要继续深入，并由此调度和分配合理的时间去深度学习（例如，尽管已经掌握某工作技能和资质，但该资质需要终生维护阶段性的考核任务——CFA、飞行员模拟训练等）。

3）调取阶段

元记忆的监测与控制作用对记忆调取活动的快速开始和终止起着重要作用。人对需要提取的记忆项目做出快速搜寻的决定，是基于对 FOK 的快速判断做出的。这种 FOK 判断是对正须寻求的答案的熟悉感，它是先于回忆出现的，并且比真实地回忆出答案要快得多。它决定了提取过程是否开始，如果人对要求回忆的答案一点熟悉感也没有，就会迅速做出不能回忆的决定，那么记忆调取过程将会快速终止。

了解元记忆研究中的理论，可使我们更清楚地认识元记忆在人类记忆信息加工过程中的作用：人会有意识地规划记忆目标和计划，确定加工类型，选择加工策略，分配学习时间，这些特点正是元记忆控制作用的体现，这些控制作用是基于各种监测判断做出的。元记忆的研究，对于进一步深入探讨人类复杂记忆系统的结构以及对元认知学习能力的提升有着重要作用和意义。

二、感知觉信息对元记忆的影响

感知觉信息即通过我们的视听觉等感受器官接收的信息。研究表明，字体、音量、光亮等多种感知觉信息影响个体的元记忆监控。其中，感知觉信息对元记忆监测作用的影响主要集中于学习效果判断和自信心判断，对元记忆控制作用的影响则主要体现在学习时间分配的过程。

1. 视觉信息的影响

科学研究发现，光线亮度影响生命个体的学习判断和自信心判断。该研究是给被试学生一系列亮度水平不同的人脸图片，每看完一张人脸图片后进行学习判断，看完所有图片之后进行记忆再认测试，并做自信心判断。结果发现，学生对于高亮度图片会有更高的学习判断和自信心判断。另一些研究发现字体大小也影响学生的学习判断，但主流学术观点对于字体究竟是大还是小，对学生的元记忆监测能力是否有增益作用还未有定论。目前认为，字体大小的影响取决于学习科目、视觉效果，以及教辅材料的种类质感等。如研究者发现对于历史、心理学这类文字描述较多的科目，小号字体对学生的元记忆监测判断正确度明显高于较大号的字体，科学推断可能是由于较大号字体占用过多浏览空间，导致专业术语较多的科目或者对阅读流畅度需求较高的陈述性内容难以被学生理解。另外，研究者发现文本清晰度影响学习判断。让学生阅读清晰度不同的文本并进行学习判断，结果表明，被试学生对于清晰文本的学习判断力更强，一些研究人员通过改变分辨率（模糊文本对比清晰文本向外扩散10%的像素点）验证了这一结果。

Thought

教学辅助材料/工具的制作工艺越来越精良，但是否真正有助于信息的吸收值得深思。

2. 听觉信息的影响

听觉信息影响元记忆监测。研究人员通过改变音量（强/弱），发现音量影响学习判断：给被试学生一组音量较弱与较强的单词发声，学生表示更容易记住音量较强的单词。但音量的强弱主要影响元记忆监测对于语言类知识的学习过程，更多科学结果需要更深入的研究，以及探索能否延伸到其他科目的学习效果上去。

Tips

这解释了为什么大声朗读往往是英语教师们一直强调的学习习惯了吧。

感知觉信息对元记忆控制的影响，目前大部分研究集中于学习时间的分配。学习时间分配指学生在学习过程中对自己心理资源的管理和控制，具体体现为学习项目选择和自定学习时间两个方面。在学习项目选择上，学生对学习内容进行初步感知觉试探（视听觉体验）通常是无意识的，这时，学习内容载体中的字体大小、亮度、清晰度、音量强弱等多媒体元素就会对其元记忆监测判断产生影响，如 EOJ 的难易度、FOK 的相识度，其结果就是学生会基于上述判断为其设定学习时间的长短。

> **Thought**
>
> 在无意识状态下，学生会根据接触到的学习内容自主设定对该科目的学习时长，这对于一些难点科目就会造成早期障碍：对于较难的科目，如果设定的学习时长短，即便教师或家长强制学生在书桌前学习，那么学生在学习时长之后就会开始游离走神。

感知觉信息对元记忆的影响是深远的。目前国内外的教学及教辅出版物中的多媒体元素比重大大增加，音视频、动画、AR/VR 互动等更多炫酷技术纷纷登场，但大多数内容提供方还是站在"教"的角度"炫技"，不是站在学生"学"的角度。笔者在 GET2019 峰会上的演讲中提到哈佛大学儿童教育发展中心对人脑发展历程的分析，人类的视觉、听觉、语言等高等认知度功能的开发在出生后第一年便完成了（见图 2-3）："从输入（input）端看，视力、听力、嗅觉、味觉、听觉是我们真正输入信息的方式……孩子无论与 iPad 互动还是与 PC 互动，最终都是用眼睛看、用耳朵听，要用自己的感受器官去消化和吸收信息和知识……科技赋能学习个体，需要利用好我们对大脑发展的认知，从而调整教学科技的创新，真正用科技做到以人为本、以学生为本的创新实践。"

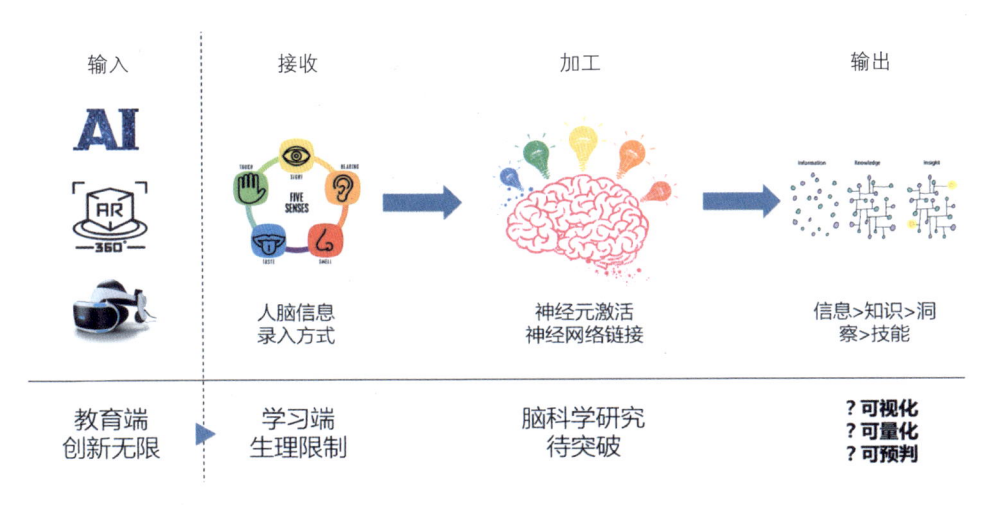

输入	接收	加工	输出
AI / AR / VR	人脑信息录入方式	神经元激活 神经网络链接	信息>知识>洞察>技能
教育端 创新无限	学习端 生理限制	脑科学研究 待突破	?可视化 ?可量化 ?可预判

图 2-3 笔者在 GET2019 峰会上的观点分享

三、脑神经结构与元记忆的关系

结合开篇提到的脑神经科学角度阐述的记忆过程，近些年由于功能性磁共振成像技术即 fMRI 的发展，对人脑终于可以以相对安全的方式进行长期观察和测量，这与先前发展较为缓慢的脑科学实验（出于实验伦理和对参与实验者的健康和安全考虑，绝大部分研究样本源自各种事故中不幸的脑损伤患者自愿参与的对比观察）相比，有了质的飞跃。科学家逐步完善了对人脑的几大功能脑区的界定，进而开始探索元记忆具体会存在于哪个脑区，其中发现，主管注意与统筹计划各感知觉区域、问题解决的高等智能脑区——前额叶区（见图2-4），是记忆与元记忆最为核心的脑部活跃区域。

前额叶是额叶的前端。前额叶皮层在整个大脑系统中，是在进化过程中最晚出现、个体发育中最晚成熟的结构，占整个成年人类大脑皮层面积的29%左右。前额叶皮层是与许多高等认知功能相关的关键脑区，在抽象规则的认知、工作记忆、注意力调控，以及行为的计划和策略、思维和推理等功能中起着关键性的作用。

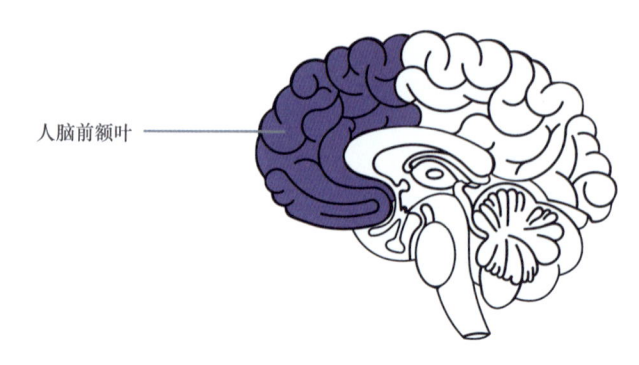

图 2-4 前额叶区位置示意图

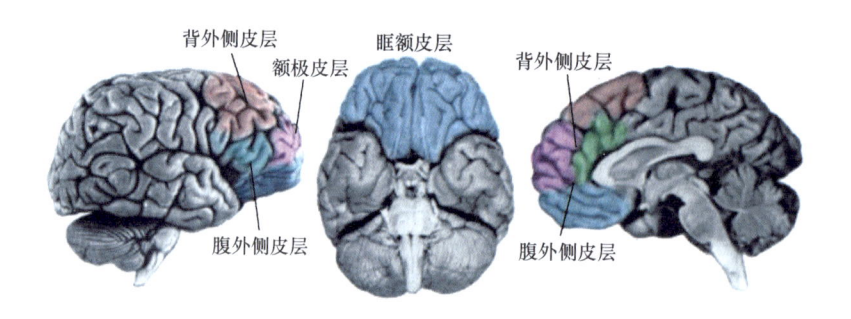

图 2-5 前额叶区域及功能

根据前额叶的不同区域及功能，我们通常将人类的前额叶皮层分为额极（Rostral）、背外侧（Dorsolateral）、腹外侧（Ventrolateral）、内侧（Medial）和眶额（Orbitofrontal）皮层（见图 2-5）。研究表明：背外侧皮层与工作记忆、规则学习、计划、注意力和动机等功能相关；腹外侧皮层参与了空间注意、行为抑制、语言等功能的执行；眶额皮层与行为抑制、行为决策、情绪与社交控制等相关；内侧皮层被认为与情绪、动机、学习、注意力调控、社交和行为决策等功能相关；额极皮层是目前了解较少的部分，该脑区损伤的病人往往会表现出创造力、元认知等较抽象的认知功能的损失。外侧皮层与感觉皮层的联系较强，由枕叶、颞叶和顶叶接收视觉、听觉和体感的信息。背外侧皮层与运动皮层有直接的联系，负责将前额叶皮层对其他行为的控制转变成实际的行动（运动输出）。额极皮层和内侧皮层与颞叶内侧（Medial temporal）的边缘系统关系密切，因而在长期记忆、情感和动机方面的作用较强。并且，前额叶区域的这些分区之间也是紧密联系的。这导致各个分区所接收到的信息可以高效地分配到其他的分区中去。因此，前额叶皮层就犹如我们脑中的一个信息整合平台，来自其他脑区的不同信息可以通过这个紧密联系的局部神经环路进行汇聚和交互作用，进而产生高级的认知功能。

> **Tips**
>
> 也许这是大自然在进化上给人类"开的玩笑"。额叶，这个最晚成熟的脑部区域，在人类个体18岁之后仍然发育，直到25岁左右成熟；额叶也是人体最重要的区域，是人的"指挥中枢"，却最先开始衰老——30岁之后开始衰老。因此，青年人克制不住"冲动"和老年人脾气大等行为，都是因为额叶皮层，只不过前者是还没发育完成，后者因为机能衰老。

科学家初步定位元记忆功能区在大脑的前额叶及顶叶区域，并对元记忆中的监测功能做了更详细的研究：

- 参与回溯性监测任务的脑区有前额叶内侧、颞叶、顶叶内侧和顶叶外侧区域皮层。
- 参与前瞻性监测的脑区有前额叶外侧和顶叶。

不难看出，针对回溯性监测的元记忆能力主要与前额叶内侧皮层有关，而该皮层区域被认为与情绪、动机、学习、注意力调控、社交和行为决策等功能相关，结合颞叶（视觉记忆、听觉）、顶叶（空间感知），学生回忆出答案的过程，并对答案正确与否的自信心，皆来自这几个功能脑区的协同工作。

而前瞻性监测的几个标志——EOJ, JOL, FOK 等的情况，人脑则动用了外侧前额叶，这个与感觉皮层联系较强的功能脑区接收来自视觉、声音和体感的信息——可以想象初次学习时，第一次接触到"新鲜"的学习内容素材，我们仰赖于感知觉信息（视听触感）作为判断学习难度、针对性规划学习时间的重要依据之一。

由此可见，元记忆能力与前额叶的发育程度息息相关，面对人类最晚成熟的器官结构，作为教育工作者和家长，我们应该如何有针对性地开发孩子的潜能？先要对儿童元记忆能力的发展阶段有一定的了解。

四、幼儿元记忆能力的发展阶段

人出生后几周就具备了初级的记忆能力，之后大脑的神经元飞速建立联结（神经突触），逐步形成各个功能脑区。这时，作为家长的我们会反复被"2～8岁是外语、阅读、数学等学科的黄金学习期"的这类宣传广告所"轰炸"。事实上，所谓"黄金学习期"，是因为这个时期是幼儿记忆与元记忆能力发展最快速的阶段，特别是4岁的幼儿进入了元记忆发展的萌芽期——对自己的记忆能力和水平有了初步认知，会尝试采用元记忆能力——监测与调节控制，帮助自身改善这一能力，如运用更多的短句式以增强记忆、理解长句子等；5岁后元记忆能力开启飞速发展模式，7岁渐入佳境——这也是很多幼儿在阅读理解、外语学习、数学思维方面展现出成绩的时段。

因此，为了提高幼儿的记忆效果，我们可以进行相关的元记忆能力训练。研究表明以下几种训练模式有助于幼儿元记忆能力的提升：

- 自我审视：让幼儿觉知他们的元记忆监测能力的发展，即通过给定的学习项目，并提供一系列供幼儿自我观察、自我监控、自我评价的问题表单，不断地促进他们自我反省而提高问题解决的能力，从中让儿童感受并掌握他们的记忆能力和水平是可以有效提升的。

- 互动评价：基于上述学习项目，将幼儿分组，通过分组讨论的方式完成作业，同时在自我审视问题表单的基础上，加入互相评价的部分，通过对他人能力表现的评价，让他们意识到自己可以提升的空间。同时，该互动促进了幼儿间的社交与情绪互动，进一步加强了记忆与元记忆水平。

- 能力传授：教师通过传授元记忆的基础，以及针对性训练的知识，使幼儿认识到元记忆在学习中的重要性，自觉地将元记忆运用于学习中，生成适当的记忆策略，从而提高记忆效果。

> **Hint**
> 上述训练理念和方式将在本书第四章至第七章进行详述，即针对某一科目的具体学习。这里仅进行概念上的方向指导。

五、情绪对元记忆的影响

情绪及情绪反应，一直是脑神经科学与认知心理学的重点研究方向之一，人们逐渐认识到情绪及情绪调节方式对认知的影响直接关系人们的工作效率和生活质量。探索情绪对元记忆的影响，一方面，有利于我们进一步了解情绪和元记忆二者的联系；另一方面，对学生积极管理自身情绪、提高学习效率有一定的指导意义。

国内外实验结果表明，不同的情绪调节方式对记忆有不同的影响：无意识的情绪调节能够对记忆成绩产生显著的影响，因为它们节省了"认知资源"，使记忆成绩更好；而有意识的情绪调节占用了较多的认知资源，从而降低了记忆水平。对这些研究结果读者可以理解为，保持一个良好的情绪水平（无意识调节状态）对人脑记忆功能的水平提升有显著效果；而如果是情绪上的冲动，特别是破坏性的情绪冲动，如频繁地表达愤怒之后的平复期（有意识调节状态），都会或多或少抑制记忆功能的发挥。而实验结果中，情绪对元记忆能力没有显著影响，这符合脑神经科学对元记忆的分析结果，元记忆作为高等认知功能，掌握能力越强的学生个体，就越能从情绪中抽离并抽象出解决办法。

> **Thought**
> "无心插柳柳成荫，有心栽花花不开"，无意识的情绪调节恰似无心插柳。所以，保持心态平和对于记忆水平的促进是显而易见的。

但元记忆不能脱离记忆本身，尤其是基于元记忆的学习策略仰赖良好的记忆素材作为监测和控制的依据。因此，情绪管理对于学习活动本身也是非常重要的能力之一，将在本书第八章进行详细阐述。

六、元记忆与学习策略

元记忆影响记忆行为，使主体的记忆过程变得更加高效，解决复杂学习问题的能力得以提高。元记忆是制定有效学习策略的理论基础。基于元记忆理论的学习策略包括练习策略、精细加工策略、时间分配策略及组织策略。

1. 练习策略

一是调取练习。调取练习是练习从长时记忆中提取信息。例如，在三四岁时游玩过迪士尼乐园的儿童，在 18 个月之后，还记得大量的发生于这次旅程中的事件。

二是分散练习。心理学家艾宾浩斯是研究集中与分散练习效应的第一人，他的记忆测验揭示了间隔效应——"对于任何大量的重复，用适宜的时间间隔把它们分开，其效果显然优于在一段时间内把它们集中在一起"。

三是延时效应。研究表明，如果在学完知识点之后立即进行分数估计，学生对单个知识点的记忆正确性是难以准确估计的，但是如果经过一段时间的延迟，他们对于评估记住了哪些知识点就相当准确。因此，在复习课程笔记之前，建议学生先判断哪些问题要花更多的时间。在评估记忆之前一定要等上几分钟，这样才能使元记忆监测与控制成果更准确。

四是测试练习。测试练习是提高对学习材料的长时记忆效果的卓越方法。

五是预习。当课堂教学进度过快，教师对新内容的细节讲解过于简单时，学生们就会体验到工作记忆的局限性，进而影响长时记忆的效果。然而，如果学生能在课前完成教师布置的阅读作业，或预习课本上的新内容以熟悉相关的概念，就能对这种局限性做出突破。

2. 精细加工策略

信息加工的层次越深，对信息的记忆就越准确。加工对学习的促进主要源于精细加工。精细加工是指集中注意某个特定概念的具体意义，将这个概念与先前的知识相关联或者与一些已掌握的概念相关联，这也是记忆编码的过程。对于学生而言，精细加工是对材料进行复杂的、有意义的分析，这非常有助于他们记住更多的课程中的信息。然而在实际中，学生最常用的记忆方法是"复述"，即用简单的、机械重复的方式进行记忆，对材料的意义和关系并不理解。其实，简单的"复述"是不能提高记忆效果的，这是因为，在简单重复的过程中，学生没有进行主动记忆，没有主动思考事物的意义，更没有与已有知识建立联系。没有纳入认知结构的知识是不易成为个人的知识成分的，所以，"复述"费时多、效率低、遗忘快。

3. 时间分配策略

一是容易任务中的时间分配。学生在计划如何掌握学习材料的时候，需要做出大量的决策，协调至少两种认知，即加工记忆与决策。在一项经典研究中，学生会分配更多的时间学习他们认为难掌握的项目，表示判断为困难的项目与所用的学习时间之间完全相关；不过，学生在调整学习策略方面做得还不够好，他们花了多余的时间学习已经学会的项目，而没有花足够的时间学习没有掌握的项目。

二是困难任务中的时间分配。研究显示，学生将绝大部分的时间花费在他们认为简单的任务上，而不是花费在他们认为困难的任务上。而根据其他的研究，当学生面对时间压力的时候，他们选择学习那些看起来相对容易掌握的材料。然而，对某个领域有专业知识的学生进行测试，发现与新手相比，这些"专家"学生选择集中时间学习更有挑战性的材料。

总之，学习时间的分配是元记忆控制能力最主要的体现方式，是学生在学习过程中对记忆和主观努力进行分配的一种指标。

4. 组织策略

组织策略即基于意义将项目组织成范畴的策略。"提纲"是非常实用的组织策略。因为提纲提供了课程概念的组织和结构，帮助学生形成一个有组织的内容结构，从而深刻地理解内容，增强回忆能力。如前所述，学生通常认为简单的重复与关键词方法一样有效，但是重复是没有效果的。因此，要选择适当的学习策略。考试是确定策略有效性的最佳方式。学生可以在每一次考试之后，深刻反思自己的记忆策略效果，确认哪些策略是有效的，有助于提高成绩，并据此修正今后的策略。

综上，学会利用元记忆使学习策略与目标协调，以选择适当的策略。虽然策略是主体可用以促进记忆的、有意识的活动，但策略的发展是漫长的，只有学生自发地将策略的知识和意识应用到学习中，才能真正有效地提高学习效率和学习成绩。

第三节　元理解

上一节我们主要分析了元记忆的概念及其对学习的重要影响。作为学生，良好的记忆能力以及基于元记忆的记忆策略是掌握所学知识的基础，而对知识的理解及理解水平的高低是影响其学习成效的另一个重要因素，因此，人类个体理解水平高低的内在特征和形成原因是心理学家和教育家都十分关心的问题。随着认知心理学的发展和元认知理论的提出，元理解的概念随之产生，使我们对人类个体理解能力水平高低的探讨不断深入。

一、阅读与元理解

提到元理解的概念，就需要理解它和"阅读"这一核心学习行为的关系。脑神经科学将阅读过程阐述为，人脑将视觉中获取到的字符映射为语音及语义，而从语义到想法的转化过程如图 2-6 所示，其主要聚焦于人脑的枕叶（负责视觉图像信息的处理）及颞叶（负责视觉信息与听觉信息的处理）的联合区域。

现代教育学、认知心理学等理论认为：阅读是一种复杂的、主动的思维心理活动，是读者根据已知的信息和知识经验对信息进行体验、预测、验证和确认的思维过程。而对理解过程的监控在开始阅读时便出现，并贯穿上述过程之始终。所谓元理解，就是一种在阅读过程中的自我管理行为，即根据阅读理解的目的，对自己的理解进程不断评估和调整的过程。

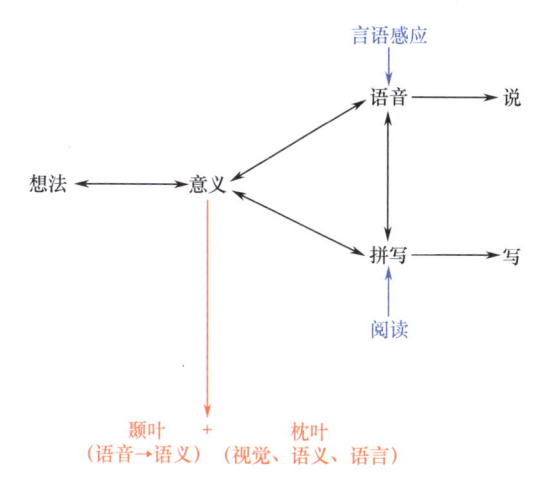

图 2-6　从语义到想法的转化过程

二、元理解能力的体现

元理解能力的强弱直接反映了学生对自我阅读过程及结果的意识与评估能力，以及对最终学习成效的影响。因此，良好的元理解能力主要有以下几点。

1. 明确阅读目标

阅读的核心目标是理解所要阅读材料的意义。阅读目标的设置是否明确，直接影响阅读效果。研究表明，年龄较小的和阅读能力较差的学生很难意识到，他们需要从材料中获取相关的信息与价值，甚至有时候认为阅读目标是正确地发音、识字和朗读，而不关注材料的深刻意义，缺乏对材料的中心思想的理解，这些都是缺乏在阅读之前设置合理的阅读目标所导致的本末倒置。

2. 带着任务阅读

针对不同的阅读任务来调整自己的阅读策略，这是一项重要的元理解能力。国外研究已证明，对任务要求的理解是学习策略成功的关键，因为学生是根据所知觉到的任务要求做出进一步努力的。成绩较好的学生能清楚地意识到完成阅读任务要求所需的努力和付出，因此懂得根据要求设置目标，选择和实施阅读相关的学习策略，监控自己的学习进展。所以，研究人员认为相关成效较差是因为他们对阅读任务缺乏深刻的理解。

3. 分辨和提取阅读材料中的重要信息

学生能否识别出阅读材料中的重要单元，在一定程度上反映了他们对材料的理解程度。研究发现，虽然幼儿在 6 岁左右时就能够指出简单记叙文中的主要人物和事件，但是他们难以指出复杂课文的中心思想。研究人员还发现，能够很快地回忆故事中主要概念的幼儿，却很难按照内容的重要性、核心价值意义等学习标准去评价这些故事的各个部分。这说明能够分辨和提取阅读内容中的重要信息，是一个循序渐进且带有针对性的提升过程。

4. 监控阅读理解水平

理解能力差的学生对自己的阅读理解活动缺乏监控（持续性地对阅读进程及状态进行评估），且通常当他们不理解时，反而有可能认为自己已经掌握了他们所要理解的内容。这种"理解幻觉"在所有水平的学生中都会看到，甚至是大学生。在实际的阅读过程中，成熟的学生如果遇到了较难理解的晦涩内容，他们会用更多的时间去研究学习它，并且重新阅读前面的内容，争取通过反复萃取阅读材料，解决遇到的理解问题。而相关水平较低的学生是缺乏这些技能和策略的。因此，要想有较高的阅读理解水平，就必须积极监控自己的阅读活动。

5. 失败时能够采取正确的调节行动

研究人员对不同阅读能力者在理解调节方面的差异进行了研究。他们的研究结果提示，当面对理解内容中心思想失误时，相关水平高的学生中有 30% 的人采取了复读、复述、加强理解监控等调节策略，而相关水平低的学生中则只有 9% 的人采取了这种行为。因此，当需要深刻理解一些概念时，千万不可一扫而过。

三、数字阅读对元理解的影响

在数字化时代，电子屏幕阅读已成为趋势。在工作中，我们要面对计算机屏幕及手机屏幕；在学校，日益增多的多媒体教学采用互动白板、平板计算机等，以及回家后一家三口各自拿着手机、平板计算机观看视频等"多屏互动"的情况已经是我们生活的常态。席卷全球的新型冠状病毒更是将人们带入了长时间线上生活的状态……电子屏幕阅读与纸质阅读看似只有呈现载体的不同，然而这种载体的不同是否会对阅读理解造成影响？是体现在浅层次的信息加工上，还是深层次的信息理解上呢？近年来，有学者提出电子屏幕阅读与纸质阅读不仅在认知加工深度上存在差异，甚至在元理解层面上也存在差异。同时，阅读时长作为一种宝贵的注意力资源，也会对阅读成绩造成影响。

为了探究"电子屏幕劣势"这一现象是否存在，即电子屏幕阅读是否在阅读成绩及元理解监控上不如纸质阅读，国外学者做了系列实验，笔者仅将实验结果阐述如下：

- 在规定的时间限制条件下，呈现载体对阅读成效及元理解有影响，纸质阅读好于电子屏幕阅读，即"电子屏幕劣势"存在。在无时间限制条件下，电子屏幕劣势不存在。
- 当加入关键词判断任务后，有时间限制条件的电子屏幕劣势消失了；然而在无时间限制条件下，纸质阅读对于理解性题目的成绩依然好于电子屏幕阅读。
- 在测试题类型上，纸质阅读对于理解题的成绩好于电子屏幕阅读；对于细节题则不存在差异。
- 对于阅读速度，电子屏幕阅读与纸质阅读无差异。
- 对于视觉疲劳，电子屏幕阅读的负荷明显高于纸质阅读。
- 对于认知负荷，除了在有时间压力写关键词的条件下之外，纸质阅读的成绩高于电子屏幕阅读。在其他条件下，电子屏幕阅读与纸质阅读无差异。

综述表明，电子屏幕阅读和纸质阅读在阅读成效及元理解上确实存在差异,特别是在需要深层次加工的理解题上。但差异不是一成不变的,它会受到时间限制和学习策略的影响。作为教学者,应灵活运用数字载体的优势——多媒体互动,以便学生理解复杂及抽象概念,通过丰富有趣的互动机制,激发学生的想象力与创造力;同时,应该严格控制学习的时长,因为数字载体的视觉负荷明显高于传统纸质载体,数字载体的课程时长应充分考虑不同科目所需的互动体验,以及不同年龄段学生的用眼卫生需求,建立好预防近视的机制。

四、元理解能力的训练策略

鉴于阅读理解对于学习成效的核心作用,有必要提升学生的元理解能力。借鉴元认知策略训练的核心思路,元理解能力的训练策略可分为以自我提问策略为基础的模式和元认知训练的模式。

1. 以自我提问策略为基础的模式

教师的提问式教学一直是阅读教学的主要方法,而学生提问则不受重视。研究表明,在促进理解方面,学生提出问题比教师提出问题更为有效,甚至对小学生来说也是这样的。自我提问具有双重功效:问题本身就是一种监控策略,同时又像导火索一般激发监控过程。因此,训练学生有效地提出问题,在发展他们的元理解监控的能力方面是重要的一步。自我提问可以鼓励读者确定自己的学习目的;辨认并突出阅读材料中的重要部分;提出诸多需要理解的内容之后才能给予正确回答的问题;考虑对问题的可能的回答。自我提问策略能够引导学生积极地监控自己的学习活动,并且能够主动采取具有一定策略的行动,促进学生元理解监控能力的发展。

> **Tips**
>
> 自我提问可以从两个核心问题入手,第一个问题是为什么——阅读材料中为什么呈现这样的信息;第二个问题是为什么不——如果我们为阅读材料中的解决办法换一种解题思路,是否可行。通过"为什么"和"为什么不",引导学生运用自我提问策略。

2. 元认知训练的模式

"师生互换式教学"以教师和学生轮流以教师的角色来引导对话，向学生传授"总结、提问、澄清和预测"四种阅读理解策略。这四种策略具有双重功能：在增强学生理解的同时，给学生提供了一个监控及检查阅读理解质量的机会。这种教学方法的目的就是帮助学生自我提问、自我回答，辨别阅读重点，从而使他们监控阅读过程并找出实际可行的方法，也有助于激活他们已有的知识，对阅读材料后面的内容进行预测。

有部分研究人员提出了"问题—答案联系法"，该方法后来被进一步优化和完善，将问题分为四种类型并提出了回答的方法：第一，"文章中有现成答案"的问题，其答案包含在文章的某个具体句子中，可以直接在文中寻找原话；第二，"思考和搜索"的问题，其答案需要将两个或以上的句子结合起来考虑；第三，"作者和读者"的问题，其答案通常隐含在文章中，需要读者对文章的意义进行推断；第四，"读者推断"的问题，其答案不在文章中而需要结合读者的背景知识来推断。同时，该方法还教给学生三种理解策略：确定信息、确定文章结构和传达信息的方式、确定在何时进行推断。这种分类法使学生意识到，在回答阅读理解问题时要区别不同类型的问题，同时要将文章提供的信息和自己原有的知识结合起来。

> **Tips**
>
> 换位思考的核心在于理解对方思考的出发点，可以通过对调材料中一号和二号主人公的身份，重新组织相关内容，让学生在阅读时就能感受到身份换位后的异同，从而逐步掌握以对方的思考出发点为基础的换位思考能力。

元理解无论在理论上，还是在实践中都取得了长足的进展。国外的认知心理学家已将研究成果运用于提高学生阅读理解能力的教学改革当中，并取得了丰富的研究成果。相比而言，我国的元理解研究，尤其是对元理解策略的训练匮乏。在我国的中小学教学中，很少引导学生认识影响其理解活动的各种因素，学生自觉地正确分析和调控自身理解活动的水平较低，这严重限制其理解水平的提高；由于学生具备的元理解知识贫乏而且水平较低，因此对自身理解活动缺乏控制感和有效调控的能力，理解水平的提高更为有限，这些都是一般的科目知识学习所不能弥补的，必须注重给予更直接的辅导。笔者建议在讲授元理解知识时应注意有一定的主次顺序，有一定的针对性，对材料和任务因素、策略因素的认识应作为基础的元理解知识，最后必须强调元理解知识的提高绝不能离开学生自身的体验和调控实践，应多提供学生实际练习的机会，并开展阅读元认知策略的训练，以提高我国学生的阅读理解能力。

　　本章阐述了元认知与学习能力的关系，特别是与学习能力相关的核心概念：元记忆与元理解，为下一章元认知学习策略做好铺垫。

第 三 章

CBTT

元认知
学习策略

第一节　强化工作记忆

良好的记忆能力以及基于元记忆的策略是掌握所学习知识的基础，其中，工作记忆能力是学生发挥其记忆策略巩固与强化长时记忆，最终将信息转化为知识的基石。因此，结合元记忆的概念，本节重点阐述如何强化工作记忆能力。

一、工作记忆对学习的影响

"走神"是我们在日常中非常熟悉却又容易忽视的一种心理状态，特别是在学习、工作中，当突然出现在你眼前的事物、耳机中的一句歌词、同伴间的攀谈等，就会让思绪神游，出现"走神"这类心不在焉的状态。它会对希望努力专注于当前学习任务的学生产生一些干扰，使学生无法高效地完成任务目标。研究人员普遍认为，**工作记忆容量大小**是对走神发生频率影响较大的因素之一。

工作记忆是仅 30 秒左右、记忆 "7 ± 2" 个信息组块的短时记忆方式，如同计算机及智能手机的运行内存（RAM），当一些信息被优先级忽视或者价值判定无效、内容重复过载时就会被直接遗忘，不能进入 ROM/长时记忆中。在学习这样的高集中度认知过程中，由于不同科目调用的功能脑区的差异，工作记忆需要处理的信息组块种类也会更加繁杂（同时涉及空间、色彩、图形、方位、数量等）。对于这样短暂有效期的记忆方式，工作记忆容量能够达到 "7+2" 的人就比 "7-2" 的优势更明显，更能记忆并转化更多的信息内容。

所以，首先需要探明工作记忆对学习的影响，这样才能让学生有的放矢地训练并提高他们的工作记忆能力。

二、工作记忆与语言阅读

工作记忆对语言理解、语言表达、阅读理解能力等方面有显著影响（见图 3-1）。认知心理学的主流观点是将人类的语言系统分为四个组成部分：一是语音回路（Vocal Loop），可以将语音信息保持 1 至 2 秒，负责词语复述（通过默读重新激活已在消退中的语音信息）和语音转换（即把书面语转化为语音代码并存储）；二是视觉空间模版，负责对视觉中的颜色、形状、大小和空间状态信息（位置和运动）进行暂时存储与加工；三是中央执行系统，一个资源有限的注意控制系统，具有控制和监督功能；四是情景缓冲器，可以使用多种形态编码进行临时存储，受中央执行系统的控制，它与语音回路和视觉空间模版并列，能从两个子系统和长时记忆中提取信息，为他们提供暂时性的整合信息。

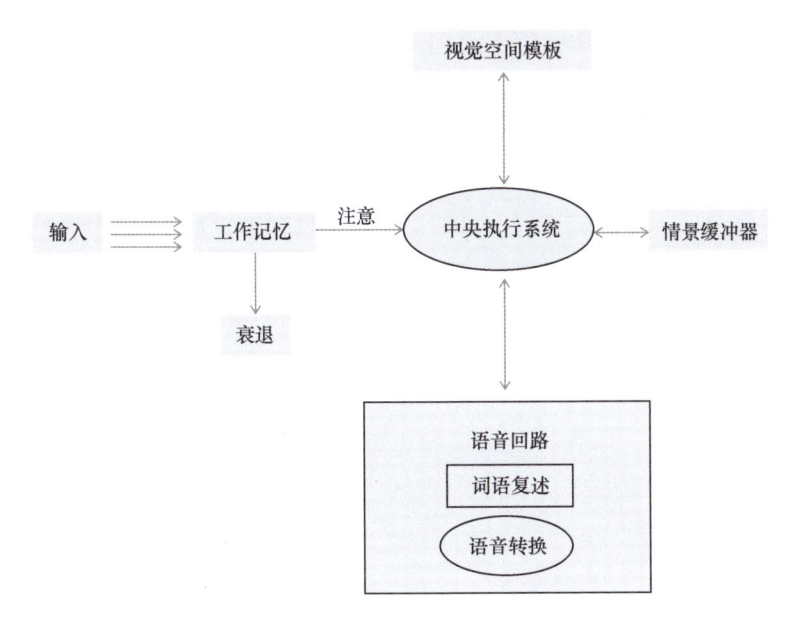

图 3-1　工作记忆对语言理解、语言表达、阅读理解能力等方面有显著影响

1. 工作记忆与母语理解

国外研究人员曾分别以普通人和语音回路受损的病人为研究对象，考察语音回路与阅读理解的关系，发现理解无复杂句法结构的短句时，病人和普通

人没有差别；但当句子比较复杂时，如语法上含有被动结构或定语从句，病人与普通人差异显著。由此得出结论：语音回路对于理解简单的句子不重要，但对于理解复杂的句子非常重要。我国学者在对语文学习困难的儿童的研究中发现，其语言障碍与工作记忆能力不足存在密切关系。

2. 工作记忆与语言理解的跨语言影响

与母语学习不同，第二语言学习需要更多的认知资源，工作记忆可以调动短时记忆和长时记忆中的一般知识和语言模块对输入信息进行加工、类比、重组、转换等，以促进对第二语言的学习和掌握。研究人员在双语学生群体中发现，母语工作记忆能力的高低对第二语言阅读有显著的影响。相关结果表明，工作记忆容量是影响第二语言语法加工的重要因素，因为词汇和短语的保留及句子意义的提取等活动需要较多的工作记忆容量。特别是在理解正确率上，工作记忆容量较大者有明显优势——工作记忆容量与文本理解能力呈正相关但非严格的线性关系。

3. 工作记忆容量对阅读理解有显著影响

成功的阅读理解需要阅读者将尽可能多的认知资源分配到高层次加工中，工作记忆容量较大者表现更好。另外，由于工作记忆容量不仅对短时记忆中存储信息的时长有影响，也对长时记忆中信息检索速度有影响，因此，工作记忆容量较大者存储的信息更多、处理信息更快。

4. 工作记忆容量对听力的影响较大

做听力训练时，工作记忆容量较大者能够存储更多的信息，并能检索到更多的已存信息。同时，工作记忆容量较大者能够存储和加工更多的信息以巩固长时记忆中更多的信息，这有助于执行不同的听力理解任务。

5. 工作记忆容量对提高词汇知识与口译效果有促进作用

学生需要理解单词的意思，并将单词语音或单词形式与意思建立联系。意味着工作记忆容量越大，就能越快速有效地存储和提取更多的信息进行加工，从而促进词汇的学习效率；口译任务作为一种特殊的语言转换与认知资源加工的复杂任务，对工作记忆的要求比词汇更高，因为不仅需要理解源语言单词的意义，还要掌握目标语言单词的意义，因此较大的工作记忆容量显著有助于完成此类任务。

三、工作记忆与数学思维

数学能力，包括数感能力、运算能力和数学推理能力等多个层面。**数感能力**是评估数字与数量的能力，主要包括数数、数量区分、数轴估计等能力；**运算能力**是对执行计算所需的事实和过程的调用能力；**数学推理能力**是指对数量关系进行分析以解决问题的能力。

学生对数学学科学习的"恐惧"已成为各国学校教育中普遍存在的难点问题。甚至产生了"数学焦虑"（Mathematics Anxiety）这样的心理学专业词汇，具体是指学生在使用数学概念、参加数学考试、学习数学知识或处理数字时所产生的畏惧、紧张、不安等恐惧状态。学生在这样的状态下会对数学问题产生不适或困扰感，怀疑自己解决数学问题的真实能力，最终导致回避能够运用数学技能的职业和环境。

由于数学是基础科学，与其他科目之间有着广泛而紧密的联系，数学学习障碍对其他科目的影响不言而喻，而且随着年级的升高，"数学焦虑"的问题也会更加严重，会占用有限的工作记忆资源，对成功地解决数学问题以及数学成绩有负面影响。

1. 工作记忆与数感之间存在紧密联系

一些研究发现，当进行工作记忆训练时，无论是普通学生还是数感能力较低的学生，他们的数数、数量比较、数轴任务等成绩都得到了提高。研究更为一致的发现是工作记忆训练对改善数感可能是有效的，即工作记忆训练可能有效改善数感。

2. 工作记忆参与数学运算的过程

工作记忆参与数学运算的过程包括人们对于水平呈现的题目倾向于使用语音回路进行言语表征，对于垂直呈现的题目则使用视空模板进行视觉表征处理。不少研究发现，工作记忆训练能够提高数学运算能力。例如，对存在轻微智力障碍的儿童进行视空模板任务的训练，结果发现他们在 10 周之后运算能力有所提高。此外，对注意缺陷和数学焦虑的学生、患有工作记忆缺陷的学生或正常学生进行语音回路和视空模板的训练，均能提高了他们的运算表现。在这些研究中，不管是对工作记忆的单一成分，还是同时对多个成分进行训练，都发现了工作记忆提升训练对于数学运算能力的积极作用。

3. 工作记忆对数学推理能力的影响

工作记忆对数学推理能力的影响在于通过影响推理过程，使学生将题目信息维持在自身的工作记忆中，随后利用这些信息确定各单元图形的关系，做出选择。由于数学推理能力是基于一般推理能力、数学运算等能力的基础上发展而来的，因此，工作记忆训练可能提高数学推理能力。

四、工作记忆与音乐素养

音乐是听觉艺术。声音频率在一定时间内的波动，创造出了扣人心弦的"旋律"。

近年来，研究者从脑神经科学及认知心理学角度研究测试了近四百位年龄跨度为 6～12 岁被试者的工作记忆后，认为音乐训练能够积极影响工作记忆的能力。研究者通过测试音乐专业演奏人员和非音乐专业人士的工作记忆，发现专业演奏人员在语言工作记忆广度上的表现显著高于非音乐专业人士；同时，借助 fMRI 技术的一些研究显示，15 个月的乐器训练足以改变儿童的大脑结构：经过每周 45 分钟、长达一年半的乐器培训后，在语音回路和中央执行系统功能上，音乐组的表现显著高于对照组（学习其他科目），从而说明音乐训练可以提高与听觉信息加工相关的认知功能。中长期的音乐训练不仅可以改变儿童和青年的大脑结构、增强大脑的可塑性，对老年人减缓认知能力衰退也有着积极影响。研究者对一些年龄为 65～80 岁的老人进行个性化的钢琴训练，经过 6 个月的训练，他们发现与对照组相比，接受钢琴训练的老人在认知灵活性和工作记忆方面都取得了显著改进。上述测试参与者经过短期的乐音

N-back 训练，不仅显著提高了工作记忆测试成绩，而且音乐听觉记忆的即时测试成绩显著高于实验组和控制组，特别是在 1 个月后的延期测试中也继续保持着这种优势。此外，结果表明工作记忆训练能够有效迁移到音乐领域，提升音乐听觉记忆水平。

五、工作记忆与美学鉴赏

艺术创作与审美文化是人类创造自我内在价值、实现自我内在精神实践的表达方式。同时，艺术能够借助大脑对人发挥深刻久远的重塑作用，与之相关的重要功能脑区有两个，一是镜像神经元系统，主要分布于人脑的前额叶、运动前区、顶叶、扣带回、运动区等处，是人们理解他人的行为、意图和情感经历的生理基础。情感的共享或移情、共情能力，通常是理解他人意图的重要心理机能；审美移情则是一种发生在个人体验和艺术形象之间的情感契通经验，具有分享感觉与意义的独特作用。二是情绪工作记忆的脑区，为前额叶腹外侧、腹内侧正中区和前运动区，以及前扣带回、海马结构、杏仁核等重要结构。该区负责在工作记忆之中形成有关新思想的意识，并使之具象化或意象化，特别是杏仁核对情景细节记忆有重要的促进作用。艺术创作和鉴赏需要对所需处理的内容（如绘画、雕塑等）保持极高的细节记忆工作：绘画，对色彩种类的识别、图形的空间结构的感知以及色彩与图形的组合变化，构成一幅画作的框架结构和情景细节渲染；雕塑，从绘画的二维空间跃升至三维层面，无论是创作还是鉴赏，都需要学生调用更多的空间认知过程。因此，工作记忆容量的大小对美学能力的培育同样有着重要影响。

六、工作记忆的强化

通过语言理解、数学思维、音乐素养、美学鉴赏这四门科目与工作记忆的关系，不难看出，工作记忆容量较大对学习的巨大促进作用，同时学习还可从另外两个方面有效强化工作记忆——消除冗余信息与调整内容载体。

1. 改善工作记忆容量

首先，工作记忆加工的信息是以组块为单位的，但是组块的规模和大小不是固定不变的，我们可以利用已有的知识经验，通过扩大每个组块的信息容量以增加工作记忆容量。其次，许多研究证实，在常规教学中自始至终呈现的是信息整体（强知识记忆性内容，而轻思考和实践），这就导致学生有限的工作记忆容量超负荷。因此，教师就要试着将学习中的一些相对复杂的教学材料进行分步教学，把它们分成几个能单独理解的成分，在每相邻的两段组块之间，让学生有一定的时间进行加工，待学生对加工的内容熟悉后，再对下一段进行加工。国内外的诸多研究都发现，在一定强度和时间的基础上，工作记忆容量可以通过上述"间隔"训练得以提升。然而，与之对应的挑战也是显著的，需要专业机构或教师将现有的教学内容和体系，以及包含的知识点等内容进行"组块"——重新筛选和组合，以适应科学的工作记忆训练方式。

2. 清除多余信息的呈现，减少无关信息的干扰

学生除了受工作记忆容量困扰，另一大挑战是抑制干扰的能力差，也就是容易受无关信息的干扰，这样也容易导致工作记忆负荷超载。所以在学习过程中，教师或机构要尽量将无关紧要的信息剔除，使学生能完全投入到必要信息的加工中。为此，可以从以下几个方面进行干预。其一，给学生的教辅材料要简洁，因为目前学生的认知负荷大多是由于材料的呈现方式造成的，所以机构在进行教学设计时要想方设法减少认知负荷。例如，对于复杂的教学内容，呈现时可采用图表的形式，因为图表信息量大，且简洁、明确、清晰，带给学生的冗余信息很少；机构或教师还需要精心设计每堂课的教学语言，语言表达要准确、精炼。研究发现，教学中的概述可以降低学生的认知负荷。其二，在教学活动中，可以使用符号标示法（字体大小及颜色变化、箭头、图标、下划线等）突出关键信息，以区别于其他信息，将学生的注意导向学习相关的内容，帮助其加工材料，尽可能地减少不必要的工作记忆加工负荷。因此，教学内容的外在呈现形式、每堂课的教学语言与教师表达，都应紧密围绕上述原理来开展。

3. 适当调整教学内容载体

首先，机构或教师要对学生的工作记忆的特点进行详细了解，才能做到有的放矢。研究表明，小部分学生的认知缺陷是单一的，如语言工作记忆存在缺陷或视空间工作记忆发展滞后等，但大多数学生都有多种认知缺陷，因此机构或教师要针对认知缺陷不同的学生施教，因为不同的内容和侧重点对工作记忆的不同成分有相应的要求，如纯文字材料的加工依靠语音回路，附带图示材料的加工与视空间工作记忆有关。其次，工作记忆一般对有意义的信息、具有较强情感的信息进行优先加工。因此，将抽象数学概念和语言的功能在实际生活环境中突显出来，从学生所熟悉的生活情景出发，删减或重组教学内容，可以有效减少他们因对问题情境陌生而产生的困扰。例如，机构或教师可以利用多媒体素材，展示三维图像并以顺时针的形式不断旋转，这样便能以简单的手法锻炼学生的脑内空间成像能力；之后，教师可以适当增加难度，仅为学生展示部分的内容，由学生在脑中自行填补图像信息。最后，鼓励学习挖掘文字的深层结构而不仅仅是表面意思，尽量将那些在数学知识结构中处于核心地位的知识纳入他们的认知结构，并建立有意义的联系。另外，在教学中，还要做到结合具体教学内容进行数学思维方式的渗透，并提供解决问题的策略，从而使学生掌握解决某些问题的基本认知。

综上，高效学习能力与有效学习成果的基础，就是较大的工作记忆容量以及与之对应的记忆种类的多样性——各科目所调用的功能脑区不同。同时，我们不难看出，清除冗余信息、调整内容载体的方式，都是在获取学生最宝贵的资源——专注力与理解能力，面对庞杂的信息，只有专注才能进入认知加工过程，而加工水平的高低直接决定了学生掌握和理解内容的程度。

第二节　塑造专注力与理解力

席卷全球的新冠肺炎疫情使居家办公模式广为应用，相信很多人都有这样的感受：每天清晨醒来，洗漱完毕及早餐后，开始一天的工作，在各种沟通群中进行互动，接到屏幕上不断弹出的电子邮件信息，同时关注孩子在网课中的表现，时不时纠正他们的坐姿、督促他们专注听讲……往往一天下来，发现自己的工作效率极差，忙忙碌碌却没什么成果，从而会为自己的不专注而感到内疚。

别太自责了！我们的注意力"时刻游离"是有科学依据的。普林斯顿大学和加州大学伯克利分校的科学家进行了一项研究，得出的结论是：我们的大脑每秒钟会重新集中注意达4次之多（走神也是同样的）。这是因为，人类大脑处理资源的能力是有限的，我们无法在最高注意水平上同时处理复杂环境中的所有信息。由此，大脑进化出了一系列机制，决定了我们在所处的环境中、不同任务下，哪些方面应该得到最优先的处理，这种机制的处理策略被称为注意力。

但注意力只是笔者想阐述的"专注力"中的一个方面，它仅仅在生理层面从脑神经科学方面解释了我们处理信息的有限性，而专注力是生理与心理两方面活动的综合体现。专注力在生理上是大脑的一种资源调配机制，所调配的"资源"就是对应不同任务（如视觉、听觉、触觉等）的功能脑区（如枕叶——视觉，枕颞联合区——语音—词义转化活动等）参与信息加工处理的神经元网络连接；专注力还是心理意识，是一种面向任务对象的信息编码加工程序集，是编码与功能脑区活动相应的"认知程序"（如记忆过程、情绪起伏、思考联想、逻辑判断等）参与信息加工处理的系列过程。

简单来说，专注力既是生理过程（以硬件资源的调配为例，大脑调配左侧额叶、枕叶、颞叶），又是心理过程（认知程序的介入，用调配的左侧额叶、枕叶、颞叶参与"阅读"文字类内容并"记忆"知识点的认知活动过程）。

理解力也是生理与心理双向活动的产物。它是从我们专注学习某一科目的任务开始，到记忆所需知识点，再到将记忆的知识点通过实践"再加工"为系列行为的过程。不难看出，理解力是专注某任务并记忆之后，更高层级的生理与心理活动的集成。如果用计算机领域的术语描述，记忆是将专注力进行处理后，有价值的"生理+心理"的"程序组"，并固化为"软件"的过程，而理解力则是将一些相关联的"软件组合"封装为"解决方案"的过程。如同我们学习驾驶手动挡汽车时，从开始换挡起步的手忙脚乱，到手脚并重，再到协调自如能独立上路应对各种路况的过程。

在对于特定的认知任务如学习新知识、新事物的情境下，我们是需要专注力与理解力同时介入信息编码加工过程的：功能性磁共振成像（fMRI）实验表明，当我们处于专注力模式时，主要活跃的脑区是左右半脑前额叶皮层（左半脑应对语言文字等抽象内容，右半脑应对文字内容之外的信息）——负责协调与统合高等心理活动行为的区域，以及对应不同任务开启的枕叶、颞叶、顶叶等特定功能脑区。而处于理解力模式时，没有哪一个脑部区域特别活跃，信息在这个时候会"弥散"（神经元泛连接）在整个大脑中。人脑处于理解力模式的时候，脑部被激活的神经元会更广泛、更多元。也就是说，在该模式下，我们能够联系的"信息组块"会更多，针对新信息能够进行重构和联结的机会也会更多。

由此不难看出，构架出两种模式有效融合的学习方法是塑造专注力与理解力的关键举措。这里引入本书第一个元认知学习策略：OEL（Objective Exploration Linkage）学习法。

Objective——学习的目标；Exploration——探索与学习目标相关的信息、线索、常识及现有理论、实践案例等；Linkage——这些探索中哪些是值得借鉴并可以整合到问题解决中的元素，以及与学习目标、愿景、期望之间的关系。OEL学习法的核心是：根据学习目标，理清所需探索的问题、确定自己要解决哪些核心问题，把需要解决的问题放在大脑里。这样做不但能理清思路、扩充信息组块，还能帮你保持对问题的敏感性（专注力模式）；基于探索到的相关信息材料，放松专注紧绷的状态，将问题与关联信息进行发散思考，在此过程中发现问题的规律、模式偏好及关联关系，从而找到解决之道（理解力模式）。该学习法综合并升华了上述生理与心理两个层面的活动，适应专注力模式与理解力模式的交互运作机制，适用于掌握科目类系统知识，如学习某一科目，在学习之前需要掌握核心知识点以及科目全貌；亦适用于碎片化知识的学习，如学习某一短期课程内容，能够高效掌握其核心价值及论述观点。

但在开始使用 OEL 学习法之前，需要注意的是，专注力是生理与心理资源调配的过程，又要应对学习环境中的各项干扰因素，所以必然会有损耗（如走神、疲累）。因此，应延展 OEL 学习法的前、中、后部分，通过心境调节方法，分别加入学习前的抗干扰处理原则、学习中的"专注—放松"双向调控机制，以及学习后的舒缓畅想方法，构建一套完整的学习策略。因为所学习科目的差异，本章的元认知与学习策略仅阐述方法模型与框架，会在第四章至第七章分别阐述相应科目的元认知学习方法。

一、学习前——抗干扰处理原则

学习前是我们进入正式学习的准备阶段，用于审视为了达成学习目标所需的环境、工具、学习资料等必要条件是否充分，也是我们发现、辨别以及减少干扰因素的好时机。该准备阶段直接影响我们在专注力模式下的信息加工水平——处理信息数量、层次及质量等。

1. 环境

上小学时，教师会强调"把与本课无关的教材收到抽屉里，保持课桌整洁"，其实就是减少干扰因素的方式之一。学习环境对学习效果的影响本身并没有可以科学测量的依据，但我们用常识都能得知，如果环境中的干扰因素过多，会直接影响我们的专注程度。试想，当在家学习时，如果学习空间靠近厨房、洗手间、客厅、卧室等，你会不由得被厨房抽油烟道中别家做菜的味道、洗手间管道冲水的声音、客厅中的电视节目的声光与沙发、卧室中舒适的床扰乱学习的思绪。虽然有些因素无法避免，但为了保障良好的专注程度，我们还是需要做到以下三点来抗干扰。

一是远离背景声之类的声源，我们熟知的"白噪声"就是背景声的一种，它是由多种音源构成的，没有明显的规律，这也是很多人喜欢在咖啡馆中学习的原因之一：咖啡研磨、牛奶蒸汽冲泡、人群的交流声汇成了背景音源。前文中讲述了工作记忆，工作记忆容量大的人会更专注于自己关心的事物。在背景声中常常走神的行为，心理学界称之为鸡尾酒效应。如果你常常在背景声中走神，那么就该注意自身所处的环境，是否是背景声中某些声源导致你不够专注，这是否跟你的职业背景相关。比如，如果你是创业者，那么你该避免到创业者和投资者交流聚集的地方学习（前提是你在学习某些知识，而不是为融资或路演去取经），否则你很容易被背景声中的人们所交谈的融资信息、项目信息、行业前景等吸引了专注力，因为你所处的阶段对上述信息是很敏感的，它们就成了最具干扰性的因素。手机、平板设备的推送信息声音也是类似的。

二是打造怡人的嗅觉氛围。杏仁核对嗅觉信息最敏感，同时它也是参与加工情景记忆、事件细节的重要功能脑区。很多国际连锁酒店实施的香氛管理就是采用了上述原理——特定酒店品牌对应着某一款特定的香氛，这样常旅客进入酒店那一瞬间就能激发回想起与酒店、旅行相关的美好记忆……很多纸书爱好者就是喜爱纸书特有的油墨气息，如果我们去调研他们的书目，相信很多会是与情景记忆相关的故事类书籍。对于高年级学生和成人来说，咖啡厅特有的咖啡香气也能达到相同的效果。对于低年级学生，家长可以在文具、擦镜布等学习用品上选取一些带有自然、健康香氛的产品，打造一个怡人的嗅觉氛围。

三是限制信息流、视频流内容，如聊天软件、短视频 App 等，它们最容易迁移我们的专注力，因为视觉信息是最难忽视的干扰源，这基于我们生理结构进化的特殊性。直立行走让我们的视野开阔，同时加强了我们的警觉性，任何在视野中出现的变化都会引发我们的关注。好在很多电子设备可以设定健康地使用 App 的时长，高年级学生和成人可以在学习前将上述 App 禁用，低年龄段学生的家长可以通过家长控制功能设定禁用时间。

2. 工具

在学习过程中除了文具，我们还会用到各种学习工具。应尽量使用教学相关的辅助工具，如实体计算器、圆规、尺子等，而不是使用智能设备的

App，因为任何增加接触智能设备的行为，都有可能会被各类推送信息所吸引而点击浏览。对于必须使用智能设备才能学习的在线直播课程等，应尽量通过其他 App 禁用或者家长控制功能等限制浏览。另外，教学工具务必与所学科目相匹配，任何无关的教具都可能变成分神的"玩具"，从而增加不专注的可能性。

3. 学习资料

学习资料如书籍、多媒体互动课件、动画视频等。与学习工具抗干扰的处理原则相似，越具有互动性的内容呈现方式，如果它不是用于学习的，就会成为干扰源，其载体也容易产生问题。比如，移动学习设备在国内外教学中的使用越来越普遍了，也造成了儿童近视率的大幅上升——近年，我国儿童近视率高达 53.7%；高中生近视率达 81%、大学生近视率则超过 90%；2020 年年底，中国近视人口数量达 7 亿。但不能否认的是，科技对教育的创新有着重大的推动意义，它使以往较难理解的抽象概念通过直观的互动体验提升，更容易被新生代的孩子们所理解和接受。只是对于教育机构和工作者来说，需要在精美动画与学习内容、学习时间上做一个平衡，既能让孩子专注学习、提升吸收知识的效率，又能保护孩子们正在发育的视力。毕竟，再精美的互动动画也是紧密围绕在课程内容上的延伸而不仅仅是娱乐导向的动画片。

二、学习中——"专注—放松"双向调控机制

做好了学习前的准备，就进入了正式学习的过程，开始运用 OEL 学习架构。

- 在元认知概念中，目标是监测与调节的基准。
- 探索与关联这两个系列动作通常是同时发生的，即形成理解力的过程（见图 3-2）。

即便是前沿的脑神经科学研究成果，也仅限于达到对大脑功能区域（如视觉、听觉、触觉、运动行为等分别对应的脑区）的基本原理判定，但我们如

何产生智能思想，目前还无法完全通过破译脑电波而得知。因此，必须结合认知心理学对思想的研究。笔者综合了这两个科目的研究，将我们的思维解决策略分解成四大组合，探索与关联这两个系列动作集合与其息息相关——我们的思维是如何进行相关信息的探索与关联，从而根据现状解决问题，最终达成对目标问题的理解，解构与重构对世间规律的认知。

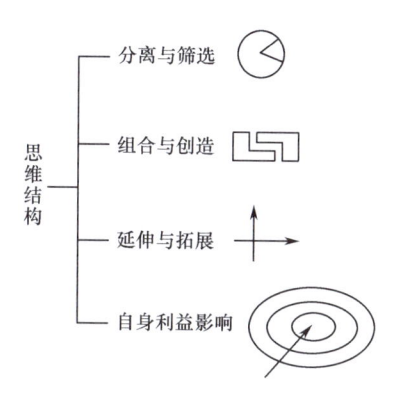

思维结构
- 分离与筛选
- 组合与创造
- 延伸与拓展
- 自身利益影响

图 3-2　形成理解力的过程

第一组思维解决策略是"分离与筛选"，当我们探索一个科目的知识时，我们会"分离"（拆解）知识点，由复杂转至简单。如解决多边形几何问题，我们通过运用辅助线和辅助图形，创造出一些简洁、特殊的组合：平行边或正方形这类基本元素，将复杂不规则的多边形变成可测量、可评估的特殊多边形组合。各专业人员每时每刻都在运用这个思维解决策略：多达几千万行的代码开发工作，撰写数十万字的书籍，绘出一副十米长卷，谱出一曲交响乐等，无一例外，都是从把复杂任务拆解成"最小单元"开始的。需要指出的是，"最小单元"取决于所应对的问题种类，绝非越小、越细就越好，相反，这样有可能导致工作量或重复工作的无意义增加。"筛选"就是对"最小单元"的验证——对该类型任务的解决有意义、有价值的最小基本元素集合：如在笔者参与翻译的《组合式创新》一书中，麦当劳创始人从福特汽车的价值链中"筛选"出的有价值的"最小单元"就是福特汽车的流水生产线机制——工人按组装流程一字排列，一步步完成整车组装，而福特汽车的创始人恰好参观了底特律的罐头厂与屠宰场，看到了流水线的雏形（由传送带运输每一个组件的过程），从中"筛选"出了奠定汽车工业未来的流水生产作业这一最具价值的"最小单元"。

不难看出，经过"分离与筛选"，第二组思维解决策略——"组合与创造"就是顺理成章的动作。组合与创造离不开一系列的测试与评估，以保证这些"最小单元"与要解决的问题完美融合及能发挥出新的作用——这就离不开第三组思维解决策略：结构层面的"延伸"与纵深层面的"拓展"。结构层面的"延伸"比较容易理解，如在解平面多边形时，当我们分离与筛选出特殊多边形后，可以将这个平面几何的问题转化为多个算式组合的解析几何问题（特殊多边形运算），从而通过代数运算解决目标问题，这在结构层面并没有改变问题的本质，所以可以算是问题的"延伸"；而我们将该目标问题转换载体，运用在解决现实中的问题时，其本质改变了，所以是纵深上的"拓展"。具有代表性的例子是苹果公司于 2017 年推出的 iPhone 10 周年版本——iPhone X 所采用的面容 ID 组件，该组件调用了不同于产业链上下游纵深的应用——点阵投射器，之前用于物体扫描；红外摄影，之前用于夜间观测与温度测量；前置摄像头，用于 2D 人像自拍。而三者的拓展组合，构成了一个新的安全验证机制，改变了传统靠指纹验证的行业常态。

最后一组思维解决策略是"自身利益影响"，与元记忆概念相呼应，也就是当目标问题与自身紧密相关时，因为记忆机制中海马结构（工作记忆、长时记忆）、杏仁核（情绪与场景记忆）与新皮层（专注力介入、协调与计划）的活跃参与，我们才会将该信息记忆得栩栩如生。我们将这个认知心理学的成果紧密融合在元认知学习法中。

综上得知，OEL 学习法所汇聚的四组思维解决策略是一个专注在学习行为上的"专属版本"。简单来说，就是在学习目标的驱动下，通过探索与关联的系列动作，最终达成对学习内容的理解、掌握与运用。

除了善用 OEL 学习法，我们还可监测自己或学生的专注状态，适时运用"专注—放松"的双向调控机制，以达到最佳学习效果。

很多人会觉得自律很难，的确如此。笔者刚创业时没有正式的办公室，都是在一些嘈杂的咖啡厅办公，我的心得是：点完餐饮后，入座，不要急于进入状态，先进行抗干扰原则检查，把从早晨到目前为止的心绪调整到最优状态，并设定当下的目标和任务，然后就可以应用 OEL 学习法了。你可能会被强烈干扰，如周围声音较大的讨论声、外放音乐、游戏音效等会打断你精心布置的抗干扰清单，影响你的专注力。这时就需要引入"专注—放松"双向调节机制，即大家更熟悉的名字是番茄工作法。番茄工作法的确是"专注—放松"双向调节机制的有效实施办法之一：原理是每 25 分钟专注学习或工作，之后有 5～10 分钟的休息间隔，如此往复。需要注意的是，在非常规办公环境中，干扰源很多，专注学习消耗的精力会更多，所以间歇时间是必不可少的，同时又需要极强的时间控制能力。特别是在探索、关联这两个组合步骤中，我们通常需要运用以下三种方法：

- 资料搜集及分类整理。这类学习任务受到的主要干扰是很难避免浏览其他网页内容，25 分钟的专注是很难保持的。所以对于这类学习任务，建议执行高频短时间专注加短时间休息间歇，从而避免浏览其他网页的时间过长。可以设置每次专注时间为 10 分钟，间歇时间为 5 分钟；每四次 10 分钟专注后，一次 10 分钟大间歇。

- 材料研读。这类学习任务考验学习吸收的速度，专注时间过短、频次太高会打乱学习的系统性。所以建议设置每次专注时间为 20 分钟，间歇时间为 10 分钟。10 分钟的间歇时间中，前 5 分钟是完全放松的，后 5 分钟回顾前 20 分钟学习内容的核心点，以便快速进入下一次专注状态。每三次 20 分钟专注后，一次 15 分钟的完全放松的间歇。

- 主题思考。与资料研读不同，主题思考是以产出个人观点为核心目标的。通常情况下，研读与产出个人观点并不同步。但如果在需要研读完就产出观点的情况下，可以采用阶段性研读的方式，如完成三个 20 分钟的专注研读后，间歇时间从 15 分钟延长到 30 分钟：前 15 分钟完全放松，后 15 分钟回顾研读的内容，尝试总结出自己的洞察或观点。

当然，该方法更适用于较为舒适、干扰源少的学习环境，此时需要调节的主要是休息间隔，因为干扰源少，则可以适当减少休息时间，增加专注学习的时长。

在恭喜你完成某个学习任务之前，如果你希望能将所学知识尽量长效掌握、调用长时记忆能力理解吸收，而不仅仅是考前的"抱佛脚"，那么学习后的步骤则是 OEL 学习法的升华，它充分发挥了四组思维解决策略中的第四组——与自身利益影响的关系。

三、学习后——舒缓畅想方法

完成学习任务后，可以采用呼吸舒缓的方式调节心境，将弥散在脑中的心绪从紧张调节至舒缓的状态。在这个过程中，联想所学知识与未来的发展，可以说，是一个有意义的"白日梦"——从心理深层唤醒潜意识对所学知识的消化理解。我们目视物体的视觉识别速率只能达到十分之一秒，神经元传输电信号（认知加工）也仅能达到每秒百次，而潜意识加工则是高达百亿次的神经元连接的激活，这也是我们熟知的一些名人轶事的来源：当沉思如何鉴别王冠是否掺假的阿基米德坐入浴缸时，思考化学元素该如何呈现的门捷列夫的梦中之蛇，思考世间万物运行规律时被苹果砸中脑门的牛顿——相信很多读者也感同身受，当被一个难解问题卡住时，或许就在不经意之间灵光乍现——这其实是潜意识感受到了你的思绪，其介入之后的产出成果。因此，我们可以充分运用思考的"黑盒子"机制，加深我们对学习内容的认知加工水平与程度。

我们可以在完成学习后，通过 5 分钟的冥想呼吸训练调整自己的心境，想象自己成功运用所学知识的未来人生。例如，在准备 GMAT 考试的学生，可以想象自己打包行李，登上飞机，耳边传来 *Leaving on a jet plane* 的歌声，恍然间，身着毕业礼服，接过商学院院长颁发的优秀学生毕业证书……这时，如果你常在理解逻辑题上犯错，你可以尝试想象在这个幻化的背景中去辨别毕业证书上的文字描述，"告知"潜意识——"你"需要在逻辑理解上下功夫，然后想象自己成功拿到梦寐以求的入职通知，其发送到邮箱的那一瞬间计算机发出轻快的提示音……联想的情节场景越详细，你会发现对学习内容的记忆程度越好，且每每想到所想象的场景，你都会充满动力，难题就会迎刃而解。

从学习前排除干扰源，到学习中使用 OEL 学习法高效学习，再到学习后调用潜意识参与学习过程——你现在已经初步迈入了脑神经科学与认知心理学对学习行为的综合研究成果之中，该方法基于对生理与心理活动的理解，以及我们调用专注力的机制，促成我们对所学内容的充分理解和掌握，以期能力的形成与举一反三的范式迁移。

第三节　监控调节与溯源反馈

基于认知的相关知识，监控学习过程中各项指标的达成率以及其他认知行为过程的结果是我们进行调节的依据。笔者因此把依次发生的行为合二为一，组成"监控调节"这一系列过程。而溯源反馈则是元认知的核心价值，即对"监控调节"系列思考活动的"反馈和优化"。

作为元认知学习策略中的一个环节，监控调节需要针对学习目的、行为过程、学习成果做定义，监控的因素是什么，调节的目标又是什么，才会让监控调节的行为对学习成果产生更大的效应，不然所需关注的元素过多冗余，反而会造成宝贵专注力的浪费。因此，笔者针对学习策略并结合上一节专注力与理解力的核心元素，对监控调节进行了以下的研究与提炼。

一、专注力层面的监控与调节

学习材料与工具应用是塑造有效专注力与理解力的基础，而在专注力的监控方面，核心要素有三个：甄别学习材料中的信息的真实有效性，判断与整合信息的价值，自我评价所获的信息量对于学习任务是否充足。该三要素对于监控专注力的有效性至关重要。

1. 甄别学习材料中的信息的真实有效性

有效甄别与选择信息并非易事，在复杂的信息环境中，无论是专业检索系统（专业论文、资料库等）还是大众搜索平台（各大搜索引擎及必应学术、谷歌学术等），多数被学生搜索出的内容，或多或少与信息关键词有交集，但也存在大量的无关信息，这些无关信息经常会吸引学生的注意，加重记忆负担，使其难以分辨信息是否有用，从而导致错误地选择信息。当然，影响信息内容选择的重要因素还有学生在相关领域的知识经验等因素。针对上述搜索工具或平台，学生需要在心中设置"问题集"，以便正确地调节监控的方向与程度。

- 选取的关键词是否准确？有无其他称谓或歧义——排除掉可能产生的无关信息。

- 选择的搜索平台是否具有相关问题的权威性？比如，专业的商业资料库通常都有擅长的领域，有的擅长社会科学如商科、心理学，有的擅长自然科学如生物、医药，有的属于特别专业类的通常只专注一个领域，如认知科学协会的资料库只关注一个领域方向。所以，搜索平台的属性与其定位偏好，很大程度上决定了搜索出来的材料匹配度与内容质量水平。

- 选取的刊例、论文，其作者的教育背景与科研经历是否合适？作者的教育背景与科研经历或多或少会对他秉承的学术观点或见解有加成的作用，因此，学生在学习其研究观点时，需要留意隐藏在观点背后的作者偏好，充分理解并中立地看待作者对其研究目标与研究结果的个体倾向性。这有助于学生更客观地掌握所学内容的多方见解。

对于中小学生的少年及儿童，教学机构和家长需要特别留意信息来源，因为中小学生对信息的甄别能力还处于成长期，需要特定的关注并通过教导他们对搜索内容的可靠性甄别，帮助他们建立相应的判断标准，并时时提醒自己采用判断策略进行监控，就能提高他们搜索信息的效率，培养他们的客观独立的思考能力。

2. 判断与整合信息的价值

在甄别完所需学习的材料内容的真实有效性之后，就该判断与整合其信息对所学任务最具价值的部分。专业类的期刊、论文、专题等，一般按照三段式论述：前人的研究成果与局限性、本次研究的目的，以及本次研究成果。需要强调的是，还有两个部分也是很有价值的，特别是对于需要快速掌握其信息的核心论述的学生：一个是摘要部分，这是作者对材料的整体概括，可以从中得知作者的研究目的、研究的局限性，以及研究成果的亮点部分；另一个是结论部分，这是作者对本次研究成果的总结，学生可以从中快速获知成果对研究问题的解答程度，以及作者对该议题未来发展的个人展望与预测。这里需要学生特别注意的是：仅看头尾两端，不能揭示作者最重要的研究过程与思路（如样本选取的筛选机制是否科学合理，样本量大小是否满足研究成果所要解决的问题，实验过程中难以避免的一些限制等），通过细节能够判断其信息的价值是否符合学生的所学目标，以及是否具有整合的意义。

对于中小学生而言，判断与整合信息的价值在于是否对某一类题型的解题思路做到理解与掌握，但最重要的是，是否能判断解题思路的局限性，以及探索替代思路的可行性。作为教学机构和家长，不应该限定他们的尝试，更不应把某类解题思路作为"唯一答案"强制灌输到学习过程中去，应该让他们多试错，在试错的过程中自行分辨不同解题思路的规律与优缺点。对于今后如何判断信息的价值，善用并整合到自己的处置逻辑中去才是核心价值，刷题和强制记住绝非唯一解。

3. 自我评价所获的信息量对于学习任务是否充足

准确完成上述两个步骤之后，就需要学生进行下一个重要的"问题集"的监控任务，即自我评价所获信息量对于学习任务是否充足。

- 能否从现有信息/数据中推导出期待的结果？这是学生判断所获得的信息量是否能够满足学习需求的第一步。对于科目知识点较多的学习素材，通常可以转化为"子任务"，即把所要完成的任务目标分解为一次次独立的小任务，并且为这些小任务设定相应的完成时间，从而完成学习总量。在这个过程中，学生通过对子任务的分配，就能得知已获信息能否满足学习需求。

- 能否通过其他方法检验现有论证？即通过其他方法推导出同样的答案，这点在理科学习中特别重要，学生需要自问基于目前所获信息量是否有多种解题推导思路——这是一个拓展性的训练，意在调用学生的元认知能力，抽离出现有认知过程（已知或固有解决办法），去监控与评估该过程的局限性与可能的突破口。

- 能否判断所获信息的有效学习时长？时间压力是影响学习策略的一大因素，在高时间压力下，人们花费更多的时间学习容易和感兴趣的项目，而在中等时间压力下，人们花费更多的时间学习较难的项目。即使花费在较难项目上的时间多于容易项目，人们仍然是在容易项目上取得的成绩更好。所以，明智的学生会根据学习任务的难易程度合理分配学习时间，使学习成效最大化。

二、理解力层面的监控与调节

在专注的学习状态下，专注力与理解力是非常紧密地交替产生的。这样的机制能让我们在饱满且充满好奇心的状态下，跳出日常的思维定式，碰撞出新奇想法和创意灵感。那么，应该如何监控我们的理解程度并进行相应调节呢？除了运用心理学的自省量表即按照问卷对学习内容的理解程度打分之外，笔者基于认知神经科学的研究，提炼出了另一种思路，它包含两个步骤——模拟演练（Simulation）和反向思考（Reverse Thinking）。

认知神经科学通常用计算机运行原理与人脑的类似功能进行对比，如计算机的处理单元与人脑都是对信息的加工和传输，虽然二者在信息处理上还有很多差异，但对人工智能的发展铺垫了良好的理论基础。

1. 模拟演练

在人工智能的前沿研究中，模拟演练或称模仿，即通过一种可以替代的方式再现所需达到的行为，是研究人员检验人工智能算法是否存在错误或改进空间的最佳形式。同理，当学生专注于学习时，也需要对所学知识的掌握程度做相应检验，以便于检查自己是否正确理解了所学内容，而最好的办法就是进行模拟演练，把所学知识运用于类似的情况中：一种方法是在相似的知识框架背景下模拟演练，如鸡兔同笼这样的经典例题，在理解力监控与调节的过程中，仍然设定为鸡兔同笼的问题，只是改变了所需运算的量级，比如在原题中是个位数——鸡兔共5只，那么现在变成15只或20只，用这样的方式抽离出了量级，检验学生是否真正掌握了该题型的核心考核价值——发现变化规律；还有一种方法是模拟演练延展类题型，不再是鸡兔同笼，而是转换了题型的内容背景，变成计算期初与期末的股价变化，这同样是在考核变化规律的掌握情况，但题型的内容换成其他门类，去验证学生是否能够举一反三地运用变化规律去解题，由此去发现在认知能力层面以及科目知识点层面还有待提升的具体方向。对比简单刷题，这样的理解力监控与调节在未来的实际运用中更具有意义。

2. 反向思考

基于模拟演练的强化过程，在此提升一个训练难度——进行反向思考。其原理是请读者设想这样一个背景：假设你正在长途飞行的旅程中，请放下手中的书，想象一下你的行业中所谓的"惯例"或长期解决不了的"痛点"，以及在现状下大家都是怎么做的。比如，教育培训行业市场营销的老三样：传单扫街、广告轰炸、口碑群组。如果以完全相反的方式去做的话，会出现什么样的情况。放弃散落一地的传单，还有什么形式的让人们主动接收的纸质材料？放弃狂轰滥炸的投放广告，还有什么渠道能让目标用户看到产品？取消QQ群、微信群，还有什么方式能够维持客户关系？当你开始进行类似的反思，从你所在行业所做的完全相反的路径去思考，这就是反向思考的开始。这样的思考会给你无穷的遐想空间，你会感到痛苦——似乎放弃的是目前最有效的办法，你又会感到快乐——这样的思考能够解放你的思路，从另外的角度去尝试。

你的好奇心驱使你做出创新，这就是反向思考的威力，它模拟了一个极端情况——如果反着做会产生什么样效果？对现有的解题思路说"不"，就会激励学生去探寻另外的解决之道。如上述场景中假设的问题，目前人们普遍接收的纸质材料，大概率是消费小票和快递包装——那么是不是可以通过两个渠道进行跨界推广呢？作为学生，在进行理解力监控和调节过程中，特别是运用反向思考这样的调节策略，可以用两个问题作为激发策略：为什么（Why）——激发对现有思路的深化，为什么不（Why Not）换一种方式——激发出更多思路的方式。

在此，通过一个命题作业展示反向思考在商业中的运用。假设你是男装行业的从业者，而男装向来比女装难卖，广大的男士审美和穿搭都需要深刻的市场教育。所以如果你想打动目标受众的话，该怎么做？做传统杂志投放、精准广告、朋友圈广告吗？还是投放实体店面的户外广告呢？如果这些你都不做，那么如何接触到男性用户呢？观察周围，是不是很多男士就算在度假时，也对游戏、数码类产品一直保持很高的接触频率呢？这就是与他们对话的新入口。

解决思路有：与游戏厂商合作，定制游戏人物的服装及皮肤；邀请知名设计师进行设计，倡导品牌的时尚理念，并邀请用户加入创作，潜移默化地将目标用户的时尚品位与自己的风格做契合；评出最好的设计，限量定制一定数量的产品，奖励给当期的游戏排名靠前的玩家；从中转化一部分网红玩家，其他试用该服装皮肤的玩家将获得一定金额的数码代金券。同时应考虑的是，如果你不是决策层，你能用什么样的观点引导与游戏厂商合作定制的可行性。

假设目前所有的解决办法和手段都无效，会出现什么情况，解决的思路是什么。这会激发学生放飞他们的好奇心去观察，哪些元素是可以运用并结合到自身所学中去的。笔者在英国观察到了一个有趣的现象：英国的ATM机是先吐卡后吐钱的，从而防止国内经常出现的拿了钱忘记取卡的情况，我不禁想象，这样的元素可以运用到什么样的安全机制上呢？

三、专注力与理解力的溯源反馈

相信上文的例子已经展示了天马行空的创意模式，而我们在专注与理解的同时，潜意识与意识的共同作用会激活元认知的溯源反馈行为，这会对我们"监控调节"系列思考活动起到"再反馈和优化"的重要作用。

溯源反馈，笔者对其做的定义是：在完成学习任务及过程中的监控调节后，重新审视学习目标设计的合理性（溯源），是否能够满足未来学习任务的动态变化并做出相应评估与调整（反馈）。其意义与专注力、理解力的监控调节不同（后者属于认知过程），为了便于理解元认知概念的抽象意义在此行为上的应用，笔者思索了一套基于元认知能力的溯源反馈检验思路（见图3-3），从学习的内容维度出发，简要概括由知识到洞见的整个转变过程。

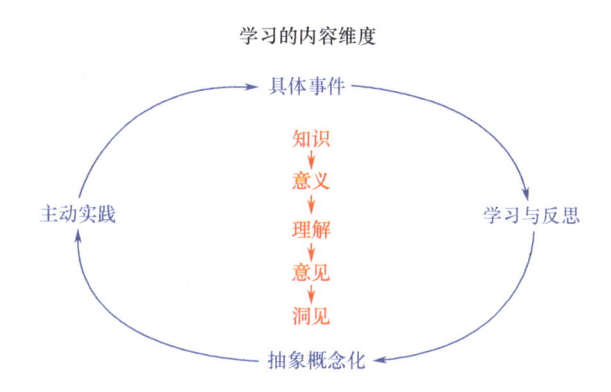

图 3-3　基于元认知能力的溯源反馈检验思路

图 3-3 中的外环是学生的主动学习动作：通过对具体事件（科目）的学习与反思（认知与元认知的加工），将其核心元素抽象概念化，最终成为能力并可以主动实践。

图 3-3 中的内部递进结构为溯源反馈的核心过程：普通的能够记忆的"知识"，通过认知加工成为较为深刻的"意义"，意义随着加工过程的深入（专注力与理解力监控调节）被学生所"理解"，在理解的基础上通过溯源反馈而深度掌握了该知识的源起与意义，形成长期且持续的"意见"。最终，伴随着溯源反馈的深入以及与外界交换更多的信息并加工后，成为能够影响他人以及事物的"洞见"。

举个例子："地心说"是世界上第一个行星体系模型。托勒密第一次提出"运行轨道"的概念，设计出了一个"本轮－均轮"模型。按照这个模型，人们能够对行星的运动进行定量计算，推测行星所在的位置。在一定时期里，依据这个模型可以在一定程度上正确地预测天象，因而在生产实践中也起过一定的作用。这在当时是众所周知的，然而到了中世纪后期，随着观察仪器的不断改进，对行星位置和运动的测量越来越精确，观测到的行星实际位置与这个模型的计算结果的偏差逐渐显露出来（很多科学家开始了"学习与反思"）。到了16世纪，波兰天文学家哥白尼经过近四十年的辛勤研究，在分析过去的大量资料和自己长期观测的基础上（"意义"转化为"意见"的过程），于1543年出版的《天体运行论》中系统地提出了"日心说"。因为哥白尼发现，在托勒密的地心体系中，每个行星运动都含一年周期成分，但托勒密对此无法做出合理的解释。哥白尼认为，地球不是宇宙的中心，而是一颗普通行星，行星运动的一年周期是地球每年绕太阳公转一周的反映。哥白尼的发现感召了布鲁诺、伽利略等科学家前赴后继不断探索，最终形成了从科学界到公众对错误观点的抨击，而1992年罗马教廷才为布鲁诺平反（哥白尼的个人学术意见成为具有影响力的"洞见"）。

溯源反馈有如古语"一日三省"，同时又具有回到源头去考证问题出发点的重要意义。上述思考逻辑将元认知概念下的溯源反馈，通过具体的行为过程，方便学生去检查与反思自己的学习策略是否有效，重视对学习目标的研究，激活主动学习过程、合理安排学习活动、客观评估学习效果，使学习目标真正发挥应有的作用，促使自己的核心能力素养得以成长。

第四节　知识网络构架

知识网络架构是学生的个人知识管理体系，它承载着知识的组织、分析与实际运用，体现了学生对学习内容综合掌握的程度。本章于第一节揭示了强化工作记忆练习能够提升信息获取与吸纳的能力，在第二节中通过专注力与理解力的认知能力加工，将工作记忆中的短期信息转化为我们能够深刻理解的知识，在第三节中监控调节能力的辅助下及时调整专注力与理解力的学习策略，并通过基于元认知概念的溯源反馈作为验证知识有效性的最终手段。经过上述学习策略步骤，现在，学生需要将这些有价值且庞大的知识通过知识网络固化，构架有利于将这些分散的知识点整合形成系统性的知识脉络，同时在过程中能够清晰地反映自身知识结构的优劣势，能根据情况进行知识网络构架调整或升级。

为了便于理解知识网络的构架，可以运用"知识树"的概念。提到知识树，很多读者首先会联想到企业中常用的"决策树"等树形结构，用来对任务进行系统的分解，形成更多需要决策的小目标任务，之后逐步实施的逻辑分析框架。但知识树并不是简单的大任务分解，它的枝干也不是小任务的代表，反而要承载很多的扩展知识点，在所需精力上并不比决策树代表的主干弱。另外一个误区就是大家容易把知识树和目前流行的思维导图混淆，而它们对于知识的记录内容要求是不同的。笔者在这里提出的知识树概念，作用是将整个学习内容的知识点进行剖析和优化，对于所需要学习的内容进行区分和总结，判断出合适的方法进行学习。所以，知识树是一本效率手册，而思维导图是从一个单一主题或知识点开始的，向四周放射性扩展和记录所有与中心主题相关的延伸信息和关键词。思维导图记录的语言文字相对较少，主要依靠关键词联想，正如其名，一幅思维导图往往针对单一知识点的拓展信息进行引导，方便记忆关键点以及后续延展搜索，它的核心作用是一个知识点的指南针。

在明白了知识树的概念及定位后，下一步就是判断一个知识树是否完备，以学科学习为例，一般有以下几点要求：

- 根深。确认学生准备学习所需的理论、工具、方法论、模型等，是否扎实。
- 枝繁。建立在学科根基之上的相关知识点，能否灵活运用。
- 叶茂。基于知识点的拓展和跨界，是否掌握举一反三的能力。

以上三点是判断知识树合格与否的要求。根系大地，吸收营养、汲取水分，大地就是所涉猎的范围，决定世界观、人生观、价值观的宽广度和认识论、方法论的牢靠度。

一、知识树的构成

1. 确定学科考核要求

这是学生的知识树所在的"土壤",需要了解这片"土壤"所需的营养要求,也就是所需考核的部分是理论理解、案例分析、模型设计,还是应用计算。这些不同的需求决定了学生如何打造知识树的根系。

2. 学习核心知识点

需要系统性学习的核心知识点就是知识树的根系,通常是这门学科的灵魂——理论、方法论、模型等。

理论:需要读懂理论的原则及规律性,其学习技巧除了记忆结论之外,在碎片时间里可以用 OEL 学习法,针对作者的时代局限、某些数据的时效性,甚至从作者长期坚持的学术角度入手,去试探理论的缺陷和可优化的空间。

模型:需要深度思考及验证逻辑性,应先模拟相应的模型,再从结论相反的情况去试探模型的局限性,并通过组合新思路,试验模型创新的可行性。

通过上述反复练习,让知识树的根系充分扎实。

3. 关联知识点

接下来就是"枝干"——围绕核心知识点关联重要知识点,一般为案例分析、未经足够验证的新观点等。这是 OEL 学习法最适合的学习内容,可以利用碎片时间进行学习。

4. 扩大信息面

最后是"枝叶"——由关联知识点延伸出的更外延信息。其作用主要是拓宽视野,保持你的学习动力,可以通过自身感兴趣的内容作为知识树的"枝叶",为知识树提供源源不断的"阳光"以保持活力。

二、知识树的管理

当学生的知识越学越多时,知识树也会相应地扩大,如何有效地管理它们,需要基于以下四个知识类别的维度进行具体分析。

1. 碎片信息类

碎片信息即零散的、片段性的知识点，如一段新闻播报、一篇公众号图文消息及各类社群内的讨论信息等。这类信息是我们日常中重要的信息来源之一，其价值与意义在于是否能够对我们所需学习的目标或内容有启发作用。因为有效专注时间有限，加之人脑工作记忆容量的限制，学生应该对碎片信息的吸收采取审慎的态度，即尽量避免无关碎片信息的干扰。建议通过一段时间的观察后，学生从日常碎片信息的源头入手，删减无关的信息源，如取消关注一些与学习目标无关的公众号等，能够有效减少无关碎片信息量对专注力的损耗。

2. 概念定义类

概念定义即对于知识点的概念性诠释，针对自然科学类学科如生物、环境、科技等，以及社会科学类学科如心理学、历史学等，对自身行为和思想的内省式洞察——心理行为（喜怒哀乐等）、意识、知觉类等，主流学界达成的共识或基于共识阐述的定义。例如，对于DNA分子结构、行星运行轨道、精神分析共性病例等，学生在学习过程中需要分辨提出这些概念和定义的学者的个体偏好、样本量与样本选取方式及时代背景，参考其客观局限性。例如，人工智能的发展就经历过跌宕起伏的理论纷争，20世纪40年代后期就诞生了人工智能理论，之后漫长的30多年里，人工智能的理论方向一直是由神经学家牵头的，他们的学术偏好导致了人工智能的发展方向是让计算机完全按照神经学中人类的思维方式去模拟演算，使得人工智能的应用发展成了虽无人工但也不智能的窘境——运算处理效能低下。20世纪70年代后，由于计算机专家的介入，将人工智能的发展方向调整为适合计算机运行处理的机制（算法与算力结合），突破了先前的迷雾，最终在算力不断攀升的21世纪，AlphaGo于2014年一战成名，人工智能重新回到了科技发展的潮头。通过此案例可以看出，主流观点存在可改进的空间。学生要深刻理解特定的学科知识，还需要从原理和规律入手，习得属于自己的见解。

3. 原理规律类

原理规律即发现所属领域的规律性和特殊性。基于对主流观点的吸纳，学生可以探寻所学领域的特殊规律，从而获得基于自身理解的真正洞察。例如，基因编辑技术 CRISPR-Cas9，通过对某段特定致病基因的编辑，从而使生命体免受某疾病的困扰，从概念上看是不是非常科学合理呢？但当学习深入时就会发现，此技术依然存在很多问题，并不能 100% 成功。如果学生探寻基因背后的原理和规律就会发现，目前人类仅有粗略的基因草图，以及一些特定致病基因的对照片段，而致病性是多样的——不仅仅是由某一或多个基因片段所决定的，所以该技术真正成熟的标志是掌握超越基因草图的精准性，对基因片段的理解更充分，这样的编辑基因的方式才能真正起到作用，且不会伤害其他有益的基因片段。原理和规律是学习的核心，尤其是中小学阶段以学习概念和定义为主的学习，如果重视对学生所学内容背后的原理和规律的启发，就更容易建立他们的学习兴趣，形成稳定持续的学习动力，奠定观察事物的较强的理解能力。

4. 方法技能类

方法技能即掌握对某事物的具体执行的方法和工具，通常与概念定义和原理规律融合在一起。学生掌握某一技能就是从学习概念和定义开始的，自身有了对原理和规律的理解之后，经过反复刻意练习，变成今后能够灵活的运用对相应事物的系统性解决方法（技能）。神经元网络建立的过程也是如此，概念和定义学习阶段是新神经元网络建立的初期——将工作记忆转化为长时记忆的过程，理解原理和规律的过程则是新旧知识记忆的神经元网络融合，最终该神经元网络集群的连接变得强壮，对某些行为的反应处理速率大幅提升（神经科学观点对技能的定义）。所以，对方法技能类的知识需要投入特定的时间去理解与掌握。

三、如何构建知识树

由于碎片信息是日常学习中的基本素材，需要构建知识网络，在此以商科 MBA 中战略管理的学习为例子，阐述如何规划好这门课程的知识树即知识网络构架。

1. 确定学科考核要求

战略管理，需要掌握并考核的部分是理论、模型，以及如何利用两者剖析案例。在此假设需要学习的是迈克尔·波特教授的五力模型。

2. 学习核心知识点

对于五力模型，需要系统性学习的有五力理论的定义及原则、对五力模型的解释。对五力理论的定义在此不做展开阐述，仅提出五个问题展现如何扎实核心知识点：一是供应商的议价能力，如果像芯片市场这样的议价能力超高的供应商，企业该如何应对？二是购买者的议价能力，如果一直较低会产生怎样的后果呢？三是新进入者的威胁，新零售对零售能否产生颠覆？四是替代者的威胁，高铁是否威胁到了航空业，抢占了多少市场份额呢？五是同业者的竞争，如何解释竞合关系？通过上述五个问题的验证，就能考查你对五力模型核心知识点的掌握程度，并可以发现该理论存在的改进空间。

3. 关联知识点

搭起"枝干"。五力模型能帮助企业判断自身在行业中的位置，那么相关的知识点就是企业如何判断自身竞争力的构成：是价值链（Value Chain）以及竞争策略的选取，是成本领先（Cost Advantage）还是做差异化策略（Differentiation）。可以用你熟悉的企业去验证价值链是否具有竞争力，并判断是否采用了某种竞争策略。很多时候你会发现，企业不会采用某个单一策略，成本领先和差异化策略有时是同时采用的，可以再次验证五力模型的时效性。

4. 扩大信息面

发散"枝叶"。浏览《哈佛商业评论》，通过搜索"企业战略""战略分析"等关键词，获得前瞻性的理论观点，再就是参考《彭博商业周刊》和快公司等分析报道实际公司的案例。结合两者的理论观点和实践案例，拓宽自己在五力模型认知上的视野。

综上所述，知识网络构架是个人知识管理的最高境界，使个人在知识获取、提炼分析、交流共享、灵活应用的基础上，充分熟悉已有知识、识别缺失的知识范围，以及充分发挥个人的主观能动性和创新积极性进行知识创新。而所有的创新离不开学生对知识的积淀、应用及反馈总结，知识网络构架能够帮助学生基于多因素、多维度的创新，固化通过工作记忆容量提升带来的专注力与理解力效果的改善，最终提升知识水平，有效解决学习过程中的随意性和无序性。

第五节 元认知教学法

教学方法升级是与学生个体学习行为与能力提升相匹配的关键。而值得注意的是，教育工作者与机构不要误入单纯以教学载体角度的"唯科技赋能论"，滥用技术概念如AR/VR，以及所谓的AI互动，只在教学方式和行为上进行创新，完全脱离了学生接收信息的效率。毕竟，无论是使用传统黑板、电子白板，还是平板计算机，这些都是教学内容载体的创新，而学生个体依然是通过视觉、听觉等生理感受器官去吸收并理解知识的，这特别需要"唯科技赋能论颠覆一切"的跨领域人员所注意。因此，本书以学生的视角，通过对学习过程的认知创新和科技创新，让学生掌握认知事物规律的核心能力，告别低效刷题，真正爱上学习，并由此获益终生。为此，笔者汇聚认知心理学、脑神经科学等重要学科的前沿研究成果，以追求科学本质、探寻教育规律为宗旨，打造了元认知教学法的概念框架，希望同业界友人共创优质的教育产品及服务，为我国基础教育事业的科学及创新发展、为培养具备科学认知思维与能力的下一代、为我国下一阶段的科技与文化发展贡献力量。

元认知教学法的概念框架能够让学生掌握提升工作记忆容量的方法，强化专注力与理解力（对问题的剖析、所需关联知识的补充等），监控调节工作记忆与专注力、理解力的关系（学习目标与结果），以及跳脱出原有的认知学习方式的溯源反馈（元认知赋能下对可能的创新路径模拟演练），更重要的是发挥教师在该过程中对学生的引导与激励作用。

笔者提出的元认知"双向五步"教学法如图3-4所示。"双向"指的是教

第三章 元认知学习策略

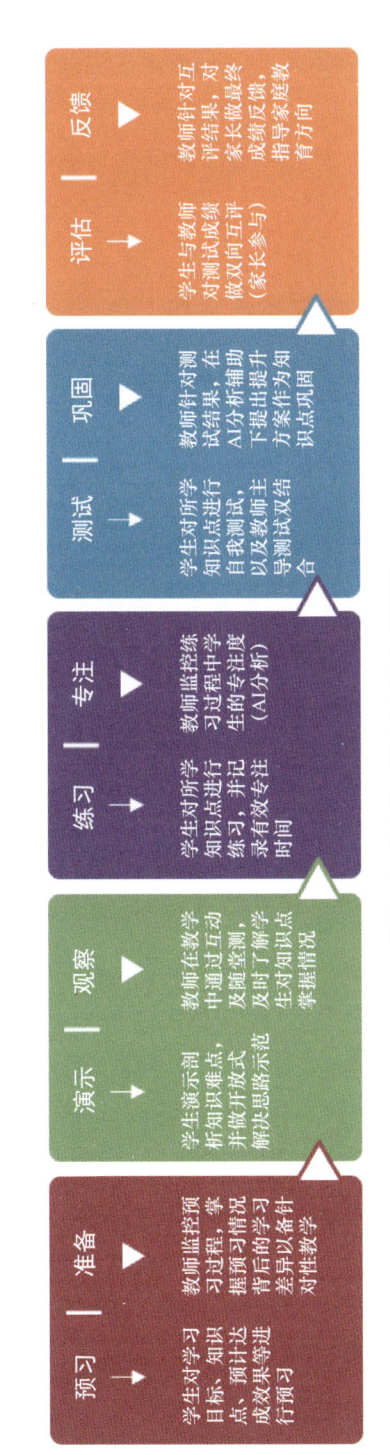

元认知"双向互步"教学法

外显 ▶ 内化 ▶

预习 → 学生对学习目标、知识点、预计达成效果等进行预习

准备 → 教师监控预习过程,掌握预习情况,背后的学习差异以备针对性教学

演示 → 学生演示剖析知识难点,并做开放式解决思路跟示范

观察 → 教师在教学中通过互动中反随堂测,及时了解学生对知识点掌握情况

练习 → 学生对所学知识点进行练习,并记录有效专注时间

专注 → 教师监控练习过程中学生的专注度(AI分析)

测试 → 学生对所学知识点进行自我测试,以及教师主导测试双结合

巩固 → 教师针对测试结果,在AI分析辅助下提出提升方案作为知识点巩固

评估 → 学生与教师对测试成绩做双向互评(家长参与)

反馈 → 教师针对互评结果,对家长做最终成绩反馈,指导家庭教育方向

图 3-4 元认知"双向互步"教学法

师与学生从教与学的双向互动中，提升学生对知识的掌握程度，以及教师验证自身的教学内容与教学形式、教辅工具的有效性，双向提升教与学的教学水平与学习效率；"五步"分别阐述了教师与学生在同一阶段下的教与学的任务分工。

一、学生进行预习，教师进行准备

1. 学生进行预习

预习分为对科目知识的预习和对学习策略的预习，目的是让学生感受和领悟学习策略的运用对成功解决问题的意义，让学生体验什么是好的思维方法、什么是差的思维方法。

对科目知识的预习内容一般为该课程的学习目标、学习内容以及对学习成果的预估。让学生对即将学习的内容在心理上有所准备，从认知心理学角度为专注力和理解力锁定一个"目标范围"，当目标范围内出现相关信息时，做好专注力调节的准备。

针对基于认知的学习策略预习，一般是采用两个例子模拟，一个是没有运用学习策略，一个是采用了学习策略，让学生通过比较，产生深刻的认识和体验。例如，记忆化学元素，没有使用学习策略的方式是将化学元素从元素周期表中所处位置以及对应数字序列反复背诵，直到死记硬背完成记忆；而采用了学习策略的，是将化学元素按所涉及的化学现象先进行联想（镁元素遇到水的反应结果，以及要学习的遇到钾元素、钠元素的反应结果），再进行分类（提炼上述类似元素的反应特征及异同，如将遇水产生氢气的元素归为某一类），最后是记忆加工（是什么，特点是什么，与我有什么关系），让学生用以上两种方法进行尝试，这样就知道哪种学习策略的效果更好了。

2. 教师进行准备

教师的准备是对学生和科目预习情况和学习策略预习情况所做的有针对性的教学准备工作。结合机构/学校的测评体系，教师在课前的学生预习阶段，同步进行对科目知识掌握情况的摸底：通过学生的预习测验，明确哪些为掌握得较为薄弱知识点（如错题数据、答题速度较正常为缓慢、多次重复播放预习课程视频等行为数据），通过后端教学系统，在薄弱知识点上组织更多的教学内容（如扩充相关知识点题库、准备更多的便于理解概念的教学视频及随堂测试题）。同时，对于认知模块的学习策略预习，教师应通过该模块的预习测试，了解所有学生的认知能力指数（学习认知能力的强弱），发现问题具体是在工作记忆、专注力、理解力上还是在监控调节能力上，进行学习策略教学的准备，即知识点教学结合针对性的认知能力模块训练。

二、学生进行演示，教师进行观察

1. 学生进行演示

学生基于自身理解，对所学知识进行展示（如复述、重做或演示自己的解题思路等）。这个阶段是让学生尝试运用刚刚学到的策略解决相应的问题。例如，学生通过预习阶段，知道了记忆认知加工策略是一种好的记忆方法，于是就试着用这种方法记忆（如尝试记忆化学元素周期表中的其他元素），进一步感受学习策略带来的优势以及如何使用这种方法。

2. 教师进行观察

教师以类元认知监控的方式，通过学生对所理解知识进行展示的过程，发现学生认知过程以及学习策略中的问题所在，从而提醒还未能掌握元认知能力的学生。同时，教师在观察过程中可以做示范，演示学生对知识点的记忆表达或解题策略，便于学生以第三人称视角去检视自己的学习策略。

三、学生进行练习，教师统计专注程度

1. 学生进行练习

学生运用刚刚所学到的策略去解决有关的问题。例如，运用记忆认知的加工策略去理解其他学科，如数学、语文、外语、历史等。练习时长通常为一节课的 1/3，以保证学生通过充分的练习掌握策略的运用。

2. 教师统计专注程度

教师在该阶段，主要通过后台技术支持，掌握学生的专注力与理解力程度，如分心、走神等情况，同时统计在练习阶段容易出现的共性和特性问题，储备下一阶段的核心工作。

四、学生做测试，教师帮助巩固

1. 学生做测试

与预习测试不同，该阶段的学生测试最好设定为压力测试，即在有限的时间段内，知识点的复杂程度比练习题型的适当加大，让学生适应在时间压力下调整问题的解决策略，通过正式测试，鉴定自身学习策略的完善度。

2. 教师帮助巩固

学生通过在前面阶段的训练中运用了学习策略，教师要让他们反思，"刚才用的是什么策略方法""这种策略好不好""好在哪里""怎么用"。通过这样的巩固过程，使学生对策略的运用有更深的认识，因为学习策略通过教授和初步运用后，如果学生不深入理解，也会逐渐忘记相关的知识点。因此，教师要通过这个阶段的巩固指导，使学生牢固掌握所学到的学习策略。

五、学生进行评估，教师进行反馈

1. 学生进行评估

基于认知监控调节的概念，可以设置三方评估：学生自评、家长评价及教师评价。学生对于测验结果进行自我评价，阐述自己薄弱的知识点情况与练习情况是否相符，未来的改进办法是什么。家长评价除了成绩之外，侧重于学生与教师之间的互动情况。教师基于学生的以往成绩、学习行为、认知能力指数等客观数据的评价作为学习成绩的补充，深层次展示可能存在的问题与改进空间。

2. 教师进行反馈

认知学习策略不同于一般的解题技巧，作为核心能力的基石，要进行迁移练习。教师通过设置不同类型的问题情景，让学生运用学到的策略去思考，从而使学生体验到策略运用不仅限于课堂练习的范围，还可以迁移到更多的地方，如跨科目知识点学习的应用、真实场景中的应用等，使学生能更加灵活地运用策略，达到举一反三的能力范式迁移的效果。

以上即结合元认知的教学法概念框架。诚然，不同科目现有的教学方法存在着很大的差异，因此，在后续章节中会按四大能力科目的属性，有针对性地阐述元认知能力在该科目中的高效应用。

第四章

CBTT

元认知
与
语文学习

如果说高等认知功能是区分人类与地球上其他物种的标志，使人类即使凭借不算强大的生物机械能（与强壮迅猛的捕杀能手如虎豹相比）、虽然均衡但不出众的感受器官（与蝙蝠的超声波、海豚的声呐定位及很多物种的强大夜视能力相比），也能立于生态链的顶端，成为星球的物种之冠，那么语言文字就是这项皇冠上最璀璨夺目的珠宝。

能够生动形象地描绘上述场景的莫过于1968年的经典科幻电影《2001太空漫游》：与其他原始类人猿族群的有限的几种传达信息的低吼呼喊叫声不同，声调的变化使此族群的原始类人猿更容易通过沟通共同的目标协同群体的行动。影片中，当该族群的领头人猿拿起了一根其他动物的骸骨之后，族群内其他人猿纷纷效仿，在与另一个族群的食物争夺大战中使用骸骨作为武器获得了压倒性的胜利，夺取了领地……这一幕让观影人深刻记住了当人类拥有了更复杂的语言发音及工具使用之后的崛起之路，更让我们对语言文字如何成为人类高等认知能力中的一部分充满好奇。

作为沟通的载体和文明的传承，人类把语文分化为两个工具系统：语音和文字，由此对应产生了口语交流和书写系统，以及相伴而生的阅读行为和理解能力，这是在漫长的人脑进化过程中的产物。

阅读的本质是通过加工文字的字形获取文字的字音和字义信息。与口语不同（很多物种都能通过规律性的呼喊叫声，表达一些简单的警示信息）的是，阅读不是人类自然习得的本能，而是一项需要长期学习和训练的技能，且伴随着文字的发展。有阅读能力的人类大脑中存在一个专门负责文字加工的脑区，该区域的形成是通过与其他更为原始的视觉加工技能（如面孔识别、物体识别等）展开激烈的神经元连接资源"竞争"，从而在人类的大脑中占有一席之地的，该区域就在枕叶与颞叶的联合区域中，分为两条阅读通路：一条位于联合区域的背侧，用于形—音转换的语音通路；另一条位于联合区域的腹侧，用于建立字形与语义之间连接的形—义通路。这里有个有趣的科学现象：脑神经科学研究表明，语言文字类的认知加工，无论是左利手还是右利手（善于使用左手或右手，由于左右半脑分别交叉控制身体的右边或左边，即左半脑控制右侧身体，右半脑控制左侧身体），人脑基本都是运用左侧脑区参与文字类信息的加工处理（即便是左利手的人群）的。对于这一点，目前科学的认知是源于人类在群体活动中的工具使用方式，如建制化军队的武器使用训练，对于武器/工具使用动作有着标准要求，以防止左右手混用造成己方人员误伤等情况，右手在这样的情况下逐渐成为工具使用的核心手，导致左半脑的结构特异化，同时处理听觉的左颞叶由此得到互动促进（直接在左半脑联合其他脑区加工文字类信息，之后再传达到右半脑同侧），最终形成了处理语言的文字类信息，由左半脑加工为主的优化分工结果。

人类就在这样的内外部因素对大脑进化的协同作用下，开启了伟大的文明之路。但需要注意的是应摒弃左右半脑绝对论，因为即便在语言文字的认知加工上依靠左半脑的程度更多，但其他非文字类的如能够产生空间、方位、感觉等想象的信息，依然会由右半脑加工，特别是右颞叶对情景化记忆的加工有着重要作用，以及顶叶对空间方位感的加工处理。

第一节　脑神经科学与语言文字

一、音素的产生

语言源于沟通交流的需求，从千万年前某一原始人类祖先面对即将来临的危险或狩猎成功那一刹那的呼声，到约定俗成地对某些物品、行为、事件发出特定频率的声音，这种通过声带的规律振动产生的特定音调成为语言体系中的第一个元素——音素（Phoneme）。

音素是口语语言自然形成中的最小的语音片段，很多物种对某些特定情况发出特殊频率的音素，如天敌入侵时发出的音素。人类最早的口语表达也是从此演化而来的，不仅如此，由于人类大脑结构与内部神经元联结的进化，我们把这样的类似与其他物种的简单的呼喊声转变成了如今我们的口语表达。无论是元音、辅音、组合词汇，还是成段落的句子，我们能够如此平顺地表达出来，要感谢皮埃尔·保尔·布洛卡（1824—1880 年），这位法国外科医生、神经病理学家是最早发现左半脑特异化进而成为语言中枢的生理学家。他对语言发音映射大脑对应功能区域的发现（见图 4-1），不但使人相信了神经系统内的机能各有其较特殊的定位，而且找到了以脑沟回作为人脑功能分区的明确标志（如目前已知的额叶、枕叶、颞叶、顶叶等负责不同功能的皮层划分）。

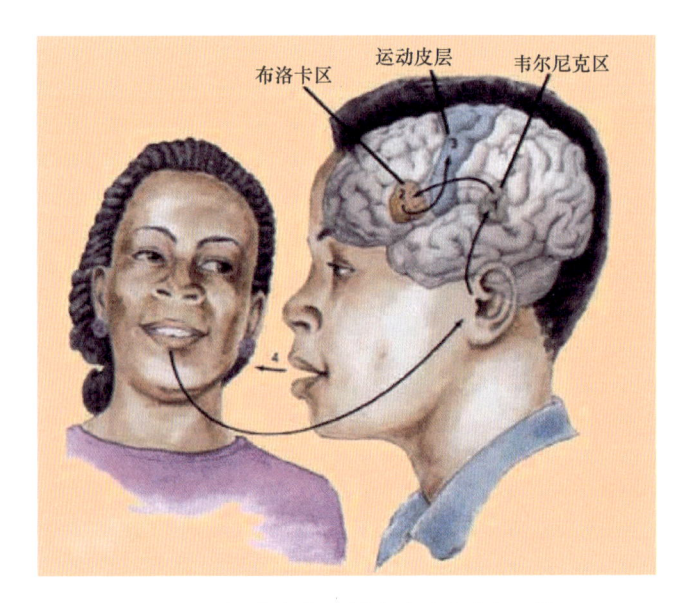

图 4-1 语言发音映射大脑对应功能区域

如图 4-1 所示，布洛卡区在左额叶与运动皮层相连接处：额叶作为大脑的指挥中枢，负责计划、调节和控制人的高等认知功能如注意、记忆、问题解决等；初级运动皮层控制躯体行为相关的运动行为；布洛卡区主管语言信息、语言发音的产生，是不是非常顺理成章呢（高等认知功能下的语法造句加上运动皮层激发声带，发出代表你的观点的规律性震动音频）。

布洛卡区负责语言发音——说，但其无法构成音素，因为仅仅是个体的表达，要让群体对发出的音素达成认同，需要群体内的所有人能够听到并懂得该音素所代表的意义。因此，大脑中负责语言发音的布洛卡区与负责语言理解的韦尔尼克区（位于颞叶、听觉皮层、枕叶—视觉皮层及顶叶—空间感知皮层的连接处，是大脑听觉中枢、视觉性语言中枢）共同形成语言系统，由额叶和颞叶间的神经通道弓状束连接。无论左右利手人的优势半脑差异如何，布洛卡区与韦尔尼克区通常位于左半脑，原因是大多数人（97%）是右利手，为了保证群体协同使用工具/武器规范等缘故，左利手（右半脑优势人群）的布洛卡区和韦尔尼克区还是在左半脑的居多。

另外，语种的差异不会影响布洛卡区和韦尔尼克区的分布，中文、日文等东方语系人群的布洛卡区在大脑中的位置与西方语系人群的仅有几毫米距离。形成不同语种的主要影响因素为音素、语素、字符，以及句式和表达的差异，特别是音素中的元音、辅音的差异。人出生后的5~6个月期间，人脑主要形成对母语的元音部分的认知构建，而11~12个月时则完成对辅音音素的认知构建。就是在此认知构建阶段，日本孩子丧失了对英文中"r"和"l"辅音发音的辨别——这两个音素在日语里都发"l"的音，严重影响了他们在未来学习英语时，对英文"r"发音的掌握（例如，日本人通常将英文 Sorry 的 [Sori] 读为 [Soli]）。

二、语素的意义

音素的出现是人类族群能够表达自我情感以及群体沟通的里程碑，大脑的功能区域同时开始相应的进化，能够操纵声带发出自己的音素，检查发音的音准，理解其他人发出的声音。但仅有音素是远远不够的，如果一个人随意发声，而别人不能够理解，交流就不可能实现。一个人类部落与另一个人类部落之间如果对某些特定物品或行为发出的音素不同，较大可能是会引发矛盾的。所以，对某些特定物品或行为的音素，随着在一个部落中达成共识之后，慢慢影响其他部落群体，最终达成在一定区域内对该音素以及其对应意义的共识，就成了语素。

语素（Morphine）是最小的语音（音素）、语义结合体，是最小的有意义的语言单位。语素通常有三种形态：一是单音节语素，由一个产生意思的字构词；二是双音节语素，由两个产生意思的字构词；三是多音节语素，由两个以上才能产生意思的字构词。汉语中大部分的词是由两个语素构成的，如"和平""飞船""地震"等词的词义都是两个语素意义的集合。

懂得语素的知识就能够更好地辨认词义。如"水利""水力"两个词，我们只要理解了汉语语素"利（利益）""力（力量、能力）"，就能够区别它们的词义。西方语系中的语素，用拉丁语系的词根语素概念解释较为容易，如英语"Police（警察）"这个词，其德语为 Polizei、意大利语为 Polizia、荷兰语为 Politie、西班牙语为 Policía、葡萄牙语为 Polícia。由此可见，同一词根语素的相似性可以更容易地理解词义，从而减少沟通的障碍。

从脑神经科学的角度来看，语素更重要的意义在于将语音和语义深刻结合起来，激发负责发音的布洛卡区，与理解语音意义的韦尔尼克区协同发展，使原始人类对感到诧异的自然现象，以及日常生活中的悲欢离合，不仅仅能靠个人记忆下来，更能通过当事人发出特定频率的音素及对应意义的语素，把这些新奇或壮烈的事迹在整个部落中传颂……语素的另一个意义是使人类族群认知事物的多样性和复杂性，以及这些因素对个体乃至群体记忆能力的挑战。为了能让一些事迹被部落中下一代群体感到如临现场般，对应着语素的字符成为被涂抹或刻画在树干、石壁、动物骸骨上的特定符号。

三、字符与书写

文字符号，简称字符，按字音和字形，可分为表形文字、表音文字和意音文字。

1. 表形文字

表形文字，即描绘物体形象的文字，也叫"象形文字"，是早期人类文明用来表示事物特征的简单符号性图形，如古埃及文明的圣书字、两河流域文明的楔形文字、古印度文字、美洲的玛雅文字及中国古代的甲骨文汉字。

表形文字作为一种书写符号体系与早期的语言文字体系，有着比较明显的缺陷：只能表示具体的事物，无法表示抽象概念，甚至有的表形文字因为文明的消失，其字音（音素）已遗落在历史长河中，历史学家只能从画面形象上去猜测一些可能的历史场景记载，但已无法还原为语素。这样的字符系统显然是不能作为同时表达字音和字形的语言传承。

2. 表音文字

表音文字是以音素来标注的文字系统，用来表达口语的发音。表音字符体系多出现在文明发展相对落后或者是过于年轻（这是一个明显的悖论，也是一个有意思的文化现象）的区域。

文明发展相对落后的区域使用表音字符体系是比较容易理解的，因为其缺乏表形兼备的严谨书写系统支撑，表音字符体系特别适用于口语表达，因为字符的形状就是使用这类语言的人们约定俗成的特定口型和发音，如日语这类借用其他文字体系创造出的表音字符语种。早期的日语没有文字系统，自汉字传入日本，开始用汉字进行书写，由此创造了假名表音字符体系。"假"即"借"，"名"即"字"。意即只借用汉字的音和形，而不用它的意义，所以叫假名（**かな**），而称汉字为真名（**まな**），假名分为"平假名"和"片假名"两种。平假名源于汉字草书，约从公元九世纪起正式使用；片假名源于汉字楷书，约从公元十世纪起正式使用。现在的"平假名"用于日语汉字的标音和标准日语中，"片假名"大多用在外来语的音译和专门用途中（如广告、公共标志等）。

而文明"过于年轻"的情形，需要抛弃原有的历史包袱，彰显自己的文明独特性，典型的代表是朝鲜谚文和复兴的希伯来文。朝鲜王国的世宗大王于1443年创建训民正音（即朝鲜谚文），在全国进行发布是在1446年。至此之前，朝鲜王国是使用汉字作为文字体系的，从6世纪开始就不断有人尝试用汉字来标记朝鲜语。但即便朝鲜王朝创建了自己的文字系统，训民正音的表音字母系统一直到20世纪才开始广泛使用，并且由于表音不表意的体系缺陷，多音字/同音字普遍存在，如"郑和丁""林和任"这两个名字，在汉字中是完全不同的姓名，可是在朝鲜语中它们均同音。同时，首尔音和平壤音以前本是同一种朝鲜语的两个方言，但由于现代首尔音中产生了大量的新词表达，特别是西方外来词在现代平壤音中是没有的或写法不同。使用表音字符体系的缺陷就突显出来了，能说、能听懂但不知道表达的是什么意思。所以，较为严谨和完善的字符系统，应兼具表形和表音。而英语等拉丁语系中的同音词虽然很多，但通过字符写法的不同，也就能区分开来了。

文明"过于年轻"的另一个例子是希伯来文。在犹太民族漂泊两千多年后，在强烈的民族复兴情感驱动下，希伯来文1879年在立陶宛犹太青年埃里泽·本·耶胡达的呼吁和号召下，由众多犹太语言学家参与对死海古卷中的希伯来文字复原得来。希伯来文没有元音字母，只有22个辅音字母，文字从右往左书写，由于缺乏形容词，在描写过程中就需要使用比喻的方式。比如，情侣间想表达对方挚爱之深，只能用"你的爱情比酒更美"这样的比喻词句形式。也因为重返二千年后的世间，希伯来文每天都在增加新的词汇和表达方式，表达了犹太民族坚韧的复兴意志。

3. 意音文字

意音文字系统是最早诞生的较为严谨的书写体系。汉字是当今世界上唯一仍被广泛采用的意音文字，日本语及朝鲜语体系中使用了部分汉字，契丹文、女真满文、西夏文及越南的字喃等均是模仿汉字而构成的意音文字。意音文字在文明发展的历史长河中兼顾了口语对语音的表达（表音文字），以及可作为严谨的书写系统（表形文字），避免了多音字/同音字等容易在口语表达上产生误解的问题。但由于两套体系的无缝融合，汉语被誉为最难学习的语言，尤其在汉字字形意义的记忆、阅读及书写方面，脑神经科学研究发现，与阅读西方拼音文字语种相比，阅读汉字时人脑会征用左半脑额中回和右半脑腹侧枕颞联合区域。研究人员认为，左半脑额中回的作用主要是利用书写动作线索加强对汉字字形的记忆，而右半脑腹侧枕颞联合区域的作用主要是对方块汉字的字形进行整体性的视觉加工。因此，对于汉语的学习，需要帮助学生构建对汉字组合规律的认知理解，培养其对汉字形态的整体识别能力并通过必要的书写练习，加强对字形的记忆。

四、句式与语法

长期以来，语言被认为是人类自然习得的技能之一，音素、语素都是区域性人群生活习惯与文化的产物，直到脑神经科学在观察方式上有了重要突破。例如，通过功能性磁共振成像等这类无损伤型测试，神经科学家才确定了与语言相关的两个重要区域——韦尔尼克区和布洛卡区，且发现大脑在发育过程中，语言区域明显的转移路径——从儿童时期的从右半脑转移并固化在左半脑。这可能是因为与词汇相比，句式和语法更需要记忆与理解，所以大脑的应对策略就是在神经元突触的修剪过程中（从出生到3～4岁）左右半脑也因此偏侧化，即划分功能上的分工区域，以提高处理能力。所以，当每个语系的族群用各自的语素对每个物体、行为以及万千事物构建起对应的表达方式时，规范族群如何正确地表达事物的逻辑、主谓语关系及行文方式的句式与语法就顺应而生了。

我们会发现，句式和语法总是随着时代变迁而改变，这也是文化代沟的重要标志之一，当你观察不同年龄段的人描述同样的事物时，就会发现这个有趣的特点。所以，我们需要语言学家将古人的诗篇"翻译"成现今能够理解的句式和语法。而真正用科学研究的方式把语言从约定俗成的表达方式中剥离出来，是在20世纪50年代及80年代，代表理论分别为：1955年，美国语言学家乔姆斯基（Chomsky）所著的《句法结构》，把句法关系作为语言结构的中心并以此说明语句的产生源头，提出了转换语法模式——由短语结构规则、转换规则、语素音位规则三套规则构成的合乎语法的句子；20世纪80年代后期，逐渐兴起构式语法，与传统语法（这里指形式语法）的动词中心观相反，构式语法树立了构式中心观，注重动词及其论元在语言学习和理解中的作用，传统语法则强调作为整体的构式的作用。中国的构式语法研究历程虽然只有二十多年，还是一个非常年轻的研究领域，但是已经在构式语法的理论内涵、研究范围、研究方法方面进行了一定程度的探索，1999年就有学者运用构式语法对现代汉语的双及物结构式进行探讨，这是国内最早运用构式语法思想对汉语进行研究的文献。

句法构式与构式语法的初衷是想从科学研究的角度去探寻语言发展的未来，重新用科学合理的方式，塑造我们未来的表达方式，使语言更易于传播，同时能够保障信息的严谨以及迭代兼容的可能性。试想今天去参观唐代甚至更早期的石碑，由于汉文是由表形文字进化为意音文字的，所以我们可以辨识出单个汉字的字形和字意，但很难在没有现代文的说明下，理解其整体句式所要表达的意义——因为现代已经不用这些句式和语法了。

句式和语法对口语的影响尚可，如布洛卡区和韦尔尼克区受损的患者，仍然可以用简短词的方式表达出普通人能够猜出的意思，但影响程度最多的是书写及阅读理解。可以想象，如果书面语出现句式和语法混乱的情况，对阅读者所造成的困扰等同于破译所收到的残缺不全的加密信息。

五、阅读理解

阅读理解的过程，即人脑把视觉捕获到的纸面字符信息从字符形状转化为字形和字音，然后进行语音—语义的转换，从而让我们理解这段字符的意义。而这个过程，堪称人类高等智能的代表行为之一。

我们用敲击手指举个例子，这样一个简单的动作，至少有四个脑区的神经元被激活：第一个被激活的是前额叶皮层，主要负责与任务相关的精细决策（动作规划与管理）；第二个被激活的是前运动皮层，主要用于指定执行任务的指令（动作编程）；第三个被激活的是运动皮层，它是前运动皮层给手臂和控制手指活动的手部肌肉发出动作指令的信息中转站（动作程序编译与执行）；最后一个被激活的是小脑（程序反馈），它负责监督整个加工过程，并根据外部反馈结果对行为进行必要的校准，如根据敲击距离采用更优化的位移或间隔等。综上所述，一个看似简单的动作就需要人脑不同区域的协同参与。

对于阅读理解这个复杂的认知过程，更是需要多个功能脑区的"协同作战"，这在第二章第三节中有过阐述分析。先映入眼帘的视觉认知：枕叶，负责视觉信息的合成与整合、视空间关系知觉、视记忆痕迹形成、语言和言语前置结构的理解、视运动记忆痕迹形成与视觉接收；同时激活的是颞叶，负责记忆、较高级视作业和听觉模式的言语理解、声音调制及听觉接收。是的，即使你在读书时没有发出声音，甚至是默读，但当你看到字符那一瞬间，颞叶就会被激活，它负责联合字形与字音，复刻出语音信息。所以，枕叶和颞叶在做阅读理解时是同时被激活的且是非常重要的参与皮层，因此也将这块联合区域称为枕颞联合区——视觉和听觉同时参与语音—语义的转换。而当所阅读的信息中包含数字、方位、空间等抽象概念时，顶叶作为在体感皮层后的重要区域也会参与进来。所以这时有两条信息通路：一条是通达枕颞联合区去判断理解该信息"是什么"，另一条通到顶叶去判断"在哪里"。大脑的边缘系统（海马结构、杏仁核）参与记忆的形成与对信息内容中包含的情感信息的回响（记忆及其唤醒的原理，实质上是神经元网络放电与再放电的过程）。而总控整个过程的是额叶，作为大脑的指挥中枢，负责专注力的协调，以及记忆机能与问题解决机能的总控，这是我们最终能够将纸面字符转化为可用信息（神经元网络结构）的最重要的保障之一。

六、大脑边缘系统的参与

语文学习是一个高度仰赖边缘叶参与的认知过程，音素、语素、句式、语法等基本核心元素都需要被牢固记忆之后，才能在加工中运用自如。

语文知识的学习主要涉及理解、归纳、概括、类比等心理过程，而技能的运用主要涉及计划、监控、调节等心理过程。这些过程非常仰赖于工作记忆容量快速转化"语音—词义"，让学生快速将所需阅读材料的掌握水平提升至学科要求。同时，边缘系统中的情绪是人脑的高级功能，积极的干预对情绪神经回路的可塑性有着正面的影响，有利于促进个人智力的发展。尤其在激发学习动机与兴趣的层面，语文学习有着丰富的场景化内容描述与互动呈现（模拟对话）。积极情绪的参与，能够更有效地在工作记忆转化为长时记忆的过程中，构建更牢固的神经元连接，形成的场景记忆片段则能让学生在未来更深刻、更灵活地掌握语言的使用场合。

七、阅读障碍与健康建议

由于阅读是学习行为的重要组成部分之一，阅读障碍就是教学过程中不可忽视的问题。通常有阅读障碍的学生个体在智力、动机、生活环境和教育条件等方面与其他学生个体没有差异，也没有明显的视力、听力、神经系统等方面的障碍，但其阅读成绩明显低于相应年龄的应有水平，导致该问题不容易被直接发现，大部分有阅读障碍学生被简单归为"成绩不好"或者"不爱学习"，严重打击了学习的动力与兴趣。而这些表面上的成绩问题，较大可能是由于阅读障碍产生的，导致学生连题目的完整信息都没有完全消化吸收，在理解和判断时仅凭片段信息，显然是无法求得题目的正确答案的。

阅读障碍主要体现为以下四点，与第三章元认知学习策略相对应。

1. 工作记忆在刷新功能和记忆容量方面的欠缺

工作记忆的刷新功能是根据任务目标对工作记忆中的内容进行及时修正，以便纳入新信息的能力。刷新功能一般以加工速度衡量。存在刷新功能障碍的学生记忆容量受限，难以对记忆表征进行快速、高效操作。例如，上一行信息还没加工完毕，就需要阅读下一行，导致阅读速率低于考试时的时间限制要求。因此，刷新功能障碍可能是造成阅读困难的重要原因。

2. 有效专注力缺失

有效专注力包含注意切换与注意抑制。注意切换缺失即从一项内容切换到另一项的过程中丢失了核心信息。例如，一道应用题有三个条件，学生读到第二个条件时，第一个条件的信息就被忽略掉了，之后在反复切换去确认的过程中遗落有效信息，导致解题失败。注意抑制缺失即学生缺乏区分主次、优先级及忽略无关信息的能力，也就是"抗干扰学习"的能力偏弱，也就导致了无法有效地吸收全部信息。

3. 理解力缺失

在前两个因素的直接作用下，学生无法得到有效信息进行认知加工，导致加工水平低于平均人群。特别是在汉语言学习中，由于其意音文字的特殊性，存在中文阅读障碍的学生会出现有别于拼音文字阅读障碍的特点，他们在识记汉字时不能将"形、音、义"有效地联系起来。存在阅读障碍的学生不仅会产生语音困难，同时还会产生形似字的识别困难。

4. 监控调节与溯源反馈的欠缺

由于阅读是一个互动的过程，即读者既需要从阅读材料中获得信息，还需要根据已有经验提取与阅读材料有关的信息，以支持对阅读材料的理解，在阅读障碍的干扰下，监控调节由于加工水平的降低失去基准参照能力，难以实施干预或过度干预，最终导致更高维度的元认知溯源反馈同样无法执行。

阅读健康是让学生保持高效阅读能力的核心之一，它包括了两大层面的保护。一是大家熟知但需要长期坚持的用眼健康——硬件：光源的设置，干扰源的消除。学习每45分钟后望向远处，歇息一段时间，使用电子设备作为学习工具的，休息间隔则需要更多；坐姿问题：很多儿童导致近视源自坐姿不科学。二是用脑健康，由于大脑是人体最为耗能的器官，即使我们一整天什么都不做，大脑也会消耗人体中20%的葡萄糖，而学习行为过程会调动更多脑区的功能参与其中，这会消耗更多的血氧与葡萄糖，使我们加速疲惫。因此，合理的阅读时间也是对大脑的保护，除了上述办法之外，我们还可通过一种深呼吸训练的方式，帮助大脑的调节，这个方法即"142深呼吸训练"，"1、4、2"是指"吸气、闭气、呼气"的比例，意思是每吸气一个时间单位，便得闭气四个时间单位、吐气两个时间单位。例如，吸气花了4秒，那么接着就闭气16秒、吐气8秒。这样的呼吸方式除了使更多氧气进入大脑之外，放慢的呼吸节奏可以调节大脑进入α波状态，这是一种能够证明大脑在放松且高效学习的状态指标。

脑神经科学对语文学习的探索仍在深入。目前，对左右半脑在语言功能上的专业分工及其形成的原理都还在理论假设层面，特别是在儿童时期，右半脑起初是参与语言学习活动的，但之后逐步过渡到左半脑；左利手人群（右半脑为其优势脑）中的大部分人依然使用左半脑处理语言信息；少数人群（5%左右）的韦尔尼克区和布洛卡区都在右半脑，与其他大部分人群对语音语义理解上是否存在差异性等，这些问题都是神经学家们希望通过研究解开的谜团。

第二节 认知科学与语言文字

仰赖脑神经科学领域在人脑探索方式方法上的突破，认知科学也迎来了重大升级。未来的语言研究将沿着学科发展路径，从不同维度结合多种技术手段对语言进行深层次探究，以社会现实为出发点，以语言意义为中心，以实际用法为取向，从语言的社会性（外部、客观）和认知性（内部、主观）角度全面深入地探讨语言、文化模型、意识形态等问题，形成三个的研究方向：一是从孤立的语言学扩展到认知科学领域，与其相关学科交叉融合形成超学科的知识发展模式，共同探索语言、心智和脑的奥秘；二是从单一维度的研究方法到多层次维度互动的体系；三是从基于行为实验等"外部研究"，到与心理实验和脑神经实验等"内部研究"形成内外互动的系统。

一、语言与人脑的双重进化

认知神经模拟研究的符号主义凝练了30多个数学定理，认为思维是基于这些数理逻辑符号的推导和演绎。而人类学和语言学领域的符号学说恰好从符号的意义方面给予了重要佐证，认为发明和理解符号是导致语言和人脑共同进化的重要标志。美国人类学家迪肯在其著作《符号物种：语言与脑的双重进化》一书中提出以"符号物种"来称呼人类。他认为，符号这个高度凝练现实意义与价值的图形与字符组合，反映了人类新的思维模式（见图4-2）。符号思维触发了语言与人脑的双重进化进程：从口头转述专属于某个部落的故事，到表达事物的规律与逻辑关系，最终形成承载人类文明与思维模式的重要载体，使地球物种生命史上第一次有可能获得进入他人思想和感情的通道，达成跨地区与文化的共识，最终形成超越时间与空间限制的沟通交流形式。20世纪70年代后期，美国分别发射的"旅行者1号、2号"探测器都搭载了刻有科学符号、代表人类文明的"地球之声"铜质镀金激光唱片（见图4-3），承载着人类与宇宙星系沟通的愿望。

符号思维促进了人脑及人类心智的发展，句式与语法也体现了该双重促进的过程。脑神经科学可以通过现代仪器测量人脑中不同脑区的功能划分，如音素与语素相关联的布洛卡区与韦尔尼克区，但无法观测人类如何将生物本能的发声转化为有逻辑层次的句式和理解句式构成的语法规则，这类关于心智行为的活动由认知心理学解答。

图 4-2　数学符号是人们分析抽象事物规律的思维工具
（人工智能三大学派之一——符号主义的核心观点）

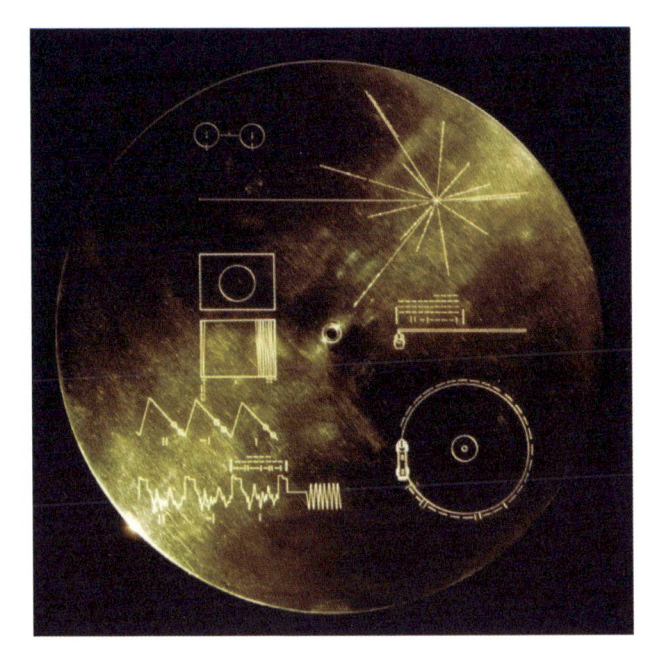

图 4-3　"旅行者 2 号"搭载的"地球之声"镀金唱片上刻有如何使用的操作符号

著名的语言学家乔姆斯基认为人类的句式与语法规则主要包括基础和转换两个部分，基础部分生成深层结构，深层结构通过转换得到表层结构，语义部分属于深层结构，它为深层结构做出语义解释。语音部分属于表层结构并为表层结构做出语音解释。他所强调的是从认知学的角度对人类语言共性的解释，区分先天的语言能力和后天的语言知识，认为语言有生成能力，是有限规则的无限使用，转换则是生成的重要手段。该理念最终导致心理学和认知科学的革命，由符号、句式、语法构成的语言体系能够承载并促进人类的心智行为的进化。"语言是心智的体现"是乔姆斯基重要的座右铭，他提出的"转换—生成"概念，揭示了不同种族、不同文化的人们可以通过掌握语言的句式和语法生成规则，进行跨文化层面的沟通与理解，最终凝聚为文明的可能。

二、语言与思维发展

古往今来的人们，要想使自己对内部心理感受及外部环境的感知变得有条理，在一定程度上要依赖语言赋予这些感觉信号一些显著的特性。语言不仅能使作用于我们感官的客体分为不同的物体，而且能使我们根据自己的期待和需求，对不同标记的无限多样性的组合进行分类。更重要的是，语言的所有用法都含有许多关于我们所处环境的解释或推理。正如歌德所承认的，我们以为是事实的，其实已经是理论：我们对自己环境的"所知"，就是我们对它们的解释，即维特根斯坦在他的分析哲学代表作《逻辑哲学论》中所说的——"我们的语言的限度就是我们的世界的限度"。因此，也可以说"我言，故我在"，两者的关系可以概括为：语言决定思维，思维影响语言。

语言帮助人类阐述超越喜怒哀乐这种简单模式的情绪体验，使我们能描绘细微的情绪感受，从而影响我们的价值取向，曾有咨询公司汇总了 19 类人群的购物价值倾向。这些对内部心理感受的"精准表述"体现在纸面等载体上经人阅读后，同样能让阅读者感同身受（语言决定思维）；阅读者也能以自身的视角，模拟相同场景下可能的表达（思维影响语言）。如图 4-4 所示为各维度的情绪。

正是语言与思维的双向促进，使人们博采众长，在前人的成果基础上组合式创新出划时代意义的价值载体：大学生在写各类论文时，最重要的部分即文献评价——在自己的研究方向上，搜集前人做出的研究或分析，洞察其优点以及不可避免的时代局限性，从而形成自己的见解；企业在自己的领域跨界整合其他行业的优势价值链，形成新的品类或业态。比如，麦当劳的汉堡流水制作源自福特汽车的流水生产线，而福特汽车流水生产线的灵感源自底特律周边的屠宰场与罐头厂，用电机带动传送带将零件依次组装而成的系列动作，形成了新的生产制造方式的核心；教育机构在结合直播形式之后，创造了在线教育业态。这些都是双向促进作用的成果，通过学习他人的语言文字成果，转化为自己的见解，形成自己对事物的判定模式——思维。

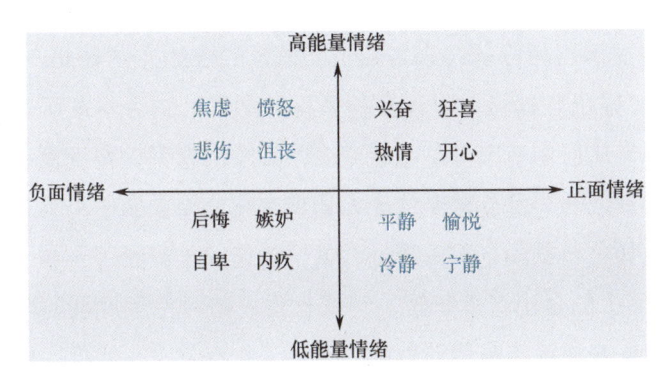

图 4-4　各维度的情绪

不可否认的是，在面对越来越抽象的概念时，语言表达慢慢被数学公式表达所超越，这既是一个现实问题，也是一个待解决的问题。其现实是，作为三维生命体生活在四维空间中（时间是第四维），我们用点、线、面的一、二、三维表达方式描绘了周遭的一切，同时不得不仍然采用点、线、面的无尽组合及随机性去表达高维度的原理——这已是极端抽象且超出常人的知识与想象力了。除了晦涩复杂的数学公式，**语言即等于认知这个仿佛"圈定"的概念依然束缚着我们向更高维度意识的突破**。

我言，故我在。首先，人类发明了抽象概念构成的符号语言，使人类最终进化为人，我们运用抽象语言进行思考并形成知识，语言和知识积淀成为文化，从此人类的进化不仅仅是基因层次的进化，还是脑与语言的双重进化，又是语言、知识和文化层级的进化。其次，语言区分了高阶认知和低阶认知，即区分了人类认知与动物认知，在人类认知中语言认知是基础，语言决定思维，语言和思维又共同决定文化。因此，语言决定人类的存在——不是动物意义的存在，而是人类意义的存在。最后，人类的存在包括作为认知主体的存在、作为思维主体的存在和作为文化主体的存在。"我思，故我在"这个笛卡尔经典的哲学命题，在认知科学发展的今天应该被"我言，故我在"这个更科学的表述所取代。

三、语言与形式载体

I/O——Input（输入）/Output（输出）是计算机的经典原理，通过键盘输入内容，屏幕显示出相应的结果为输出，语言的表达亦是如此，"输入"的是平淡的文字，"输出"却可以是以多种多样的形式。结合本章所描绘的语言产生的情景，原始族群由有节奏的呼喊演变为最短的音素，再到复杂的句式和语法规则，最终形成一个民族语系的庞大语言文化，除去由于书写载体限制造成的传播障碍（如龟背刻画、石头雕刻、青铜铸造、羊皮卷等不利于大量书写的载体），相伴而生的是由音素长短、句式长短、结合特定声调韵律而来的诗词歌赋，以及戏剧表演等丰富律动着的"语言活化石"——它们共同构成了语言的丰富形式载体。

真正能称作诗词歌赋以及戏剧表演的语言艺术化载体要远远晚于其诞生的那一刻——也许是原始人族群的晚辈们在篝火前，对长辈谆谆教诲的滑稽模仿，将老者的长篇大论用不经心的语调哼唱出来，其将歌曲、音乐韵律、表演一气呵成。或许正因如此，大部分主流语言的诗词都讲究押韵，如构成英文诗词的基础是韵律（metre）。在希腊语中，"metre"是"尺度（标准）"的意思。英文诗词就是根据诗行中的音节和重读节奏作为"尺度（标准）"来计算韵律的，其特点之一是与其他文体不同的排列格式：各诗行不达到每页页边，每行开始的词首大写；几行成为一节（stanza），不分段落，各行都要讲究一定的音节数量，行末押韵或不押韵，交错排列。而中文诗词则用"格律"，这个源自音乐表现的概念，是关于字数、句数、对偶、平仄、押韵等方面的格式和规则的总称，它的出现使诗词的发展进入了一个崭新的境界，在规定的字数、句数及押韵等规则之下，如何表达出作者高度凝练知识与感悟的能力，一直是文人墨客所热衷的。同时，诗词由于字数限制的原因，压缩了很多背景信息、上下文关系、角色关系等，这使得每个读者会做出基于自身背景（如教育程度、文化水平、生活经验等）的不同的解读，以期了解作者的意图。正所谓一千个读《哈姆雷特》

的人心中会有一千种不同的哈姆雷特一样。诗词及艺术化著作的表现，引起了人们的深刻共鸣，起到了凝聚相同价值观人群的核心作用：美国文化正因为有着马克·吐温等伟大的作家，将东方文化和价值理念凝练在诸多"通俗故事"中。例如，《老人与海》中的不屈意志，《白鲸》中主人公与命运的搏斗等，最终使美国形成了与五月花号出发之前的英国完全不同的文化特色，该特色的差异如此之大，使得在第二次世界大战中援助英国的美军部队不得不给官兵派发大量关于英美文化差异的小册子，从而避免误会及冲突。

与诗词小说对应的是具有音乐元素的歌剧／戏剧——即在电影、电视节目诞生之前的绝大部分人的高雅娱乐项目（西方歌剧一般需要正装出席，相比之下，中国的各类戏剧则照顾了各个阶层的娱乐需求）。作为一门综合类语言艺术，歌剧／戏剧成功地将多种艺术形式集至一体，其中，对于语言发展有着重要作用的形式有三点：独白、对白、旁白——歌剧／戏剧的核心。

独白是将人物的心理动态予以充分呈现，从而使受众对舞台上的表演具有更深的理解，掌握故事情节的发展趋势。独白能激发受众对自身心理体验的觉知，是对某些特定情形下的模拟体验，以及自己是否能从人物独白中"习得"他人的感悟，从而监控、调节自己的心理状态。对白，是人物之间通过丰富的对话将人物关系通过互动的方式展现给受众。作为社会化的族群，我们从对话中体会社交、沟通的语言表达方式，磨合演练出适合自己的语言表达。旁白，则是以第三人称介绍或评价，通过类似元认知的视角，受众可以从故事中抽离出来，用自己的元认知能力对比旁白的表述，以验证自己对故事的完整理解程度。旁白的评价部分是一个绝佳的检验自身元认知理解能力的机会。

诗词歌赋、小说散文、戏剧、歌剧，这些语言载体的勃勃生机，正是思维与语言双向促进作用的见证。它们的诞生与兴盛，形成了接受并受它们熏陶人群与其他人群在价值、理念、生活习惯方面的差异。最终，该差异的扩大与固化，形成了各类群体的文化特质。

四、语言与文化特质

"文化"一词源于拉丁语的"Culture"，原意指人类在改造外部自然世界使之满足其衣食住行的过程中，对自然条件尤其是对土地的改造。1871年，英国著名的人类学家泰勒在其著作《原始文化》一书中提出了广为人知的文化定义："文化或文明包括知识、信仰、艺术、道德、法律、习俗，以及作为社会成员的个人而获得的其他任何能力、习惯在内的一种综合体。"文化是人类最高级和最复杂的认知形式，高至哲学理念，低至生活习惯，是一个特定区域内人群所认同的行为处事方式。语言对文化的形成有着至关重要的作用，其一，大大便利了人类的相互交流，使信息、情感和思维的交换更加便捷和迅速。语言的出现使同一种族的人类祖先能够更快地了解彼此的想法和需求，实现思维沟通，进而强化群体凝聚性，运用群体的智慧解决外来威胁和内部矛盾，从而加快了人类社会的发展进程。例如，面积大小接近的中国与欧洲，统一的文字使得幅员辽阔的中华大地上，无论说什么样的方言，无论在言语交流上有什么障碍，但只要书写汉字，彼此间就可以进行有效的交流，消弭误解；欧洲语言的差异在于存在着大大小小的独立国家和地区。其二，语言是由其所依托文化的发展水平决定的，文化越繁荣，语言系统就越丰富和与时更新。相对应的，某些话语和词语在一定程度上可以影响特定文化的特征及发展方向。例如，国家的政策性导向（以上述美国文化的塑造过程为例），或者一些科学发现的重大报告等都能够对社会形态和文化的未来走向产生重大的指向性影响。

综上所述，语言与文化是紧密结合在一起的整体结构，要想更好地提高语言运用的质量和水平，深入了解语言背后的文化特征是至关重要的，这也给予了教育机构一些灵感，在语言学习的过程中，无论是母语还是第二语言，相应的文化氛围有利于激发学生对该语言学习的兴趣动力以及提升对学习内容的掌握程度。

同时，语言与文化的紧密联系，使得即便使用同样语种的人们也会在沟通中出现各种障碍（在英式英语和美式英语这样"差异极小"的情形下，依然有很多沟通问题）。可见，要在跨文化交际语境下深刻地认识和理解语言背后的文化逻辑和文化现象，是达成跨文化沟通成功的基础。

五、语言与跨文化沟通

无论是什么族群，无论使用什么语种和语系，其大脑结构中负责语言的布洛卡区与韦尔尼克区的位置基本紧邻（距离仅几毫米）。可以说，人们在"硬件结构"上是没有本质差异的，但能掌握多门语言的人依然是人群中的少数（这也是为什么翻译是非常古老的职业之一，以及各种工具平台的本地化依然是跨国公司走出国门的第一步举措）。

我们用生活常识也能体会语言在跨文化沟通中的两个核心关键点：句式和习惯词汇。对于母语使用者，他们不会对第二外语使用者的发音有太苛刻的要求，毕竟音素和语素的形成，需要投入一段时间的练习，才能在发音上保证较高的准确率和流畅度，但如果使用的句式有逻辑错误，或者不是常见的习惯词汇，则容易产生歧义和误解。例如，走出国门的中国学生，会发现我们在书本上学的第一句英语"How do you do?"就是以英语为母语的国家几乎不会使用的句式，从而可能造成沟通上的尴尬。

因此，在跨文化沟通中，弄清特定的句式用法是第一步，一个地区的语言使用者会对通用的词汇以特定的形式组合成当地常用的句式表达，当理解和掌握了这些特定的句式组合，尽管使用简单的词汇，也能让对方更能理解你想要表达的意义。第二步是学习习惯词汇，这也是文化经长期演变的产物，一些词汇从字面意思转移或隐喻为其他的意义或概念，如美式英语中的"Pants"指宽松长裤或蓝色牛仔裤等，而在英国指的是内裤，所以当美国人说他的"Pants"湿了要回家换，英国人会感到很诧异——这样隐私的事为什么要说出来。

古有巴比伦通天塔的故事，讲述人类联合起来要兴建一个能通往天堂的高塔。为了阻止人类的计划，上帝让人类说不同的语言，使人类群体之间的沟通受限。人类的计划因此失败，各散东西。通过这个故事能够明白："了解、理解、化解、和解"才是让人类避免陷入另一个通天塔陷阱的唯一之路。

六、语文学科学习

语言作为人类高等认知功能的表现，长期以来却少有科学视角的学习研究。特别是母语学习，习惯是主要的驱动音素，从最小的音标开始，到第一个词汇，再到第一个句子。而往往在外语学习上，我们才会更"科学"地规划学习的方法即"听、说、读、写"。正如上一节所阐述的对语文的科学研究和思考，中西方都是在 20 世纪才开始的，典型代表就是句式构法等理论的兴起（而语言至少已经相伴人类上万年了）。笔者认为，除了"听、说、读、写"这样传统的学习方式之外，应该加入"唱"和"演"——音乐韵律与表演行为是与语文学习相伴而生、最自然的活力载体。另外，特别是汉语言这类更晚才进入科学研究视角的语言，音素、语素、句式、语法这些看似学外语才会用到的基本元素概念也是非常有必要重塑的基础领域，这将决定未来世界通用语言的走向——代表四分之一人类族群的核心贡献。

因此，笔者建议语文学科的学习可以分为三大阶段：基础知识学习阶段、认知学习阶段及元认知学习反馈阶段。

1. 基础知识学习阶段

即"音素、语素、句式、语法"学习阶段。无论学习母语还是外语都需要一个打基础的阶段。音素学习是将字音转化为明确的长时记忆及声带的肌肉记忆，从而形成一个良好的发音机能；语素学习是记忆字音、字形与字意之间的关联，达到见字识意；句式学习是体会所处的语言文化中的"约定俗成"及形成的原因背景，加深印象；语法学习是理解正确表达事物关系、事件发生时态以及约定或禁忌的表达方式等，为认知学习阶段打好基础。

2. 认知学习阶段

即"听、说、读、写"阶段，这也是各语种的母语使用者常常忽视的阶段。"听、说、读、写"是通过我们的感受器官（视觉、听觉、触觉等）记录内外部信息到工作记忆，通过刺激巩固，最终形成长时记忆，从而方便我们调取并运用所经历的学习过程。"听、说、读、写"激活了布洛卡区和韦尔尼克区这样的语言主要区域，逐渐强化的神经元连接确保了语言理解与使用的顺畅程度。

3. 元认知学习反馈阶段

即"唱"和"演"阶段。可以在诗词、歌剧、话剧等加入韵律、音乐和表演元素的内容。在此将其作为元认知概念中的"溯源反馈"阶段，通过语言载体的转化，测试学生的理解与掌握程度。作诗所要求的格律考验了学生对语言使用的精准度与价值内涵理解；音乐剧的表演，通过场景化的学习方式加入情绪元素的辅助，会让学生对学习内容印象深刻、历历在目；音乐旋律的引入，使右半脑顶叶更加积极地加入信息处理过程，最终提升多区域脑区的神经元连接深度与活跃度，保证最佳的学习效果。

第三节　语文学科产品及教学分析

汉语言学习在母语学习环境及习惯中的称谓是"语文"即"语言文字"，是运用语言规律与特定语言词汇所形成的书面的或口语的言语作品及这个形成过程的总和。因此，本节主要针对语文学科产品做教学方式方法层面的分析与评估。由于市场需求变化日新月异，本书所分析的产品或教学服务有可能已有改善或升级，但关注的核心不变，即如何使语文学科的学习内容与形式更加科学合理，并适宜大脑的发育。

一、语文的发展简史

汉语言历经千年的发展，与其同时代文明的文字都已绝迹，只有汉语言完成了从象形表意文字到意音文字的升级迭代，这是人类文明史上的奇迹。

汉语言诞生的具体背景已经无法考证，我们只能从神话寓言故事中发掘蛛丝马迹。相传，在遥远的上古时代，黄帝、炎帝的联合部落赢得与蚩尤部落的大决战之后，炎黄部落的疆域和物产大幅增加，人们渐渐发现无论用"堆石记事"还是"结绳记事"，都难以精准地统计仓库中堆积如山的粮食和各类物产，这就遇到了数量统计与归属分类的问题。这时，黄帝任命仓颉来解决这个大难题。仓颉想到万事万物都有自己的特征，如能抓住事物的特征，画出图形，大家就都能认识了，于是他仔细观察各种事物的特征，譬如日、月、星、云、山、河、湖、海，以及各种飞禽走兽、应用器物，并按其特征画出图形，象形文字便由此诞生。黄帝之后召集九州部落酋长，让仓颉把所造的这些字传授给他们，于是，这些象形字开始在中华大地上应用起来，现代出土的夏商青铜器与甲骨文就是其成果的体现。后世历经荀子在《正名篇》中着重讨论了词与概念、语言与思维、方言与共同语的关系，揭示了语言的社会本质，是我国古代语言研究的第一块理论基石；许慎《说文解字》建立了研究汉字结构的"六书"的理论并按照这种理论对所收的九千余字逐一进行了分析，指出了每个汉字的本意和结构，同时创立了部首检字法；而刘熙所著《释名》一书是我国第一部系统研究语源学的专著，收词一千五百余条，根据词的语音探求词的由来，在很大程度上揭示了汉语言"声同意通"的特点，对于汉语语源、音韵的研究均具有重要参考价值；近代语言学家马建忠仿拉丁语法撰成《马氏文通》，该书全面揭示了汉语语法的特点和规律，建立了汉语语法的体系，是系统研究汉语语法的奠基之作。

综上，汉语言的发展历史包括对语音、语法、词汇现象及其历史演变规律的探究。20世纪80和90年代又引入"句式构法体系"，展开了更为科学、系统的研究与应用，为语文学科的深入发展与教育方向奠定了理论基础。

二、语文学科政策导向

溯源国家之间竞争的本质，就是其拥有人才的数量与质量的比较优势。因此，教育领域一直是最受政策影响的行业，每一个教育政策都代表着人才结构的需求变化导向。如改革开放后，为了加强国际合作，需要有面向未来的国际化人才，英语水平成为从幼儿园到大学乃至职场发展的核心考核指标之一，也是新东方等外语培训机构崛起的重大机遇期。随着中国经济飞速发展，我们感受到了之前长期忽视语文学科建设的后果——物质文明与精神文明脱节，传统文化理念及文化自信的缺失。当我们在诸多领域逐渐领先之时，已经没有了可参照标的，如果没有文化的引领，必然会出现物质极度发展之后的精神迷失与堕落。

为此，教育部近年来大力倡导"素质教育，人文教育"等系列政策，该系列教育政策的颁布，最直接的变化就是新高考的改革。据不完全统计，从2018年开始，全国17个省市自治区同时启动新高考改革：语文提高到150分，要求考察背诵的诗词也从60篇增至70篇，阅读理解、写作的广度及难度增加，语文核心素养要求提升。在新高考的改革冲击下，语文在中考中日益重要，近年来各地都在不同程度地增加语文在中考中的比重，从 30 分至 100 分不等。同时，中小学语文教材也进行了重大改革：新的一年级到六年级的语文教材中，古诗词为 128 篇，增加了 87%；初中语文教材中的古诗词增加了 51%。

中高考改革这根"指挥棒"的每一次变化都会改变教育市场：对于奥数竞赛采取一定程度的限制；增加语文学科在中高考总分中的分值。语文学科的重要性不断凸显，而语文成绩的提高却又不是短期可成的，这又促进了语文教培机构如雨后春笋般推陈出新，传统教培机构也从以理工类培训为主向语文学科倾斜，"大语文"的概念横空出世。传统语文偏重语言学习，而大语文的"大"更偏重文学部分，在课本和应试之外，将语文的学习对象从只注重拼音、识字、组词、造句、修改病句、语法、修辞等语文基础，拓展到文学、文化、艺术、历史等更广阔的空间。

三、语文学科市场规模

语文学科的市场规模由于各机构统计口径的差异，以及近年来在教育政策导向的因素影响下，准确预估其市场规模还比较困难。以 2018 年为例，K12 教育市场整体份额为 5205 亿元，语文培训占比还不足 3%，约 150 亿元左右。2019 到 2020 年，假设整体市场规模预计近 6000 亿元，以最乐观的估计语文学科占比为 5%，也就是近 300 亿元的市场份额，语文学科培训渗透率依然还有很大的发展空间。

目前，阻碍语文学科市场发展的原因主要有 3 点：一是语文学科教学与考核的标准化程度较低、短期效果不明显。由于语文学科在当下的学习与考核体系下较难标准化，对于一首诗、一篇文章，不同的人有不同角度的解读，作文更不可能有明确的标准答案。而阅读和写作又是语文考试中的重点，偏主观的评价以及缺失标准化会使得学习效果无法立竿见影，学习结果的输出层面难以量化。二是语文学科教育是高度凝练民族精神和文化传承的一门学科，需要语文教师有一定的专业知识背景及深厚的人文学科体系积累。与数理化英等学科相比，无法在短时间内通过毕业生来补充师资力量。师资的薄弱、优质辅导材料的缺位，在很大程度上减弱了语文教育的美感和文化内涵。三是长期缺乏足够的重视，死记硬背几乎是家长们对语文学习的思维定式，持着"语文很简单的，不就是背吗？""范文多背几段啊，写作文的时候照猫画虎呗"这样的心态，对语文学科的重视程度确实无法与数学、英语相比。尤其是与理科类短期提分效果好的客观题型相比，语文学科很难用短期突击的办法提升学生成绩。

然而，从应试教育向综合素质教育的转变，唤醒了学生和家长对"大语文"的需求。官方统一语文教材，课程体系有法可依；重视课程体系研发，将语文教学系统拆分，实现模式可复制；随着政策改革和行业关注度提升，语文专职教师的供求关系会有所缓解，更多的教育从业者乐于从事语文专职教学工作；近百家以语文学科为主要业务方向的教育机构出现在公众视野之中。

以教育培训行业一贯高度碎片化的行业聚合度（头部前三家企业所占整体规模不到5%）来看，争夺语文学科培训市场份额也将呈现高度碎片化的细分市场竞争状态，因此，笔者仅分析行业中相对靠前的机构及其产品，方便读者纵观目前主流语文学科产品体系以及课程模块的基本面。

四、主流语文学科产品与教学体系分析

需求决定产品，还是产品决定需求。对于数理化等理科类培训机构几乎是没有选择的，必须紧跟各地考纲考点。考纲和考点就是产品的需求手册，是检验机构所提供的教学服务的硬性指标，是家长放心将孩子的学习托付给机构的安全感与满意度的来源，但也因为所有机构都紧盯考纲和考点，且奥数体系被政策限制，各机构的产品陷入了"同质化"竞争红海，很多机构为了所谓的提升教学效果采取超纲、超前教学等行为加重了学生的学习负担，与"减负"政策背道而驰。反观语文学科，由于偏主观性的考核以及标准的缺失，各机构反而解放了思路，提出了各式课程体系，意图涵盖除语文之外的更多学科的知识，这就是目前的"大语文"概念的由来——教学内容超过语文的范畴，同时每家机构各有不同的涵盖定义，所以目前业界还没有一个明确划定语文教学范

围的共识，因此用"大"来区分与传统语文学习的概念差别。其实，"大语文"的观念一直伴随着语文教育的发展，"大语文"这个专有名词早在 20 世纪 80 年代初就由业界人士提出：以语文课堂教学为轴心，把学生的语文学习同他们的学校生活、家庭生活和社会生活有机结合起来。

目前教培市场上的语文学科产品多是因为政策引导而产生的市场化行为，主要分化为两个主要阶段：学前启蒙教育和中小学培训，前者侧重于素质教育，后者在专注学科考试要求之上，各家机构有不同的内容拓展。

1. 语文学前启蒙教育

国内校外教育培训市场对应国外标准被习惯称为 K12 教育市场，K12 指的是从幼儿园到初中三年级，Pre-K 则是在幼儿园之前的年龄段（包含孕期）。国外的启蒙教育主要指的是 Pre-K 段以及 K 段，国内的学前启蒙教育主要针对 3~6 岁的学前年龄群体，0~2 岁的阶段在国内的主流定义为孕期及早幼教阶段。

语文学前启蒙学习围绕识字、阅读、国学及文化素养，直到幼小衔接。特别要指出的是，根据教育部的有关政策规定，学前启蒙阶段教授的内容不能超越小学 1 年级的课纲。以语文为例，学前启蒙阶段不能教授拼音等这类只在小学阶段教学的知识点，而这样又会导致幼小衔接阶段的市场刚需得不到满足，家长会假设别的家庭已经让自己的孩子接受过幼小衔接的培训，在小学入学时就能顺利"抢跑"……焦虑下的家长会直接或间接地刺激培训机构，导致某些幼小衔接培训业务进入灰色地带，难以被量化和监管，有待科学合理的教学内容调控机制去解决该问题。

整体而言，语文学前启蒙教育的需求比较碎片化，如识字练字、故事伴读、阅读启蒙、国学启蒙等，单细分场景市场空间有限，要想规模化发展就需要在占据细分场景黏性的基础上往其他启蒙内容扩展，并形成很好的语文启蒙教育口碑和品牌。笔者在这个部分主要选取语文启蒙教育细分赛道中的主流品牌做介绍分析。

1）产品体系及课程模块设置

语文学前启蒙教育由于没有明确的量化考核规定及机制，因此，最符合市场化的教学研发出发点对于各个机构都是一致的：锚定小学入学到一年级的教学要求，从而倒推出学前启蒙阶段所需要教授的知识体系，这也符合学前启蒙教育是为入学打基础的核心逻辑。因此，在识字部分，众多机构的产品体系采用了几乎一致的识字库数量：1200 字左右（见图 4-5）；只有少数激进的机构将识字库扩大到了 3000 多字，但因此可能进入超纲的红线。

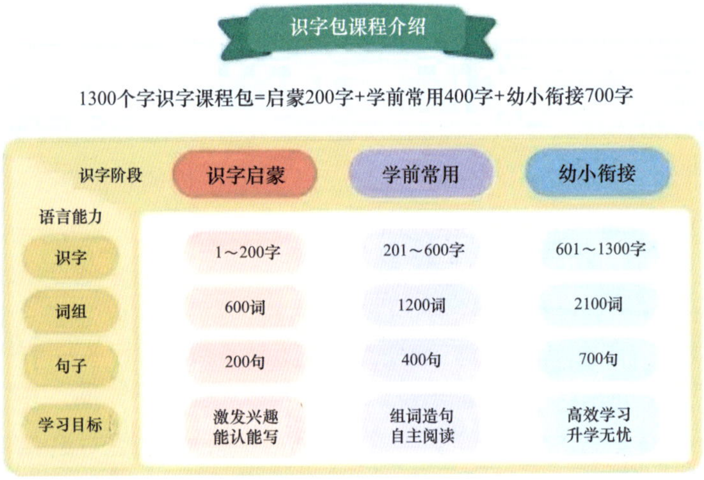

识字包课程介绍

1300个字识字课程包=启蒙200字+学前常用400字+幼小衔接700字

识字阶段 语言能力	识字启蒙	学前常用	幼小衔接
识字	1~200字	201~600字	601~1300字
词组	600词	1200词	2100词
句子	200句	400句	700句
学习目标	激发兴趣 能认能写	组词造句 自主阅读	高效学习 升学无忧

图 4-5 某品牌识字包课程展示

在课程模块的设置上，考虑到学前启蒙阶段孩子的有效专注时间有限，大部分机构将每节课限制在 10 分钟左右，其中新字的识记部分为 5 分钟左右：利用动画视频，讲述与这个字相关的典故、文化、风俗等，剩下的时间主要用于动画互动、小游戏、小测验如展示字词图片，孩子需要找出与图片对应的汉字，以及在跟读汉字中根据提示音找出正确的汉字，最后充分利用平板计算机、手机等触摸屏设备，直接让孩子在屏幕上书写，每一笔都有提示，在写的部分还顺带教会孩子最合理的笔画、笔顺，以互动的方式加深孩子对新词的记忆。

在识字类产品中，受社会和学界争议较多的是"游戏化教学"概念，其是否有滥用的嫌疑（见图 4-6）。一些家长和研究机构顾虑，市场上的识字产品和课程的设置过于接近游戏而非教育，导致孩子是因为类游戏效应而使用产品的，并不能真正掌握知识。

图 4-6　能否分辨哪一款是游戏，哪一款是识字产品

在语文学前启蒙教育阶段，伴读和初识阅读的引入也是广大家长出于常识所做的选择（毕竟儿时都有读睡前故事的习惯），由此衍生出了两大特别的类型产品：一是识字类产品基于知识的延伸，从字词句到按内容和难度进行分级阅读的细分产品（甚至有线下配搭的分级阅读绘本），另一类是基于"睡前故事"的升级版本——做家长的好帮手，平台聚合了从儿童喜爱的中外神话故事、小学入学要求阅读的经典国学故事，到时下科技人物和热点话题等，每节为 10~15 分钟的真人朗读内容，多采用每天 1 元的年付费订阅模式，绑定一个孩子的语文伴读（见图 4-7）。

虽然大部分识字类产品都通过屏幕触控，提供了让孩子能够描绘笔画的类书写课程（见图 4-8）。但基于汉字这样意音文字，需要手工书写才能有效激活左右半脑对字形、字意、字音的组合理解，才能记得更深刻，这恰好击中了目前绝大部分家长的痛点：现在的孩子用纸笔书写的汉字实在难以辨认。

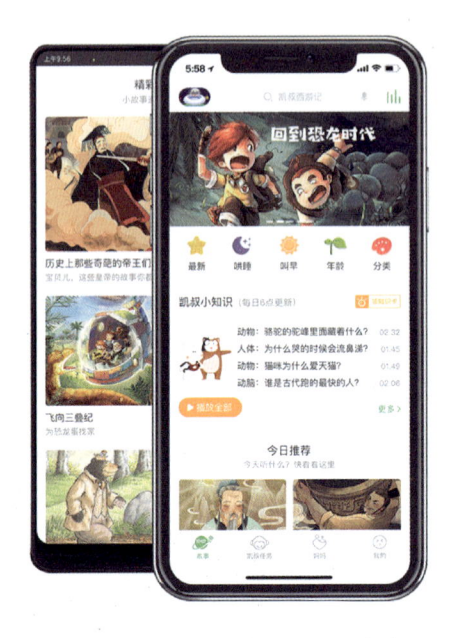

图 4-7 某平台的语文学前启蒙教育伴读内容展示

图 4-8 识字产品类的主流做法：通过触屏描绘，学习汉字书写笔画和顺序

因此，很多家长选择线下书法练习班来纠正孩子的书写字形。一些书法培训机构由此延展了国学知识等课程，挖掘学习书法用户的价值潜力（由识字类产品的从线上识字到线下分级阅读绘本，变成由线下书法练习转到线上国学培训课程等，可见教育的未来就是线上与线下相融合的，互相都能够顺理成章地进入彼此业务的交集）。

2）产品交互元素

通关制与内容模块化是目前语文学前启蒙教育产品的主流交互原则，这与其商业模式息息相关，对应的是按需解锁或者付费订阅的模式。因为大多数学前启蒙教育产品的知识体系锚定为小学标准，因此核心模块的同质化现象依然是比较严重的，各家的差异主要在于内容制作：

一是采用更精良的动画效果，甚至与国际知名 IP 联名合作，采用动画电影级的制作规格与顶级特效团队的引入，使得课程交互画面更加有质感。人脑对新奇、新鲜的事物总是会投入更多专注，这已是不争的事实，演示动画能让孩子们更加投入到课程中去，但需要注意的是过度游戏化，有些产品已经在原理层面采用了游戏厂商所设定的机制，如随机奖励性、仪式感的通关过程等容易上瘾的互动机制，导致孩子会将其当成游戏，作为混淆父母监管的娱乐方式之一（类似于多少 80 后当年让父母购买的学习机，今天我们可以坦诚地说，那就是游戏机而已）。

二是伴读类/阅读类产品内容选用知名儿童节目配音员/播音员/主持人等，这些知名人物的加盟，直接堆高了课程制作的成本，且因为成本限制，课程内容较为有限，会导致从一个模块切到另一个模块时，孩子对陌生语音的理解适应度问题。

三是伴读类/阅读类产品通常采用 AI 阅读纠错等机制，让孩子在复述阅读材料时，纠正字词的发音，这是对后台交互研发的考验之一：如何快速对比孩子的发音与语料库中标准读音之间的差异，同时还需要算法提供正确合理的矫正空间（标准读音只是参考，还应该考虑孩子学习发音时的合理误差）。

四是交互层面最大的特点：一些产品利用教学 App 装载的触控屏幕设备如 iPad 等，加入了"写"的练习，而且通过象形拆解的方式可以帮助孩子形象地认识汉字，但是因为没有笔画的讲解，在"写"的部分效果并不明显，也因此对于孩子真实书写的文字美观度层面罕有贡献。

3）教学形式

语文学前启蒙阶段的主流教学方式都采用了动画录播课的形式，不过由于竞争加剧，各机构在教学上加大了与学生及其家长的互动黏性，例如采用助教维护家长群的服务，让家长第一时间掌握孩子的学习成绩、兴趣、知识点等，以及在课程体系上植入课下辅导模块，从而达到一个教学闭环，有互动课程，有真人辅导。让辅导教师发挥超越家校沟通的作用，更进一步地与学生及其家长建立长久联系，以便维护和拓展整个用户生命周期。

书法类产品通过小程序等轻应用，让学生将相关的课后作业用拍照上传的方式，让教师进行点评，以达到更好的培训效果。

语文学前启蒙阶段正是孩子发展各种能力的黄金期，加上孩子还未入学，相对有时间，家长对学科培训的意识还不那么强。识字是后续阅读、书法、国学等学习的基础，识字类产品目前同质化现象较为严重，且有过度游戏化的问题，在字意方面则普遍缺乏练习掌握的过程。阅读是未来语文考试的分数重点，有利于培养孩子独立思考和自主学习的能力。目前伴读类产品的平台、机构的主要精力在于争夺知名 IP 内容上，在课程内容模块设计上显得比较薄弱，难以成为核心选项，多作为家长年度订阅的"读故事期刊"而存在。书法启蒙既与未来考试的书写卷面分有关，又可以是美育的启蒙，目前线上书法练习主要卡点在直播时候对书写字形的抓取精细度问题，以及拍照上传的识别能力与教师处理数量的问题。国学、诗文在考试中的占分比越来越高，能让孩子领悟优秀的文化传统，但目前分级阅读产品的数量和质量还有待进一步提升。

综上，语文学前启蒙教育市场的细分意味着大而全的产品服务机构，与单个细分产品机构如伴读类产品将会是一个长期互利共存的状态，便于满足家长不同维度的需求：有的家长仅需要伴读类产品作为语文学前启蒙的辅助工具，有的则希望能够全方位地为孩子打好阅读理解、写作等考试相关技能的坚实基础。

2. 中小学语文培训

中小学阶段是目前第三方教育培训机构的核心主战场，语文培训也大都围绕"大语文"概念开展。各机构根据自身布局和教研实力，主要集中在应试需求和能力需求两个层面进行市场竞争。应试需求多是行业领军机构作为现有培训业务的自然延伸（业界称为"扩科"，即长于数学、英语的机构通过招募和运营语文学科教学团队，向目前的用户群体推广其语文课程）。能力需求是中小型机构选择的突破口，即通过打磨专项训练，如阅读、写作等语文学科中的核心能力，这样的单点突破有利于只有较少教研团队的机构，通过自己最具优势的单项能力培训，吸引用户加报其他能力课程（该方式业界称为"扩品"，"品"即品类，就是增加不同的课程产品组合），最终期望能让目前的用户群体选择其完整的语文培训产品。

1）产品体系及课程模块设置

当前的中小学语文培训内容尚未有足够的辨识度、差异性不强，家长对语文培训还没有达到对英语及数学那样足够的认可度，尤其是线上产品的内容，因而低单价的课程或者流量产品对中小学语文培训比较重要，而线下产品的体验设置也非常关键，需要有针对性地与家长进行沟通，让家长认可语文的长期积累价值。

主流的中小学语文培训课程包括语言文字认知、文学常识、传统文化素养、阅读理解能力、表达能力、写作能力等综合素质内容，如古代诗歌、分级阅读、写作，以及语文教学、讲故事、识字和实践等，很好地呼应了近几年在政策指挥棒引导下语文培训市场的蓬勃发展，同时反映了由于缺乏科学量化的考核体系，造成多品类、多元需求的碎片化细分市场状态。如图4-9所示为某机构的语文产品体系，众多机构都有着类似的课程模块。

从众多类似的产品体系来看，中小学语文培训产品体系基本围绕在应试需求最为核心的阅读与写作方向上，其他课程模块也都服务于应试这个核心目标。目前中小学语文培训市场份额最大的三家机构配置了基于自身理解的产品体系与课程模块。

新东方大语文从文学（包含名著和名人传记等）、写作、国学三个维度入手，搭建起从输入到输出的思维训练闭环。希望在"沉浸式"的"输入—输出"教学闭环中，让学生在积累知识的同时，通过发散思维训练、阅读与写作训练的方式打破单项训练模式，提升其知识储备和语文综合能力。

学而思大语文则结合孩子的年龄和认知设计教学环节，借助科技的力量——绿幕合成课件的方式，还原历史真实场景，借用流行的歌唱、互动、游

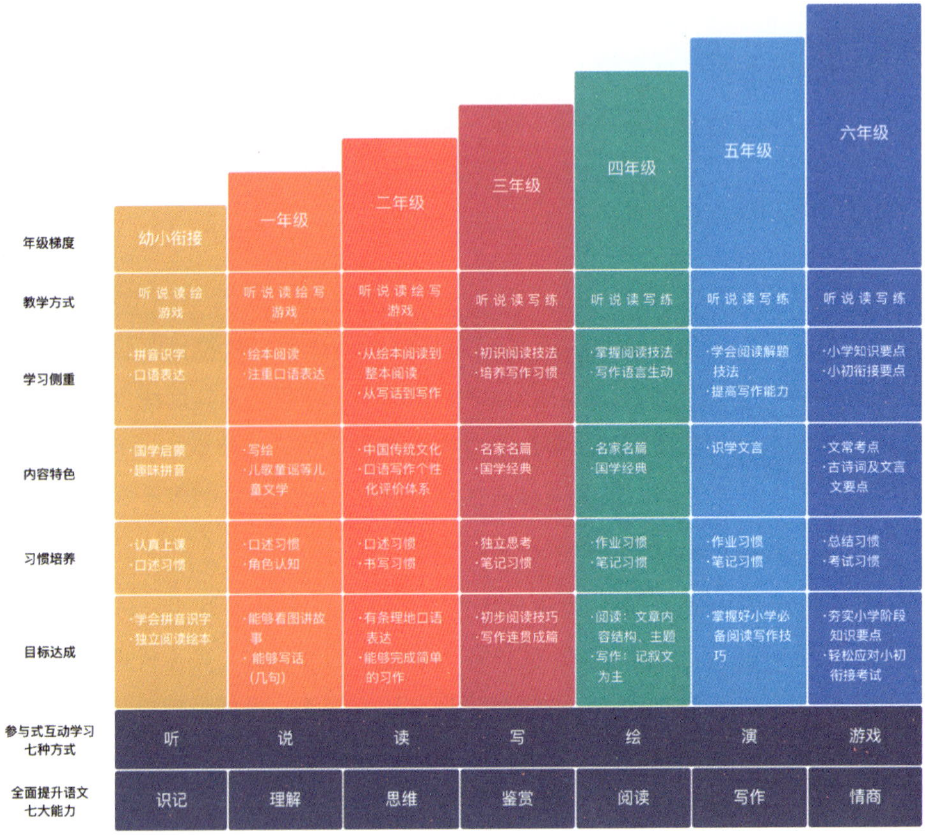

年级梯度	幼小衔接	一年级	二年级	三年级	四年级	五年级	六年级
教学方式	听说读绘游戏	听说读绘写游戏	听说读绘写游戏	听说读写练	听说读写练	听说读写练	听说读写练
学习侧重	·拼音识字 ·口语表达	·绘本阅读 ·注重口语表达	·从绘本阅读到整本阅读 ·从童话到写作	·初识阅读技法 ·培养写作习惯	·掌握阅读技法 ·写作语言生动	·学会阅读解题技法 ·提高写作能力	·小学知识要点 ·小初衔接要点
内容特色	·国学启蒙 ·趣味拼音	·写绘 ·儿版童运儿童文学	·中国传统文化 ·口语写作个性化评价体系	·名家名篇 ·国学经典	·名家名篇 ·国学经典	·识学文言	·文常考点 ·古诗词及文言文要点
习惯培养	·认真上课 ·口述习惯	·口述习惯 ·角色认知	·口述习惯 ·书写习惯	·独立思考 ·笔记习惯	·作业习惯 ·笔记习惯	·作业习惯 ·笔记习惯	·总结习惯 ·考试习惯
目标达成	·学会拼音识字 ·独立阅读绘本	·能够看图讲故事 ·能够写话（几句）	·有条理地口语表达 ·能够完成简单的习作	·初步阅读技巧 ·写作连贯成篇	·阅读：文章内容结构、主题 ·写作：记叙文为主	·掌握好小学必备阅读写作技巧	·夯实小学阶段知识要点 ·轻松应对小初衔接考试
参与式互动学习七种方式	听	说	读	写	绘	演	游戏
全面提升语文七大能力	识记	理解	思维	鉴赏	阅读	写作	情商

图 4-9 某机构的中小学语文培训产品体系

戏等儿童喜闻乐见的形式，展开体验式学习。同时，通过学而思云学习记录学生的学习数据，并利用云学习中的图书馆和素养微课等资源，帮助学生善用碎片化时间，浸润式感受中国的传统文化，提升人文素养。除了在课堂层面的革新之外，学而思大语文还联合多家内容平台，如喜马拉雅 FM 等，联合创作大语文课程内容，打通语文学习从输入到输出的全流程，帮助孩子全面提升个人语文素养。

高举大语文体系开创者的豆神大语文采用"在线网课+线下网点"的发展模式：线上的"诸葛学堂"提供多样的专题课程、特色课程，线下教学网点以班级课程为核心，同时还有双师课堂和文旅游学等特色教学方式做补充。豆神大语文除了拥有行业内领先的课程之外，借由创始团队的背景，在师资招募上下功夫，吸引了毕业于北京大学、北京师范大学等知名学府的众多青年教师加入，期望通过卓越优质的师资，为孩子的学习助力护航。

2）产品交互元素

双师课堂成了几乎所有相关机构高年级段的中小学大语文产品的教学模式，从技术研发难度从高到低，主要有以下三种形式：

一是真人绿幕抠像与课件合成直播。这可谓是电影级的技术处理难度，教师在绿幕前授课，一般为半身投射，课件系统通过该课程对应的知识点和内容，在后台渲染所需的互动元素，使学生看到的教师如身临其境般在该课程内容场景下"现场"教学，增添了更多的沉浸感，容易调动起学生的好奇心和积极性，对所学知识建立更深刻的长时记忆。真人绿幕直播是目前成本较高的教学实现方式，所以只有较少的大型教培机构采用，且与之配搭的课件也需要庞大的教研团队持续产出和优化，相当于"护城河"。

二是真人与动画相结合的录播或直播。真人与动画相结合的录播课程，常常在国内的众多启蒙教育品牌中所采用，如猿辅导旗下斑马启蒙，学而思旗下小猴启蒙等，通过后台技术与视频制作团队的内容剪辑对应互动效果的呈现，冠之以"AI互动课堂"。真人与动画结合的直播课程中，动画往往为课件的组成部分，教师则是按教学需求，适时缩放或扩大自己的教学窗口，加上辅导教师与学生沟通的聊天窗口组件，构成了业界俗称的"三分屏"。

三是线上作业系统。一般由线下语文培训机构提供，教师可以进行批改和打分，学生可以用来阅读、预习、语音背古诗、听电台节目、做作业等（见图4-10）。这是一种督学和家校沟通功能的聚合平台，也解决了线下机构难以掌握学生在机构之外学习或自学时的薄弱知识点和结构，在下一次授课时就能做到针对性的辅导。

3）教学形式

中小学语文培训的主流教学形式为"在线大班课+线下授课"的方式，主要有以下三类课堂：

图 4-10 某公司为教育机构提供的一站式作业评价与班群管理系统

一是线下小班。以目前主流机构的常规班型来看，最少为 15 人，最多为 30 人。即一个主讲教师面对 15 到 30 名学生，平均客单价为 200~400 元 / 课时。线下小班课通常也会配搭班主任，每位班主任管理 300 到 500 名学生 / 家长大群，做家校沟通以及市场推广等工作。

二是双师课堂。屏幕里是主讲教师在直播，现场有一个辅导教师在辅导，通常做直播的主讲教师是各机构的"名师"，由资深教师担任，现场的辅导教师可以是同机构的教师，也可以是其他合作机构的教师。这在三线及以下城市较为多见，在当地缺乏优质师资资源的情况下，双师课堂是一个很好的教学模式，主讲教师直播时可以不限制教学人数，等同于在线大班课，现场又按小班课的班型搭配了辅导教师，一个负责传授知识，一个负责现场督导学习与答疑。

三是在线大班。即 1 位主讲教师对无人数上限的学生授课，但目前各机构为了产生更好的教学效果，会把学生按所在区域和成绩水平等综合因素，分割成小班形式——学生只能看到这个"班"并与同班同学互动交流，看不到其他班的学生，每个班都配有辅导教师，这是线下双师模式的纯线上版本。

五、语文学科产品与教学总体评价

近年来，在教育政策的引导下，语文学科产品的进步有目共睹，特别是

"大语文"概念的升华——于20世纪80年代提出，但真正大放异彩才刚刚起步。无论是学前启蒙阶段还是中小学阶段，我们可感知语文培训从之前的简单课后补习等传统方式，过渡到了类似学习外语时所采用的"听、说、读、写"的进步方式，特别是为了应试所强化的阅读和写作部分，市场上诞生出了一系列制作精良的分级阅读材料、横贯东西方的文学故事，以及现代名人轶事及传记，但另一方面也催生出了"新式八股文"等不良风气，有家长曾调侃，孩子班里出了个作文题——《我因拼搏而成功》，孩子这样写："种子冲破岩层的禁锢，迎向光明；雄鹰穿过风暴的阴遏，飞向云霄……"几个排比句气势宏大，但是，就是不提"我"是怎样拼搏的，显得"言之无物"。孩子还告诉他："作文开头必须抓人，几个排比句增加语势，生动形象。"这种滥用技巧的"八股文"，反倒阻碍了学生在学好语文这条道路上走得更远……还有特别功利的"技巧"，如告诉学生"批改作文卷子是按音序从A到Z排列的，先批改的一般比较严，分给得'紧'，后面的卷子给分会越来越'松'，能'占到便宜'，所以最好把标题取靠后的音序……"诸如此类的功利化技巧值得警醒，应防止语文教育走上过度补习的冲分之路，最终损害的依然是刚开始对语文感兴趣的学生。

笔者还观察到，虽然机构由于市场竞争而加大对内容研发的投入，但是并没有仔细研究学生的大脑科学发育过程，特别是学前启蒙教育产品在课件中使用大量动画渲染和转场过渡效果，并为了"黏住"学生的使用频次，采用各类激励措施，如积分制兑换礼物、随机性奖励等游戏成瘾机制，使得教学过度娱乐化。用户高活跃度的背后，是学生当其为游戏替代品的现实隐患。在书写方面，由于多采用智能设备教学，学生用真实纸笔互动环节消失，导致像汉字这样的意音文字缺乏左右半脑的神经元联动，即字形、字音、字义的长时记忆编码加工水平较低，因而造成很多只会认字、读音，但却无法书写好的尴尬现象，影响未来卷面书写得分。

另外，语文这门学科在中小学阶段对教师的知识储备以及教学水平要求很高，好产品必须搭配好教师才能起作用。因此，名师开始成为产品的代言人，并且其光芒逐渐盖过了产品本身，大语文也逐渐过渡到了名师导向。但弊端也很快涌现：单一名师的号召力终究是势单力薄的，毕竟语文名师稀少，并且产品如果完全依托于名师，则很容易被名师"绑架"。因为任何科目的学习最终都要指向结果的呈现，而结果的呈现单纯依靠名师是不够的，还要搭配落地的服务才能促使学生行为的最终改变。也就是说，教师讲课讲得再好，如果没有在课后督促学生将这些知识转化成自己的知识，课堂教学也很难出成果。

更深一步地从课程设置与教学形式来分析，大部分机构虽采用"听、说、读、写"等形式，但还停留在"知其然，不知其所以然"的状态：认为应该跟学外语一样采用"听、说、读、写"的方式学习母语，这虽然是进步，但依然需要回归人脑学习语言的本质：从音素、语素到句法构式，加之音乐韵律介入的"唱"（歌赋、词曲）及"演"（话剧/歌剧），以及真实的纸笔练习，才能让学生真正掌握语言理解的强大优势——人类高等认知能力的绝佳体现。下一节，笔者将结合脑神经科学与认知心理学，阐述语文学习的元认知学习法，以科学的视角探索高效的语文学习之道。

第四节　元认知语文学习方法

诚然，很多认知能力是有发展窗口期的，语言功能就是如此，人类在出生 2 个月左右就已经开始咿呀吐音并能伴随着音乐节奏舞动自己的小身躯，8 个月时已经掌握一些简单词语，11 个月到 12 个月时，人脑中神经元网络连接逐渐完成"突触修剪"，这时一般 1 天能学习 10 个左右的新词，如果这个时候还不开始进行语言的启蒙教育，则有可能终生丧失语言能力。比如"狼孩现象"，即被狼群收养的孤儿，由于在关键阶段没有刺激语言能力的发育，在被解救后因为语言在发育阶段的缺位，也难以重返社会正常生活。我们应该重视语言能力的发展关键期，正确认知人脑的结构与功能，特别是左右半脑在极端情况下的功能替代机制展现了人脑的终生可塑性，教育工作者应该重新认识语言学习的科学路径，特别是摒弃"母语"或"天性习得"不需要科学训练的固化思维，因为即便语言在人类族群中诞生很早，但真正以科学的角度和方法去研究和应用是从 20 世纪才开始的。

因此，笔者建议语文学科可以分为三大学习阶段：**基础知识学习阶段、认知学习阶段及元认知学习反馈阶段**。

一、基础知识学习阶段

基础知识学习阶段亦可称为背景知识学习期，是掌握系统性学科知识或技能的第一步。好比学习神经元之间通过化学信号或电信号交流的原理，需要先理解神经元的构成元素，以及化学信号、电信号在神经元中传递和接收的原理，这些概念性和原理性的知识，构成了我们对学习内容的初步认知，即需要掌握的"背景知识"，该知识若缺位，容易造成对内容理解的深度不足，为了应付测试只能强行记忆，导致较难洞察其本质即规律。对于语文学习，音素、语素、句式、语法即要先学习的背景知识。

1. 音素学习

音素学习是将字音转化为明确长时记忆以及声带的肌肉记忆，从而形成一个良好的发音机能，可见这个部分的学习方向主要专注在"听"和"说"。在学习内容上，音素学习主要聚焦在拼音、听力锻炼以及发声练习环节。

从汉字的演化历史可见，汉字学习的难度相对于西方语言文字是更高的。所以，1955年由著名语言学家周有光所提出的汉语拼音标准以及拼音方案的三原则：拉丁化、音素化、口语化，使得无论是以汉语为母语还是第二语言的学生，汉语拼音的引入都极大地简化了学习的难度。该三原则也促成了汉语拼音可借鉴西方语种的"自然拼读法"的部分核心理念作为音素学习的指导参考：一是听力训练，它是自然拼读法的核心，主要是通过大量的听力训练培养孩子的音素意识，让孩子理解语言的基本单位是由"音素"组合而成的。听力训练建议采用字母—声母—韵母对应生活中物体的形式，生动展示其发音规律。二是字母掌握，熟练辨识各字母、声母、韵母的发音，在打乱顺序的情况下也能够认读相应字母，并能够正确书写出来，建立起字母音与字母形状之间的关系（指拼音字形而非汉字真实形，字形练习属于语素学习部分）。三是发音练习，字母掌握和听力训练能够激发韦尔尼克区的活跃度，但要熟练掌握听力和发音需要双向促进，所以布洛卡区的发音练习同等重要，长期以来由于过度强调卷面成绩，而发音练习一直是教育者关注较少的领域，目前市场上的识字/拼音产品也缺乏对孩子发音、字音字准的追踪与反馈。发音练习可以以字母表为准编写儿歌、绕口令等对应生活中物件的展现形式，让孩子更直观体会到声母、韵母合成之后产生新词的新鲜感，教师、辅助工具等需要在字音字准方向做清晰的引导和反馈，使孩子的每一个字音的吐字都清晰正确。发音练习也是在为后续诗歌等形式做好准备。缺乏声带肌肉的记忆，语文学习就如同束缚着一只脚一样缺失了平衡感——听和说，是语言能力的一体两面，音素中的发音则是孩子未来对诗歌、朗诵、演讲、辩论等更高层面语言表现能力的基础，也是需要教育工作者们将视角重新聚焦在基础能力上的核心之一。

2. 语素学习

语素作为语言中有意义的最小单位，是构成词汇的组成单位。在汉语言词汇由单音词发展到现代复合词形态的这个漫长过程中，即近似意义的单音词组成了现代复合词汇，也使得汉语言构词结构相对复杂，正如"复杂"一词由"复""杂"两个都具有"繁复杂多"意义的单音词合成而来。因此，语文学习的初级阶段更应注重语素意识的引入，即记忆字音、字形与字意之间的关联，达到见字识意的水平。同时，语素学习由单字到单音词的过程，也是国学人文教育的最佳阶段：单字，其演化过程背后的历史事件、著名人物、社会文化等，都能扩大孩子的人文历史知识面，进而引导孩子产生对语文的学习兴趣。

以"礼"这个字为例的语素学习建议步骤（见图4–11）：一是复原繁体象形字，解释偏旁部首的意义，以及其字形的演化过程；二是对偏旁部首近似意义的词汇进行学习；三是对复合词汇的概览/展示。

图4–11 语素学习（以"礼"字为例）

首先，还原了"礼"字的繁体象形字，观察其偏旁部首——"礻"是由"示"变形而来的，音同"示"，"示"是"神"的本字，是古人对大自然的崇拜活动和心理诉求。而"曲"字，古人将酒称为酒曲，现代的酒曲则演变为"酿酒的重要成分"。下部字形在甲骨文中，代表有脚架的建鼓，表示击鼓献玉、敬奉神灵。所以，整个"礼"字的核心语素即击鼓奏乐，奉献美玉美酒，敬拜祖先神灵。教学课件可以在这个部分采用动画故事等互动演示方式，将组成"礼"的各部分意义有趣地展现出来，表达了古人从敬奉神明的崇拜，逐渐转化为尊敬、厚待的意义过程。

其次就是"礻"部，拓展类似意义的字词，如"祥"也是向神明供奉祭品（即"羊"字在此代表祭祀品的意义内涵），以期待神明给予眷顾，即"吉"，之后"吉祥"就成了复合词汇，代表了期许美好事物的发生。教学课件可以在此穿插展示故宫宫殿屋檐的神兽，它们都是人们期许的"祥瑞"象征，这样就能深刻地在学生心中印刻下"祥"字的核心语素含义。还可以运用春节领压岁钱的概念——这样贴近生活的节气，使得学生快速理解节日与期许祥瑞、吉祥之间的关联，建立对传统文化的认知与喜爱。

最后就是以"礼"字展现众多复合词汇：礼拜、礼服、礼花、礼节、礼帽、礼炮、礼品、礼让、礼堂、礼物、礼仪等。建议该阶段课件不涉及复杂的填词练习，依然以动画互动展示为主，可以采用故事互动的方式。如以灰姑娘参加皇室晚宴为例，将礼物（神仙婆婆和精灵给予灰姑娘参加晚宴的南瓜车、水晶鞋等）、礼服（大家的盛装）、礼仪（互相之间打招呼的方式方法）、礼帽（王子头上戴的）、礼炮（皇家卫队的仪式）、礼堂（王子与灰姑娘跳舞的晚宴厅）等一系列词汇贯通在场景学习中，充分激发低年龄段学生足够的学习兴趣。

语素学习的深刻意义不仅在于深刻地掌握字形、字音与字义的关联关系，更会激发孩子对国学人文的兴趣，所以不但适用于识字教学、国学、大语文教学等培训机构，也适用于对外汉语培训机构的拓展与推广，成为中华文化传播的重要载体之一。

3. 句式与语法学习

句式学习即掌握构成语言表达的词汇集合，即主语、谓语、宾语及附加词如何按照规范的组合成为日常交流、阅读理解的句子、段落及文章。句式与语法是体会所处语言文化中的"约定俗成"及其形成的背景，是理解正确表达事物关系、事件发生时态，以及约定或禁忌的表达方式等。

句式研究与汉语言语法学的发展有着密切的联系，早期成体系的语法著作本质上都是在探讨汉语言的句子结构，其中有一种以直观展现"句子结构格局"著称的图解析句法，即黎锦熙《新著国语文法》中自创的"图解法"，是面向教学而设计的一种手绘图形（见图4-12）。

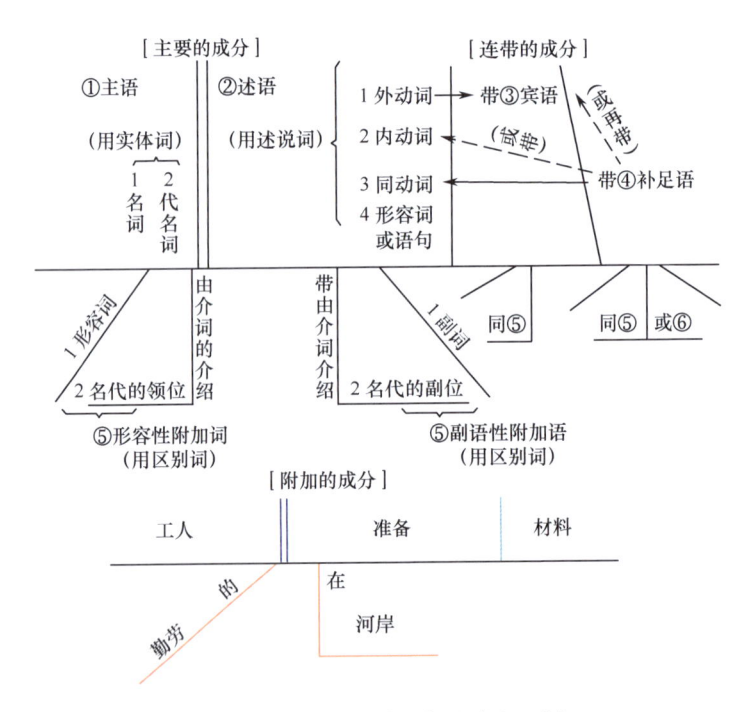

图 4-12 黎氏语法图解公式和示例

黎锦熙主张"以句法控制词类"的"句本位"语法分析思想。句法上采用"句子成分分析法"（或称"中心词分析法"）析句，通过主语、述语、宾语、补足语、形附、副附六大句子成分来建构汉语言的句子结构。词法上"依句辨品"，承认词类与句子成分之间存在一定的对应关系。具体操作采用图解法作为析句工具，其大致法式为：通过一条长横线来上下分隔句子主干和枝叶，主干部分用双竖线分隔主语和述语，述语动词若带宾语则以单竖线引出，带补足语则以斜线引出。长横线下方画附加成分，用左斜线或左折线表示形附，右斜线或右折线表示副附，斜线、折线用以区分充当相同成分的词类。

教学机构在句式与语法上的教学除了教授标准的语文句式构成要素之外，还需要汇总一些惯用的但不符合类似黎氏语法体系等科学句式构法的表达形式，这些惯例形式正是语文学习中的难点，同时也是中华人文历史中的有趣故事。教师可用"Long time no see"这个典型的中式英语变成英文中一句表达惯例为例子，让孩子充分发掘他们在生活中常用的表达句式（从1994年开始，中式英语贡献了新增的5%至20%，由英文词典收录的数量超过任何其他语种来源），教师在学习过程中指引学生发现惯例句子背后的历史、文化及传承，教授其正确、科学的组句方式，通过两者的对比，让孩子掌握科学体系下的语文句式构法。教学上多可采用互动拖拽的方式，让孩子将不同的句子拖入故事段落中以看到正确的句法构式结果，理解句式构法的原理。

二、认知学习阶段

由于政策的引导及创业的助力，市场上的语文学前启蒙及中小学培训产品升级迭代加速。"听、说、读、写"这类原先只在外语学习中强调的学习过程也被逐渐重视起来，但是学前启蒙阶段在"说"和"写"上仍然存在课程体系和内容设置上的不足，而中小学阶段又过于强调阅读与写作，对"听"和"说"则相对弱化。而"听、说、读、写"是通过感受器官（如视觉、听觉、触觉等）记录从内外部信息到工作记忆的，通过刺激巩固，最终形成长时记忆并方便我们调取运用所经历的学习过程，该过程激活了像布洛卡区和韦尔尼克区这样的语言功能区域，逐渐强化的神经元连接确保了语言理解与使用的顺畅程度，特别是汉字这样意音文字的书写环节更为重要，确保了学生对字形、字音及字义的充分理解。

为此，笔者建议在"听、说、读、写"的认知学习阶段中融合以下几个层面：

1. 工作记忆的改善

工作记忆需要在短时间内加工不同类型的信息，为此人脑采用了信息组块的方式将同类型信息做归类处理，以便加速信息处理的能力，而每个人所能处理的组块数量和每个组块中的信息含量，就成了个体间学习能力差异的重要体现。因此，教学机构在设置课程模块时应考虑其内容的组合方式，以信息组块的概念传授知识点。

如图 4-13 所示，对于学前启蒙阶段的听故事，最好将构成该故事的句子及段落先做一个信息组块化的处理，并标注出容易忽略的内容；在听的过程中，适当采用断句、字体凸显等方式，做组块间的区隔；听完后，最好安排孩子再按组块化的模板自己复述一遍，此时软件应该采用录音比对的方式，及时纠正孩子的发音。在复习过程中，运用工作记忆两头效应的原理——最先和最后吸收的信息会记得比中间段的更清晰，将中间部分作为知识考点，在复习测验中测试孩子是否真正掌握了完整故事的核心内容。

教研指引

( ) 动作信息
[ ] 听/读重点
【 】核心信息
▬ 考察点

在[很高的][悬崖]上，有[两只][小羊]在那儿(玩)。

有只[饥肠辘辘]的[狼]，突然[眼睛]<往上>(瞧)。

[狼](环视)附近，这么[高]的[悬崖]，不管从什么地方都(爬)不上去。

因此，[狼]用温柔而低沉的声音说："可爱的孩子们呀！在那种地方(玩)很危险，快下来呀！下面长了许多柔嫩好吃的【草】喔！"

但小羊们因为常听到关于狼的可怕事情，所以说："狼伯伯，谢谢你的好意，但是，我们不下去了。如果我们<下>去了，在还没有（吃）到【嫩草】之前，可能就被伯伯给（吃）到了！"

"什么！可恶的孩子！"狼非常生气地说。

图 4-13 听读训练中，课程内容组块化的设置指引有利于工作记忆的改善

2. 专注力的提升

学生除了工作记忆容量困扰之外，另一大挑战是抑制干扰的能力差，也就是容易受无关信息的干扰，导致学生频繁调用专注力而增加认知负荷，难以有效吸收所学知识点。以常见的学前启蒙阶段教学为例：首先，繁杂的动画界面容易导致专注力不集中；其次，过于鲜艳的色彩背景如常常用橙色、橘色等

活跃色彩为主的课程界面设计，非常容易造成视觉疲劳；最后，更多的问题是在授课界面的交互设计上，没有充分考虑学生的专注力时限问题，即学生的专注力较弱且容易被其他视觉因素所吸引而转移。如图 4-14 所示，动画主人公始终在教学内容核心视角范围内，这会使学生不能将视角转移，难以将专注力集中到学习目标上。

中小学阶段的语文学科产品的授课界面虽然由于学生年龄的增长、专注力控制能力较为增强，但也存在课件中的互动元素在设置时未充分考虑学生专注力损耗的问题。对此笔者建议，在学前启蒙阶段及中小学阶段，为了保障学生专注力的有效投入，在授课界面及人机交互上最好采用两大原则：一是所听即所见，即语音旁白或教师授课时，课件中的互动元素应与语音完全匹配，技术上延迟的指标范围为 200 毫秒，因为人眼和人脑能够接受 250 毫秒左右的延迟，超过则很快失去兴趣——如同看一个慢动作镜头或正在卡顿的网络视频；声音和动画内容和谐统一，也是对在线教学的重要考验之一。二是所见即所得，即当交互内容出现时，该界面中的其他元素就应该下降优先级，如图 4-14 中的动画主人公，在教学内容出来时，就应该被缩放到学生视觉热点之外的地方，降低其干扰强度，从而有效提升学生的专注力。

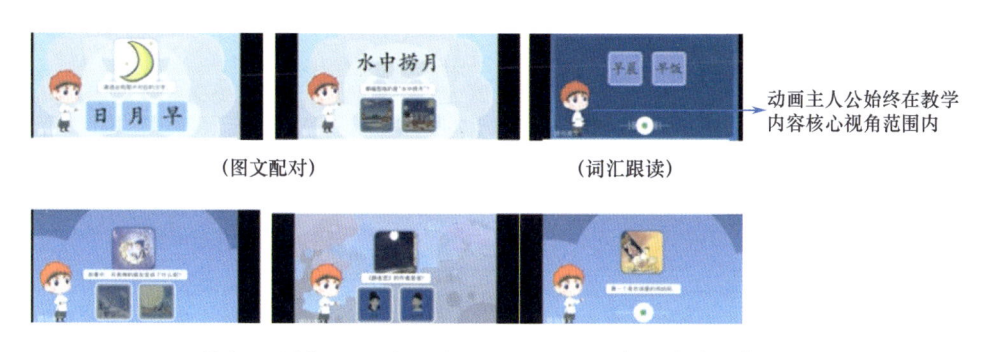

图 4-14 某产品的授课界面中，动画主人公始终在教学内容的核心视角范围内

3. 理解力的深化

回溯 OEL 学习法，适合语文学科的 OEL 如下：

Objective——明确本次语文学科的学习目标，如要读懂伊索寓言《狐狸与葡萄》的内涵，在授课伊始就需要向学生明确本次学习的目标是体会故事中某一角色的心理,以及产生的原因和解决办法。先讲述故事的本体信息:一只口渴的狐狸看到树上的葡萄,想去摘,却怎么也摘不到,于是狐狸自言自语:"它们还是酸的吧。"之后,由教师问学生:假设你是狐狸,这么说是因为什么?

"反正摘不到,最好把葡萄认为还是酸的,这样能望梅止渴。"

"葡萄可能确实没成熟,果子成熟的标志是会落到地面上,所以狐狸的判断是合理的。"

……

Exploration——联系实际生活,有哪些与该故事类似的现象,这里应该结合积极的心理引导,将学生可能产生的错误认知及时纠正,并要求学生阐述自己面对一些事物时的心理诉求。这里能得知,狐狸吃不到葡萄反而说葡萄肯定是酸的,会延伸出"能力不足,反倒抱怨推诿"的核心关键点,以及认同狐狸是基于理性分析的"科学角度",因此要加以积极引导:"我们可以认为狐狸是聪明的,果子还没落地,说明还没熟,但熟和酸甜之间没有必然的联系,因为品种不同,有些葡萄成熟了也是酸的,所以狐狸在没有亲自品尝的情况下就认定葡萄是酸的也是不正确的。同时,狐狸看到树上的葡萄,但没有认知到自己的弹跳力,不确定自己能否吃到,这说明了在选择目标时,没有结合自身能力的现状。比如,学生只学习了三年级的内容,就要做五年级的题目,这样就超出了自己的知识范围,那肯定就会像这只狐狸一样抱怨目标的难度过大。"

Linkage——让学生用自己的理解,重新加工一篇心态积极的故事作为阅读作业。如果让你重写《狐狸与葡萄》的故事,你会怎么阐述?

"一只口渴的狐狸看到树上的葡萄,想去摘,却怎么也摘不到,于是狐狸求助在葡萄树周围的其他小动物,如松鼠、猴子等,问问它们有没有吃过这些葡萄,口感如何,是否能摘一串让自己尝尝……"向小伙伴求助,促进了学生理解社交的重要性;征询小伙伴的意见,是为给自己的判断做一个参考方向;需要亲自体验才能得知事物真实的状况,懂得实践出真知的道理。

三、元认知学习反馈阶段

在完成认知学习后如何精进，则需要采用元认知概念中的"溯源反馈"能力。在这个阶段，笔者建议通过语言载体的转化——"唱"和"演"，来测试学生对语言的理解与掌握程度，如诗词、音乐剧、歌剧等加入韵律、音乐和表演元素的内容。

1. 诗词练习

诗词，是语言艺术化的升华过程，它对语言表达所需的要求远超日常工作与生活范畴，但这正是其可以作为学生对语言理解及掌握程度的验证方式之一。尤其是诗词的"格律"，即诗词总字数、押韵等规范，考验了学生语言使用的精准度与价值内涵理解。在练习过程中，笔者建议先由古诗词赏析开始，然后从诵读诗词逐步过渡到创作现代诗词。

第一步为古诗词赏析，可以采用上述两个阶段的学习步骤。基础知识学习阶段：古诗词因为用词和格律都与现代文有着显著的差异，因此该阶段适合教学机构为学生补充古诗词中涉及的音素（如古汉语音的演变过程，为什么有些诗词用现代声调读是不押韵的）、语素（如通假字的解释，以及多音字、同义词的出现）、句式与语法（如七律诗的典型代表等），从而给予学生一个完善的古诗词背景知识，也可以成为一堂人文国学课程。认知学习阶段：重点为理解力深化。诗词是诗人的心境与情感的直接表现，教学机构在教学过程中可以通过文字讲解或指导学生展开想象，使古诗词变得形象、生动。例如，对梅、竹的特质延伸成为人的品质这一内容，可以采用互动动画的方式阐述，从而降低学生理解古诗词的难度。尤其是小学低龄段学生的阅读与认知能力相对较弱，这就需要教学机构善于使用文字勾勒古诗意境，并指导学生对古诗意境进行想象，促使诗句在学生脑海中形成直观、具体的印象，进而加深学生对古诗词、古人审美观、价值观形成的理解。教学机构创新互动的引导方式有利于拓展学生的逻辑思维并激活学生的想象能力，让学生关注、欣赏与赞颂古诗词中对情感部分的渲染，体会诗人心中的感悟，从而提高对古诗词的鉴赏能力，以便于更好地理解用词和表达。

第二步为诵读，是学生感受古诗词节奏与韵律的重要途径。诵读既能够加深学生对古诗的认知与理解，让学生欣赏古诗的韵味、感受古诗的意境，又能够帮助教师了解学生对古诗音节、语句声调节奏的掌握情况，从而纠正学生的错误读音，有针对性地加强学生对古诗词的理解。同时，古诗词中的关键词句可发挥画龙点睛的作用，淋漓尽致地表现古诗词蕴含的情感。而小学低龄段的学生想象力尤为丰富，学生在朗读古诗后深入思考与细细体会其中的关键词句，能够想象出古诗中描绘的情境，进一步理解古诗词的整体意思。

第三步为习作，是学生尝试用所学到的诗词表达方式创作出基于自己感悟的现代诗词。练习方式可以是命题作文的形式，让学生们对自然、家庭、未来畅想等题材进行五律或七律诗词创作。在此过程中，教授学生采用比喻、夸张等语言张力表现的方式，让学生体会语言的魅力及自身对所用词汇的理解程度。同时，教学机构可以在这个过程中加入书写的环节，让学生通过书写诗词对文字笔画产生更生动的记忆效应。

诗词练习对语言理解与掌握都有一定的要求，所以笔者不建议在学前启蒙阶段就采用该方式教学，但可以通过人文、国学拓展课的形式，让孩子初步接触古诗词赏析。在教学辅助器材方面，可以考虑采用AR/VR等混合现实的装置，让孩子如同穿越到古代，与诗人为伴，增进孩子对古诗词的喜好。而小学低龄段的学生掌握的词句依然有限，因此教学机构在古诗词教学过程中，需要以学生的身心特点与认识水平为依据，不断激发学生的学习动机与热情，注重指导学生学习单字词的音素、语素及句式构法，朗读诗句、想象诗词的意境，通过技术创新带来的交互视频改变古诗词的教学形式，使课堂氛围变得生动与活泼，最后通过现代诗词创作和书写环节，让学生在学习过程中品味汉字之美、欣赏诗词韵味，通过情绪记忆效应，增强学生对语言的理解与运用能力。

2. 音乐剧学习

英国哲学家斯宾塞认为：音乐来自语言，歌唱的表现特征就是人的情感付之言语的简单化和体系化。音乐的根源在于感情激动时的声调。对此，笔者表示赞同。基于更多的神经科学研究结论判断，音乐与语言是一对"双生子"，从单音节的音素从远古人类那一声振臂高呼开始，有节奏的呼喊——"元音乐"形态同时诞生了。我们至今都能从刚果部落、亚马孙丛林中的群落中的"口哨乐"及蒙古族的"呼麦"中看到它们的身影，这也尝试解答了长久以来人们的疑惑：为什么当听到一些美好的音乐旋律时，我们会起"鸡皮疙瘩"（毛囊中的平滑肌在受刺激时的收缩现象），这样的"战斗或逃跑"的本能机制也许是一群远古人在狩猎或防御野兽时，出于恐惧或愤怒而不经意间有节奏的呼喊驱赶了野兽，这样毫无损失、不战而胜的经验被这群人兴高采烈地在篝火旁向众人表演……这样历经万年的演化，战斗或逃跑的本能与音乐旋律逐渐深度绑定，以至于我们坐到音乐厅中，当男女高音歌唱家开始演唱的一刹那，依然不自觉地就起了"鸡皮疙瘩"……

现代脑神经科学通过 fMRI 实验表明，音乐训练有助于提高语言能力（见图 4-15）。通过音乐训练可以提高学生的语言学习能力，特别是对于语法、

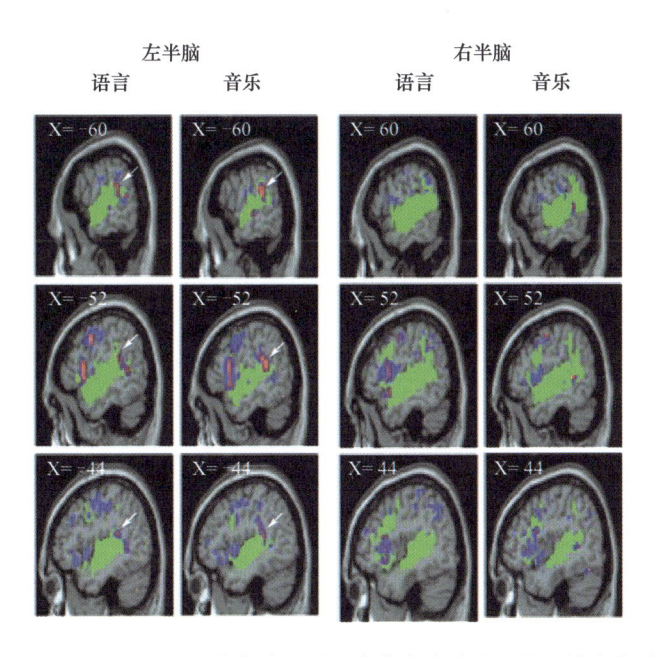

图 4-15　fMRI 下，语言与音乐功能在左右半脑激活的区域高度融合

语音的把握，进行过音乐训练的学生更优秀（设置两个对照组，一组在学习中加入音乐训练，一组没有）。因此，在语言学习中，音乐训练能够为语言学习提供发展的空间，为语言学习的推进创造良好的条件。

音乐训练与语言加工以"共享"的关系存在，激活处理语言理解的韦尔尼克区——枕颞联合区。因此，音乐训练能够促进语言加工，帮助语言学习能力的形成。另外，认知科学实验也表明，丰富的感知觉输入可以帮助我们在生理上建立起语言学习的情感。灵活的语言运用可以在音乐训练中得到体现：音乐训练中的音律、音符等变化，让语言学习更加丰富多彩，能够对语言进行"记忆编码"，即用音乐丰富语言编码，通过音乐训练提高语言记忆力，让音乐与词语融合，进而促进语言学习能力的培养。因此，音乐训练可以帮助获取新的语言信息，能够通过听觉习惯去把握词义、音节，这对于语言学习而言具有重要的意义。语言学习能力的培养是一个过程，而音乐训练的融入加速了语言能力培养进度，为语言能力的习得提供了新的着力点。

笔者看来，在音乐训练的促进之下，语言的元素更加丰富多彩，语言学习能力的培养需要在潜移默化的元素融入中得到实现，而音乐训练为这一过程提供了元素。

结合国内教学现状，音乐剧是一个被忽视的语言学习载体。相信大家对音乐剧的记忆还停留在儿时看过的《音乐之声》——第 38 届奥斯卡奖得主的经典影片（见图 4-16）。该片讲述了修女玛丽亚到特拉普上校家当家庭教师，与上校的 7 个孩子很快打成一片，上校也渐渐在玛丽亚的引导下改变了对孩子们的管教态度，并与玛丽亚产生了感情的故事。片中精彩的音乐对白与情节的起伏跌宕，让我们感受了音乐旋律与语言表达的魅力。

音乐剧这样场景化的学习方式，加入情绪元素的辅助，将会让学生对学习内容印象深刻、历历在目，对语言学习起到促进作用。国外的一项研究证明：经受过音乐剧学习体会的孩子，其语言表达能力更强，对于音调、音节和发音技巧的掌握更加全面，语言学习更快、更好。由此可以看出，语言表达能力作为语言学习的重要内容，可以通过音乐剧学习，帮助人对音调、音节和发音进行把握。也就是说，认知能力在语言学习中的构建让语言学习更加系统、完备，能够立足语言学习的基本点提高语言学习的效率。音乐剧学习还可以促进空间视觉化能力，这是语言学习中对于语言美学的审视。通过音乐剧学习，让语言来自视觉化的感受更加丰富，促进语言情感的生成，让语言能够形成多元化的感官体验，进而帮助语言学习情感的建立。特别是对于学前启蒙阶段而言，多元化的感官体验能够带动学习的深入，并建立良好的语言素养。因此，音乐剧学习对语言学习的促进作用十分显著。

图 4-16 《音乐之声》剧照，于 1976 年引进中国

音乐剧学习的过程中，由于扮演角色的不同，也促进了学生之间的交流，促进了未来融入社会中的社交能力。教学机构在编排音乐剧的过程中，应该采用角色交换的方式，让每个学生都能体会到不同人物的性格特点，以及面对事物时该角色的处理方式，除了锻炼不同的语言表达风格之外，也在潜意识中让学生完成了元认知中的监控与调节过程——他们在角色互换时，能够直观地评估角色特点与自身性格的对比，在该过程中经由教师的正向引导，塑造未来正确处置事物、关系、模式的能力。同时，教学机构应该在音乐剧学习课程中，紧密围绕语言能力培养这一核心重点，正确运用音乐剧这个载体，达到学生语

言学习中的多维度能力跃迁。

语言是人类文明的标志，是人脑在进化过程中不断演变和升级的产物，我们用语言记录的事迹和编写成的故事，塑造了一个群体、一个民族、一个国家的价值观，拉近了彼此的距离，理解了对方的角度和观点，创造出了其他物种所不能达成、跨越空间的协作，以及跨越时间的传承……

第五章

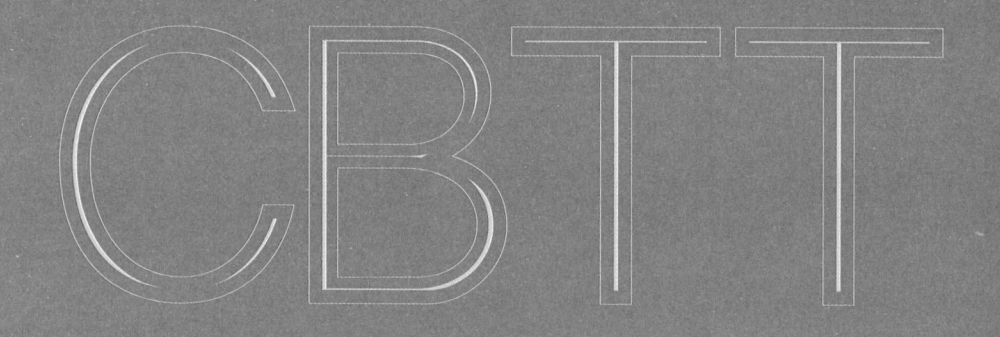

CBTT

元认知与数学思维

为什么学数学？这是笔者在小学时第一次向灵魂发出的拷问……

为什么还要学数学？这是笔者在大学一年级领高等数学教材时又一次向灵魂发出的拷问……

也许与笔者一样，当听到父母亲友每每提到"学好数理化，走遍天下都不怕""高中要选理科，未来好找工作"等理由时，都会从内心深处去怀疑和抵触。但等当了父母时，又对下一代或多或少施加同样的诉求……留学时，外国同学都觉得华人天生具有优异的数学能力，没错，这就是一个令中国学生又爱又恨的学科，很多学生不知道学它的意义和价值是什么，即使大学本科阶段所学的高等数学，也只是距今三百多年、以牛顿和莱布尼茨于17世纪创立的微积分为核心的课程。

但数学确实是所有科学体系的基础，渗透在我们生活中的方方面面。以莱布尼茨创立的二进制"1和0"来说，这两个看似简单的、代表两种状态的数字符号，是我们每天都在使用的计算设备（计算机、手机等）的核心——中央处理器（CPU）的运算原理：多达百亿个纳米级晶体管，按照一定规则的"通""断"电状态，即代表了"1和0"的数字变化，实现了让我们从文档编辑、远程沟通、图像处理，到音视频剪辑的所有日常工作沟通需求（见图5-1）。离开了数学基础，无法成就目前璀璨的人类科技文明。

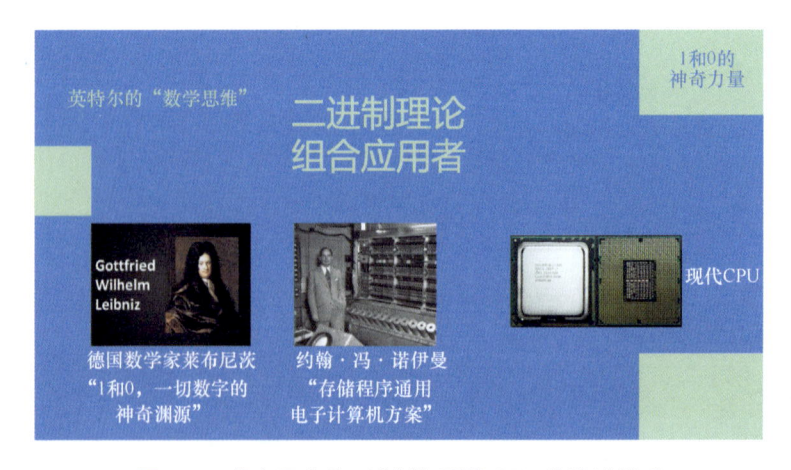

图 5-1　莱布尼茨的二进制与现代 CPU 的演进关系

第一节 数学思维的脑神经科学基础

一、天赋数感

请别害怕数学。脑神经科学研究的结果表明，人类天生拥有对数量的感觉，即非符号数感能力，该能力甚至早于语言功能在我们的DNA链上留下深刻的印记。出生2个月左右的婴儿已经能够粗略感知物体的多与少，4~6个月后可以准确地分辨较小的物体数量（如2个和3个），7个月左右的婴儿可以把眼睛看到的物体个数和耳朵听到的声音次数相对应，这已经远超狼群和狮群的数感能力——这类个体成年平均需要2年，并掌握根据猎物数量多少采取相应行动的优秀捕猎族群。

也许正是因为原始人类需要时刻通过判断捕食者的数量多寡来采取"战或逃"的战术选择，因此，人脑在漫长的进化过程中，将数感能力与语言区域一样划入了特定的大脑区域以备随时可以调取信息，这个区域就是人脑新皮层中四大核心区域之一的**顶叶**。

顶叶的前部是感觉皮层（身体对外部因素的触觉信息汇聚于此），再前部是运动皮层（人脑指挥躯体执行动作的部位，以及模拟他人动作的镜像神经元区域），后部是枕叶（掌握人体的视觉信息，85%以上的外部信息来源），下部是颞叶（掌握人体的听觉信息）。

顶叶汇总了视觉、听觉，以及触觉和运动感知，形成了人类对物体数量的判断以及物体空间方位的感知能力，其中，对空间方位的想象加工是数学思维的核心加工成分之一。大脑在表达抽象的数学信息时，采用了一种"空间策略"去组织知识。例如，我们熟悉的书本上的数轴以0为原点，1、2、3等依次从左到右排列，在我们的大脑中也存在这样的数轴，即心理数轴。数学符号知识是以一定的空间结构形式组织在大脑中的，心理数轴就体现了空间策略。例如，依序排列、从左至右。1位数有心理数轴，2位数也有心理数轴。因此，顶叶也被誉为"数学脑"或"空间脑"，即组装了数学知识的"空间脑"。

通过分析爱因斯坦的大脑，科学家发现他的顶叶部分比普通人的要大15%左右，也许可以佐证他天才般的物理学造诣——这类与数学同样需要高度空间想象力的学科。另外，认知科学家们通过实验发现，顶叶对于注意力的切换有着重要作用（因为是聚合空间与方位信息的中枢），其在大脑中信息处理的优先级与思考神经网络（额叶为主）并行：当我们沉浸于书本中或在交流时，飞速闯入的物体/事件就会立即将我们的注意力切换过去，这就是顶叶的作用，操控独立于思考神经之外的注意力警觉神经网络。是不是马上联想到终结者机器人在追踪多个物体/目标上扫描切换的经典场景片段呢？你猜对了，这也是为什么需要深度思考、学习时尽量处于干扰源较少环境的核心原因。

二、数字符号化的挑战

其实，大部分人对学习数学的畏惧感来自学会数数之后，也就是从对物体数量的天生"数感"到抽象化为数字符号的过程。毕竟，当面对大于10之后需要记录的数量，采用数手指的方式反而会使计算过程更加复杂（原始人的结绳记事通常也难超过两位数的极限）。为此，符号化的数字表达应运而生，我们不再需要在面前摆上实物去逐一数数，而只要看到数字符号便能通过抽象理解对应的实际物体的数量。

脑神经科学通过功能性磁共振成像等观测方式，验证了数字在人脑中符号化的过程：人在幼年时，通常运用大脑双层的顶叶区域去加工数字信息，且年龄越小，运用右顶叶区域则越活跃。随着年龄的增加，以及开始认识数字符号如阿拉伯数字、语言中的数字（一、二、三、四等）之后，顶叶区域针对数字的加工产生了偏侧化——由双侧偏右逐渐偏向左半脑的顶叶区域。左半脑即语言理解的重要区域，由此可见，当人类开始使用符号辅助数学计算时，人脑实际是调用了语言处理功能区域参与对数学概念的理解。

由原始数感的"空间想象脑"过渡到左半脑的"逻辑概念脑",所带来的挑战单从脑神经结构来说就已经造成了很大的负担:处理语言信息的区域同时要处理抽象化的数字符号概念,在区域内就产生了神经元之间的竞争与消耗。同时,由于数学符号是高度抽象和概念化的,需要学生在加工它们时已具备良好的概念理解能力。大部分人对数学"无感"就是在这个阶段产生的,过早地进入了数字符号的学习时所产生的核心问题——缺乏足够的从实物数感过渡到数字符号之间的对应关系理解练习,因此更加偏重以学习"语言"的方式去"死记"数字符号,长此以往导致"空间思维"的缺失,难以理解此后更加抽象的数学或物理概念,也就更难对理科有学习的兴趣。

数字符号化的下一步就是数学运算,如果在数字符号化这个阶段没有帮助学生建立起从实物到抽象符号的基础,那在运算环节就更容易出现理解的欠缺与偏差,学生会更加觉得数学很难,在课业压力下,心理上也会逐渐构筑起恶性认知循环,认定自己怎么也学不好数学。在这样的双重因素下,"数学不好"的印记也就产生了……

三、运算规则

"加减乘除"是初学数学时第一组需要学习的数学运算规则,但实际上,除了加减法是天生数感的延续之外,到了乘除法阶段,现行的教学方式使得我们仰赖于符号化计算而忽略了空间想象思维的练习。乘法口诀表这个盛行在全球(中国是九九乘法口诀,其他国家有八八或十十口诀)小学生当中的"秘笈",本是帮助我们理解乘法概念的方法,或许就是阻碍我们更深入地去理解数学概念的最大障碍:乘法口诀表等类似的数学运算"助记法",就是人类运用语言概念理解能力去解决数学问题的代表,它仅让人记住了当两个数字如5和7,在乘法符号的影响下结果一定为数字"35",而且5乘以7或者7乘以5都是同一个结果。类似的方法只是让人在符号层面完成了运算,但没有深刻理解运算本身的意义。

其实,乘法也可以被视为计算排列在矩形(整数)中的对象或查找其边长度给定的矩形的区域。5乘以7或者7乘以5，可以被视作长和宽分别为（5，7）或（7，5）的两个矩形，而乘法的运算过程就是求这两个矩形的面积，通过长和宽的数字转化，学生就能够理解两个矩形的面积是相等的，也就印证了5乘以7等于7乘以5。因此，要想重新焕发"空间思维"能力，最好不要依赖乘法口诀表。先理解运算符号（如加减、乘除、开方等）所指代的意义和概念，才能深刻地分析运算规律，从而得出不仅仅是符号意义的求解，真正理解运算规则所指代的数字之间的抽象关系。

第二节 认知科学与数学思维

目前，认知科学研究主要集中在与数字有关的认知过程中。例如，我们是如何认识并理解数字的，形成数学知识并进行运算等认知思维。从认知科学研究的角度，数学认知包括三个基本层面：一是数字加工，即个体是如何将不同的数字符号如阿拉伯数字符号（1到10等）、语言符号（一、二、三、四等）加工编码成为可以理解的内容；二是数学知识，即个体通过学习过程所获得的各类与数学计算、公式有关的知识，如加减、乘除、平方、开方等；三是公式运算，即个体能够将所学的数学知识转化为解决实际问题的运算公式组合，并能够求得结果的运算能力。但人们如何产生上述三个层面的数学认知以及形成该能力，迄今为止仍然是认知科学研究人员探讨的一个重要问题，好在依托神经科学领域观测手段的进步，结合脑神经机制观测成果，认知科学领域总结出关于学好数学思维的两大核心教学理念：**空间思维培养**与**语言理解训练**。

笔者结合认知科学在数学思维发展方面的研究成果，着重提出以下几个认知方向的教学建议：空间思维培养有利于加减法、数学推理能力的培养；语言理解训练则有利于乘除法、数学计算能力的发展；情景式教学有利于数学思维的学习兴趣与体验增强；针对男女对于数学认知在脑区功能调用层面的差异，做好针对性教学的建议。

一、空间思维能力

人类天生对数量有基本的感知能力，即基于人脑顶叶的空间数感能力。目前的研究已经判定了与之对应的几类数学运用方向。例如，加减法更多地激活大脑右侧顶枕部，因此通过动画、实录视频这样调用视觉空间为主的展示来讲解加减法的运算原理，更容易让学生快速理解数量增减的规律。又如，空间思维培养有利于几何概念的理解，相信这是众所周知的。的确如此，经认知科学家验证，当对几何术语与阿拉伯数字进行比较时发现，阿拉伯数字在双侧顶内沟、右额下回、双侧额中回以及右颞中会有更多的激活，而几何术语则在左侧的额下回、颞中回中会有比阿拉伯数字更多的激活，这表明几何术语需要更多的空间思维能力的加工处理；在逻辑运算策略层面，数学推理更多地激活了顶内沟、前额叶背外侧和腹侧区域以及颞中回后部，证明空间思维能力对于提升数学推理能力的重要作用。

因此，把数量和空间联系起来进行空间思维能力培养是更加适合如加减法、几何及数字推理等方面的数学学科教学方式。例如，在小学数学教学中，运用数轴和具体空间操作（如积木、尺子等）的教学工具，能够强化和巩固儿童的直观数学概念理解。有一道例题："已知长方形的周长和宽，求长方形的长"。学生通常选择用"周长减去2个宽，再除以2"，而对"周长除以2，再减去宽"这一方法则难以理解。其原因主要在"周长除以2"的空间概念理解上。这时，教师应鼓励全班学生尝试用画图的方式求解，当在纸上画出上述形状时，学生就能够运用空间思维直观地感受该含义的具体意义；还可以教学生用自己的手势来表示：双手的大拇指和食指围成一个长方形，拿开一只手就拿走了周长的一半——还剩一个长和一个宽，这样在没有教具时，也能利用身边资源完成对几何例题的空间思维练习。

二、语言理解能力

与空间思维能力对应的是被忽视的语言理解能力。语言对数学认知的作用也有几个方向：一是经过科学家对生活在亚马孙河周围的原始部落人群（与现代文明隔绝的他们是最佳的比较对照组——脑神经科学研究常用的恒河猴等猴类实际在脑结构和神经机制上与人类仍有差异）测试发现，他们使用的口语体系中没有大于 5 的数字（也就刚好是五根手指可以计算日常生活所需的基本数学能力），他们能够比较和估算超过其族群口语命名范围较大的数字（如羊群、兽群等），然而不能精确计算大于 5 以上的数字。研究他们的大脑活跃区域揭示，在数学估算方面，双侧顶内沟、中央前回、前额叶的背外侧和上部区域有更多的激活，而对照现代人群体在数学精算任务中，左下前额皮层和双侧角回区域有更多的激活表明，与数学估算相比，语言在数学精算中发挥着更大的作用，即非言语的数字估算系统和基于语言的数字精确计算系统是分离的。二是在数学精算层面，研究结果发现，与加减法更多地激活大脑右侧顶枕部相比，乘除法则更多地激活了与语言产出有关的大脑左侧运动区、辅助运动区和颞上回后部，这表明该运算类别涉及更多的语言理解成分。三是在逻辑运算策略层面，有关数学推理和计算的脑机制研究揭示，与数学推理更多地激活空间思维层面相比，数学计算则更多地激活了中央前回、辅助运动区、颞上回以及脑岛。这表明，数学计算更多地依赖语言理解能力相关的加工处理能力来保存运算过程中所需的中间信息。

三、情景式教学

从认知科学的角度来看，数学思维是认知活动中的一种，所以在早期的学习建议中提倡知识与情境相依，通过感知觉等认知过程的充分刺激来提升学生的数学学习能力。因此，强调必须将数学放在一个具体情境中才能理解其意义，并认为抽象化的数学本身没有意义，只是"符号的运算游戏"。而这并不是因为认知科学出现了偏差，从实际角度出发也会发现，晦涩抽象的数学符号阻碍了学生在幼年时期对其产生足够的兴趣，在实际生活中既不实用甚至有可能还是阻碍，一些国际公益组织曾在 20 世纪 70 和 80 年代关爱巴西贫困儿童，资助他们当中部分人进入学校学习。在数学学科上，本以为他们能够展现出优异的成绩（他们在街头做小买卖时，数学心算能力非常好），但却不能在同等难度的数学试题中应用他们的数学能力，这就导致在面对高度抽象化数学符号及运算时，会建议那些对数学本身就天生有兴趣和"天赋"的人从事更高难度的数学学习。而该论点直到脑神经科学观测手段革新之后，发现数学高度抽象符号化的表达是基于语言理解能力时才得到根本性的改变。当孩子进入学校时，先教授数学术语，以及巩固对应的数学概念，再做测试时就会发现孩子们能够将他们日常锻炼出的数学能力与试题相对应了：他们理解了题目中的数字信息和符号背后的真正意义是什么。

而认知科学家通过该事件也得到了重要的成果：在面对数学概念这样抽象事物时，如果教师能够提供各种有趣的、丰富多彩的视觉、听觉、触觉和嗅觉刺激，学生就会更好地参与到课堂中。当这群贫困的孩子带领着其他孩子去体验在街头贩卖纪念品、小吃等这样真实场景中的小生意，其他孩子也体会到了数学概念的日常应用场景，从而更愿意学习更高难度的数学知识了。

情景化的教学不仅适用于空间想象思维的发展，当面对抽象乏味的数学概念时，将学生置于特定场景中，允许他们用语言或动作表达自己的观点时，就是在培养有针对性的语言理解能力，将极大地提高学生面对数学符号等抽象概念时对其背后价值规律的掌握。

"导出方程式和公式，如同看到雕像、美丽的风景，听到优美的曲调等一样得到充分的快乐。"——柯普宁

四、性别差异与优势

20 世纪 60 年代开启的女性平权运动和根深蒂固的文化偏见得到极大改善的今天，越来越多的女性在传统的被视为男性主导的工程和科学领域做出了卓越成就。但男女是否在关于数学思维的脑神经与认知机制层面有差异，随着脑成像技术的发展被进一步揭示，进而为针对性的教学奠定了基础。

经研究发现，男女的顶下叶灰质密度不同，男性左半脑顶下叶的灰质密度大于右半脑的，而女性则相反；在总体的脑神经结构与活跃程度机制上，男性有更高的神经元密度和神经元数量，而女性则有更高的神经元加工效能。在数学计算的脑机制研究方面，发现与女性相比，男性在做数学计算时更多地激活了右顶内沟和角回的背侧环路以及右舌回和海马旁回的腹侧环路——这是调用理解能力辅助空间思维的重要体现。除此之外，研究者通过数学学习策略测

试发现，男性倾向于使用视觉和空间思维能力，而女性更喜欢采用语言理解和空间工作记忆能力，在需要更复杂的问题解决策略时，如做精确计算、估算和图形心理旋转任务，女性额外激活了双侧颞叶、右额下回及主要运动区——这是调用语言理解区域的体现。

由此可见，男性与女性的左右半脑存在结构和功能上的差异，与之对应，在解决相关复杂的数字任务时，男性与女性倾向于采用不同的认知策略，这也奠定了彼此的优势领域。在具体的数学教学实践中，根据性别的不同，教师应该采用侧重点不同的教学方法和策略。如要从整体上提升学生的数学综合素养，对于男生，除了巩固其视觉与空间思维能力之外，应该重视培养其使用语言理解策略的能力；女生同理，除了保持住天生的语言与空间工作记忆能力之外，则要提高其视觉与空间思维加工的能力。

男女脑神经机制的差异启示了我们应该更加关注学生的个性化学习，针对个人制定合适的学习策略，这样才能更好地提高学习效率。

也许，"学好数理化，走遍天下都不怕"的理念，要变为"训练空间思维与巩固语言理解能力，才是学好数理化的基础"。

第三节　数学思维教育产品及教学分析

数学几乎是曾经的在校生惧怕的科目之一，也是彼时补习班市场兴起的"第一学科"。数学思维作为数学启蒙阶段的学习，不愿孩子输在起跑线上是所有家长的核心出发点，因此，其逐渐发展成为家长、资本、机构所追捧的重点培训科目。由于竞争的加剧，该赛道中的主流机构在教学产品和运营服务上逐步开始进行差异化的建设，总体分为两个方向：承前或启后，"承前"指的是往低年龄段延伸，定位为真正的思维启蒙课程；"启后"则是往高年龄段延伸，至少能够达到二年级左右，即整合了原先的"幼小衔接"（从幼儿园到小学）部分，又可作为承接后续课后辅导产品的入口。

影响数学思维发展的两大因素主要为近千亿元市场份额的诞生，以及政策对于超前超纲教学、幼小衔接、"奥数"等禁令下原先的培训机构所腾挪出的空间。是否能够真正得到家长对于其思维启蒙价值的认可，而不是披着思维启蒙的外衣，实则继续通过超前教学加重孩子与家长负担的小学数学"预科班"。因此，数学思维教育还有很大的发展空间和潜力。

一、数学思维源起

"万物皆数"——毕达哥拉斯

"迟疾之率，非出神怪，有形可检，有数可推"——祖冲之

数学思维的核心学科——数学，其英语源自古希腊语词根，有学习、学问、科学之意。事实上，很多古希腊大哲学家们本身就是数学家，他们视数学为哲学等思想的启蒙基础。早在公元前1046年的中国周王朝，当时的贵族学生就需掌握六种基本才能：礼、乐、射、御、书、数，"数"即算术、数学。从原始智人部落开始，到拥有丰富物质之后，数学一直在实用科学与神学之间快速发展。它既能帮助人们计算天象，从而产生以农业耕种为主的历法、水利工程规划，以及建立安身立命的居所，又成了哲学家、神学家探究世界本源，以期获得来自开天辟地之后众神遗落的"神谕"。两者碰撞所产生的交集，诞生了微积分、几何、炼金术，以及之后的物理、化学，乃至近现代的量子、人工智能领域，数学思维由此成为人类的"神器"。可以说，现今我们所看到的周遭事物无一不建立在数学思维的基础之上，而唯一能够限制人类未来发展的也一定是数学思维的认知"天花板"。正因如此，国民数学思维综合水平的提升为行业重点，由此产生了多项政策的制定与实施。

二、数学思维教育政策导向与市场规模

为国内数学思维培训市场繁荣"添柴加薪"的，先是美国的STEM体系——由科学（Science）、技术（Technology）、工程（Engineering）、数学（Mathematics）构成的国家级支持计划，该教育理念与我国一直倡导的素质

教育异曲同工。从 2015 年到 2018 年，《教育信息化"十三五"规划》《中国 STEM 教育 2029 创新行动计划》等政策文件相继出台，通过普惠式的 STEM 教育培养学生的创新思维和科学探究能力，提升科技教育在素质教育中的地位不仅成为教育界内外的共识，也给培训市场以新的方向——发展数学思维教育。

同时，数学思维发展中出现了一些"顽疾"：原先的"奥数"及幼小衔接等超纲超前教学课程，通过包装后，也打着"数学思维"的标签充斥于市场之中。奥林匹克数学，这一诞生于苏联时代，为了选拔出数学天才而设立的竞赛体系，将更多地在高等数学中才会涉猎的知识点置入小学甚至学前阶段，由于其竞赛性与选拔性，成为学校抬高入学标准的门槛。幼小衔接是从幼儿园到小学的过渡课程体系，此前一些机构为了满足家长超前抢跑的"焦虑心理"，在这一阶段就提前教授小学课程内容。在没有改变基本的教学方式和课程体系的前提下，将小学课程提至幼儿园阶段教授，会将原先对数学"不感兴趣""惧怕"的时间点从小学阶段提前到了幼儿园大班阶段。同时，只要一部分家长在没有得到正确信息的情况下，被诱导的"抢跑思维"会带动更多的家长乃至全社会加重焦虑。

为了纠正这些顽疾，2018 年 7 月，教育部办公厅发布了《关于开展幼儿园"小学化"专项治理工作的通知》，提到"社会培训机构也不得以学前班、幼小衔接等名义提前教授小学内容，各地要结合校外培训机构治理予以规范。"希望在政策层面将"幼小衔接""全民奥数"的道路一举封死，引导教育培训领域整体从传授知识向传授思维能力方向转变。

基于数学学科培训市场的大盘，以及在政策引导下的数学思维教育保守估计市场空间近千亿元，引发了传统教育培训机构及新兴创业机构争先布局。

三、数学思维教育产品与教学体系分析

目前教育培训市场中的数学思维教育产品和教学体系主要分为两支：一支为原先做 K12 数学培训或以数学思维为主的启蒙教育机构"升级"为数学思

维方向，另一分支为原先定位于素质教育方向的 STEM 教育，也开始对外传递以数学思维为根基的产品卖点。因此，下文做目前这两个方向的数学思维培训的市场纵览。

1. 产品体系与课程模块

以数学培训为主的机构，在市场中以上市教育集团（好未来、新东方等）及成熟的中后轮融资机构（火花思维、豌豆思维等）为主。课程内容主要包含数感运用、图形空间、逻辑关系、生活应用、益智游戏等数学思维核心模块。从大部分课程的模块构成来看，"数与计算、图形与空间"这两个模块的占比都很高，也可以说，大部分机构课程是以体系中最基本的模块——基于小学数学一年级知识点为范本的"预备课程"。但进行仔细对比就能发现，不同的机构在"数与计算、图形与空间"这两个基础模块都是有基于自身业务定位的侧重点的，一部分更重视"图形与空间"，拓展空间思维能力的素质教育部分，另一部分更着重于"数与计算"，即为小学学习做准备的数学学科基础知识，在课程设置上更容易被判定为超纲教学。

通过图 5-2 和图 5-3 可以看出，目前从数学学科向数学思维转型的机构，在产品体系上同质化较为严重，课程模块之间差异并不明显，核心模块基本是以"幼小衔接"、小学数学知识点为蓝本的改进，甚至一些教学内容从根本上还是"奥数"的翻版，只是重新用动画课件的方式包装而来。真正涉及思维培训的模块成了陪衬，学生绝大部分时间依然是在学习小学才应该接触的数学知识。因此，从根本上并不能有效地解决对数学可能产生畏惧感的这一问题，更难真正对数学学科建立起深刻的学习驱动力。

STEM 教育除了强调原有的科学素养等素质教育的价值之外，还强化其数学思维培训的色彩。在 STEM 的四个维度层面，一部分机构以科学模块为其主要课程，由丰富的科学实验构成其课程体系，这部分可以视作物理、化学知识的趣味入门（绝大部分 STEM 科学实验是基于这两个学科知识点的），通过视频课件或者真人展示的方式教学（见图 5-4）。

某机构 A 的数学思维课程模块一览

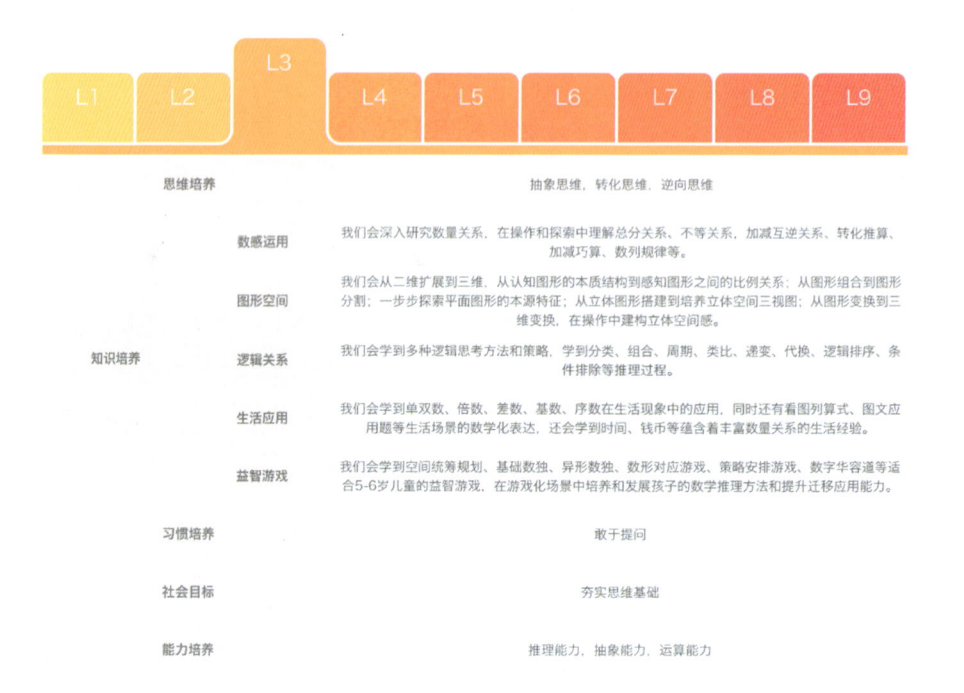

		L1	L2	L3	L4	L5	L6	L7	L8	L9
思维培养					抽象思维、转化思维、逆向思维					
知识培养	数感运用	我们会深入研究数量关系，在操作和探索中理解总分关系、不等关系、加减互逆关系、转化推算、加减巧算、数列规律等。								
	图形空间	我们会从二维扩展到三维，从认知图形的本质结构到感知图形之间的比例关系；从图形组合到图形分割，一步步探索平面图形的本源特征；从立体图形搭建到培养立体空间三视图；从图形变换到三维变换，在操作中建构立体空间感。								
	逻辑关系	我们会学到多种逻辑思考方法和策略，学到分类、组合、周期、类比、递变、代换、逻辑排序、条件排除等推理过程。								
	生活应用	我们会学到单双数、倍数、差数、基数、序数在生活现象中的应用，同时还有看图列算式、图文应用题等生活场景的数学化表达，还会学到时间、钱币等蕴含着丰富数量关系的生活经验。								
	益智游戏	我们会学到空间统筹规划、基础数独、异形数独、数形对应游戏、策略安排游戏、数字华容道等适合5-6岁儿童的益智游戏，在游戏化场景中培养和发展孩子的数学推理方法和提升迁移应用能力。								
习惯培养					敢于提问					
社会目标					夯实思维基础					
能力培养					推理能力、抽象能力、运算能力					

图 5-2 某机构 A 的数学思维课程模块一览

某机构 B 的数学思维课程模块一览

级别	S1	S2	S3	S4	S5
对应年龄	3~4岁	4~5岁	5~6岁	6~7岁	7~8岁
重点知识模块	图形与空间 视听与记忆	图形与空间 数感与运算	数感与运算 逻辑与规律	数感与运算 逻辑与规律	数感与运算 逻辑与规律
核心知识目标	・认识常见平面图形 ・学会抓特征观察 ・10以内按数取物 ・比较物体多少、高矮	・感知常见立体图形 ・准确描述方位 ・在操作中理解简单的加法 ・初步认识行列 ・了解基序数关系	・口算简单加减法 ・进行简单故事推理 ・分析排队问题 ・分析简单数独 ・认识钟表和日历 ・应用钱币	・认识100以内的数 ・巧算加减法 ・初步理解年龄问题 ・解决逆向还原问题 ・认识六阶数独	・理解万以内的数 ・理解乘除法的含义 ・认识长度、重量单位 ・精确测量和换算 ・认识分数和约数 ・灵活运用竖式
重点思维培养	・对应思维 ・数形思维 ・比较思维 ・分类思维	・对应思维 ・比较思维 ・分步思维 ・有序思维	・抽象思维 ・转化思维 ・逆向思维 ・代换思维	・抽象思维 ・有序思维 ・集合思维 ・数形思维	・建模思维 ・假设思维 ・批判思维 ・化归思维
主要能力发展	・观察记忆能力 ・空间想象能力 ・动手实践能力	・空间想象能力 ・运算能力 ・动手实践能力	・运算能力 ・逻辑推理能力 ・动手实践能力	・运算能力 ・逻辑推理能力 ・归纳整理能力	・运算能力 ・归纳整理能力 ・应用迁移能力

图 5-3 某机构 B 的数学思维课程模块一览

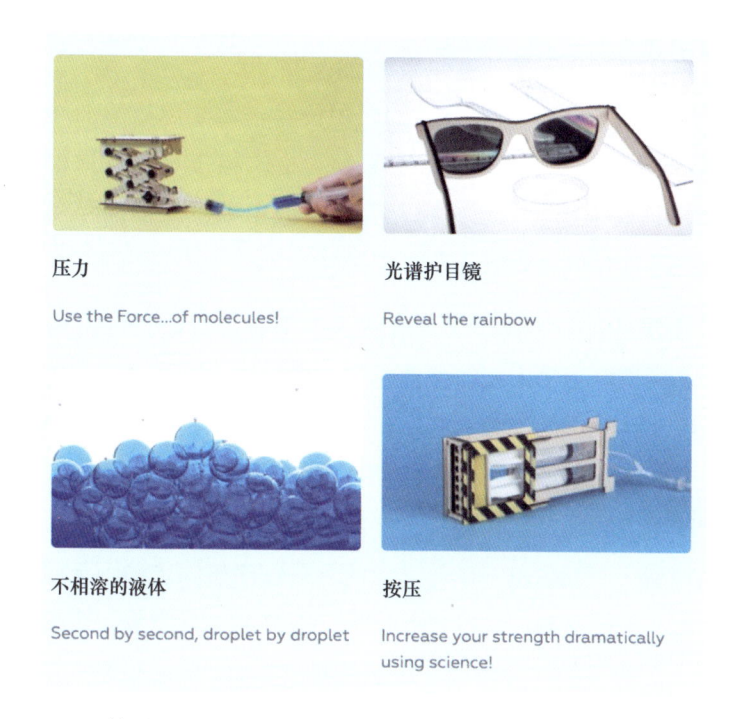

图 5-4　某活跃于国内市场的国外 STEM 机构课程,以科学实验为主

更多的机构以技术模块为主,紧密围绕少儿编程这一方向构建与数学思维之间的桥梁(见图 5-5)。其原因不难推测,一是国家把大力发展少儿编程制定于教育发展规划之中,引发了大量市场机构的跟进;二是少儿编程从其原理来看,本身就自带数学思维培养的空间(编程的核心是算法,算法的基础即数学);三是从编程模块延展到数学思维训练是较为平顺的过渡。因此,脱胎于 STEM 教育的少儿编程赛道将是一条数学思维培养之路,必然会在政策的激励下引入更多的培训机构入局。

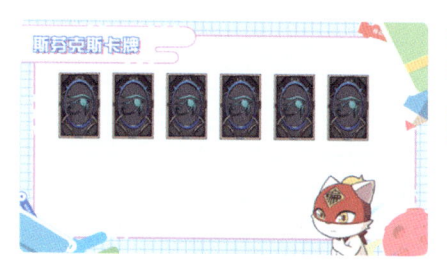

图 5-5　某机构以少儿编程接驳数学思维

2. 教学形式

得益于 K12 数学学科培训方式的长足进步，数学思维培训产品和教学方式有了丰富的可选空间。除去以线下教学为主的科技 STEM 课程，其余大部分数学思维培训课程都已经在线化，目前主要由动画录播课和在线直播课构成，辅以通关游戏化的互动以及在线答疑等。

动画录播课是目前定位于 2～8 岁数学思维启蒙阶段的机构产品的首选方式。有些录播课贴上了人工智能的标签，实际核心还是动画录制课程，只是在交互上借鉴了游戏化的通关方式，然后在一些知识点讲解环节录制了真人的教学视频内容。人工智能的部分实质是基于知识点的题库，例如，将一个知识点做了几个难度等级的题型和提示，然后根据学生做题情况有针对性地推送适合其程度的题型——实质是一个自适应的后台题库机制。动画录播课对于机构而言主要成本在于动画制作与题库开发上，但产品一旦完成，边际成本就趋近很低的水平（类似于软件授权或者出版物模式），依靠大批量的渠道分发，达成收入与成本的平衡，因此可以看到其在各个媒体渠道投放大批量广告。但由于竞争的加剧，目前该模式很难盈利，而是更多地被大型机构、成熟型中后轮公司通过极低价格的入门班（通常为 9.9 元/节或 19 元/两周，还附赠精美的印刷品及教具）作为获取客户的主要方式，其在之后通过推荐其他科目的培训项目，挖掘客户价值。

直播小班课是很多机构在动画录播课之外的主要教学方式，也承接了动画录播课通常只能延伸到 1 年级左右年龄段的后续学习内容。通常由"1 对 6"或"1 对 8"的班型构成，直播界面一般为"三分屏"组合：课件窗口、教师窗口及学生窗口。小班课对学习的互动体验感有所加强，学生不再是与录制好的视频互动，而是每堂课都有同龄伙伴加入一起学习。但小班课对机构的运营水平提出了更高的要求，一是满班率是否能保持在一个较高的值，即每次上课人数都能接近理论收入模型的极值；二是师资培训机制是否能够持续供应优秀的、能积极调动课堂气氛的教师团队，这对于小班课教学来说至关重要；三是每堂课能否精准地匹配能力相当的学生们，不然课程难度对一些学生过于简单，而其他学生觉得很难，教师就会在照顾大多数人及兼顾本堂课的"尖子生"之间顾此失彼，课堂气氛也难以活跃。

除了常规的"1对6"或"1对8"班型，目前有机构在尝试更大的"1对16"班型，以希望破解满班率偏低造成收入模型的偏差。但目前从家长群体的主观感受来说，人数过多难以支撑起小班课的价值溢价空间，且课堂上由于人数增多需要控制发言，自然也降低了学生与教师之间的互动频次，从互动效果看趋近于在线大班课的效果。因此，更多人次的班型结构还在探索之中，希望能够达到教学互动效果、教学成绩反馈与价值溢价之间的平衡点。

四、数学思维教育产品与教学总体评价

从机构的角度来看，在教学形式上作为第一大培训科目的"预备队"，数学思维全面承袭了已有的动画录播课、直播小班课、在线答疑等教学模式。但值得注意的是目前这几种主流教学形式在教学成效、师生互动等方面有待提升。例如，对于动画录播课，只有资金充裕的机构采用用户补贴式的烧钱行为才能获得较大的用户数量，而缺乏投放渠道和预算的机构只能采用步履蹒跚的跟随策略才能使自己的"流量入口"不至于完全丧失；在教学内容和大纲上，以小学数学知识点为蓝本是大多数机构教学内容的核心参照物，大都集中为数字、图形、空间认知等应试需求。原有的STEM教育机构虽然已开始重视数学层面的教学覆盖，但与之前的科技课程体系（科学实验或编程思维类）相比，数学思维课程几乎是全新打造的、孤立于原有体系的独立模块，因此很难产生机构内的协同效应。

另外，由于教学内容和形式趋同，促使机构只能从教研和运营两方面考虑差异化竞争策略。但跨年龄段的教研和产品打磨是很大的考验。例如，2~6岁用户的需求与7~9岁用户的需求会有很大的不同，教育机构要同时做好这两个客群的产品，会是一个很大的挑战：低幼段孩子需要的动画趣味性、互动性要求高于年龄稍大的孩子，年龄稍大的孩子的有效专注时间较长，因此课程时长亦可增加。但教育内容研发是一个长期的过程，在短期之内并不能产生巨大而明显的差异，前端的运营推广便成为获取业务规模的首选。

从家长的角度来看，因为中小学生学习数学等理科的时间远超语文和英语科目，所以也是一个家庭重点所关注的方向。一方面，生活中离不开数学，任何事情都离不开思维逻辑的运用；另一方面，不同于语文、英语科目的"听、背、默"，数学通过题海战术提高成绩的效果不佳，能够理解、举一反三才是学会数学的标志。欣慰的是，一线以及超一线城市的家庭教育焦点从此前的全民"奥数"到如今的数学思维，家长们已经从最开始期待孩子能够获得入学加分项，到如今的希望从小训练数学思维底层逻辑，这已经取得了一个明显的进步，但该理念在全国范围内的根植与发展仍然需要较长的时间。

笔者认为，数学思维培训瞄准孩子思维形成的关键年龄，通过素质教育的教学方式，引导孩子养成数学或理科的底层思维能力，这需要跳出枯燥的题目练习和讲解，通过更有吸引力的课程内容和更丰富的知识内涵，激发孩子的学习热情、培养思维能力。与语文学习类似，在数学思维培养上，建议在基础知识阶段以激活学习兴趣为主，如在几何概念授课时，可以与希腊历史、希腊建筑相结合，将人文素养也融合在课程内。同时，低龄段孩子在应试提分上的需求不迫切，因此在教学上可以更注重软性能力，如引导孩子思考和讨论，允许多个答案的存在，这个过程锻炼了孩子的思辨能力、交流能力等。进入到认知学习阶段，一方面可以考虑训练学生的运算速度，另一方面要尽量使学生掌握数学概念、原理的本质，提高所掌握的数学知识的抽象程度。因为所掌握的知识越本质、抽象程度越高，其适应的范围就越广泛，检索的速度也就越快。另外，运算速度不仅仅是对数学知识理解程度的差异，还有运算习惯和思维概括能力的差异。因此，在数学教学中，应当时刻向学生提出运算速度方面的要求，使学生掌握速算的要领。

为了培养学生的思维灵活性，应当增强数学教学的变化性，为学生提供广泛的思维联想空间，使学生在面临问题时能够从多种角度进行考虑，并迅速地建立起自己的思路，真正做到"举一反三"。教学实践表明，在数学公式教学中，要求学生掌握公式的各种变形等，都有利于培养思维的灵活性。创造性思维品质的培养，首先应当使学生融会贯通地学习知识，养成独立思考的习惯。其次，在独立思考的基础上，还要启发学生积极思考，使学生多思善问，能够提出高质量的问题是创新的开始,应当鼓励学生提出不同看法,并引导学生积极思考和自我鉴别。最后是元认知学习反馈阶段,要培养学生的批判性思维品质,可以把重点放在引导学生检查和调节自己的思维活动过程上:引导学生剖析自己发现和解决问题的过程;运用了哪些基本的思考方法、技能和技巧,它们的合理性如何、效果如何,有没有更好的方法;走过哪些弯路,犯过哪些错误、原因何在。

第四节 元认知数学思维学习方法

本章第一节阐述了人类数理学习能力的神经起源,研究者通过运用非字符方式的数量刺激并观察婴儿相关脑区的反应,结果发现数量有变化的组块对右顶叶的激活水平显著高于数量无变化的组块,且研究结果表明在获得语言能力之前,人类就具备了数量表征能力,也就是说数感能力是我们与生俱来的;发现了左右半脑在后天学习过程中经历了向左半脑偏侧化的特点,即在面对高度抽象的数理符号、公式时,人脑调用了语言理解区域参与加工处理这些信息。由此,基于脑神经科学的观测结果,总结出关于学好数学思维的两大核心教学理念:空间思维能力培养与语言理解能力训练;情景式教学有利于数学思维的学习兴趣与体验加强;针对男女对于数学认知在脑区功能调用层面的差异,做好针对性教学。上一节分析了主流数学思维培训机构的产品体系与课程模块,为本节的数学思维学习方法提供了可参考的突破口。

一、基础知识学习阶段

数学思维教育的基础知识学习阶段,是为了建立学生对数学等理科的持续学习兴趣。因为该课程后期仰赖高度抽象化思维去完成各类题型的解题任务,所以,这一阶段的教学内容建议紧密围绕人脑与生俱来的数感能力,如通过判断数量的多与少、物体的大与小、物体的形状及所处空间中的位置、物体的角度旋转等开启数感能力和几何知识的入门;在讲授运算规则、计算方法之前，应将数学符号的演变历史和规律通过趣味的内容载体呈现给学生，从心理上降低学生对理解抽象化符号的畏难情绪，最终掌握这些抽象化的数学符号，奠定后续认知学习阶段的数学素养基础，因此该阶段亦可视作数学思维的启蒙阶段。

1. 数量多少

玩具积木或者糖块等安全物品都可用作教会孩子判断数量多与少的教具。教师或家长可以选取 10 以内的小物品，分成 2～3 组，让孩子判断哪组的物品数量多，在孩子成功判断两次后，可以更换要求——从判断最多到最少。这样需求条件的"转换"可以让孩子体会和理解到，当最终目标变更时，选择的条件也会产生相应的变化。依次做几组交换条件练习之后，可以增加判断的难度，例如，将更多较大的物体放在同一个组里，但绝对数量较少，而把较小但数量较多的物体放入另一组，在孩子的视觉里面，物体较大的那组整体看着也更大、更多，如何有效分辨数量和大小，成了本次分类的考核重点，通过循环几次的交替练习，让孩子明白了数量和大小之间的差异。

2. 大小分类

接上一步的练习，物体的大小分类是孩子对几何图形辨识的入门练习。教师或家长除了可以采用琳琅满目、不同色彩和大小的物体让孩子区分大小之外，还可以运用"俄罗斯套娃"原理的物体（形状一样，但大小不同，大的能套进小的）让孩子感知物体"包含"与"被包含"的关系，从另一个角度理解了大与小的概念。反复几次练习后，孩子就能辨识生活中的其他物体，如不同大小的笔记本、不同大小的背包、不同大小的餐具等，为形状的分类打基础。

3. 形状分类

当孩子辨识物体大与小的关系时，或多或少地已经接触了形状的概念。在这里建议教师或家长采用基本的三种形状：圆形、方形、三角形，先让孩子辨识这三大基本图形，并且掌握将同样形状的物体归为一类的练习；成功几次后，再用"圆形在方形中""三角形在方形中"等组合式图形，通过让孩子指出特定的图形，如在组合图形中找出圆形或三角形，考察孩子对形状的掌握程度。之后，教师和家长可以将平面图形过渡到三维图形、圆形变为圆柱体等，吸引孩子对空间感进行体会。

4. 方位与旋转

图形的方位和旋转一直是考核空间思维能力的心理学测试方式之一。因此，教师和家长在这一部分需要花费更多的时间去发展孩子的空间思维能力。可以采用一些容易产生视觉混淆的趣味图形及动画演示等方式，让孩子直观感受之前学习的图形通过旋转一定的角度之后变成"新图形"，然后再旋转一定的角度，变回原形，这个过程的核心就是让孩子体会角度变换带来的视觉认知差异与最终变回"原形"其实是"等于"的关系，把孩子的注意力放在那些能够确定这个图形变化前与变化后是否相同的因素上，如图形有几个角，这样孩子的空间思维能力就能得到较好的锻炼，他们今后也能够通过在想象中的图形旋转解决更深奥的几何问题，乃至更加抽象的物理学、化学原理。

5. 符号演化

如果说上述内容在目前一些机构的产品体系中有所涉猎，那符号演化的环节就是目前教学中的空白。数学符号的引入是人类从天生数感到数学学习之中，最容易出现理解和认知偏差的关键转折点，也是大部分孩子从喜欢数学转变为畏惧数学的关键节点。

符号演化可以通过动画视频互动的方式呈现，同时可以借鉴历史、文化等科目的场景化教学方式。例如，学习阿拉伯数字符号时，可以给孩子讲述其形成的历史与价值：

阿拉伯数字其实是由印度人发明的（以趣味历史故事的方式引入），公元前 2500 年前后，古印度出现了一种被称为哈拉巴数码的铭文记数法。公元 500 年前后，随着经济、文化及佛教的兴起和发展，印度次大陆西北部的旁遮普地区的数学发展一直处于领先地位。天文学家阿叶彼海特在简化数字方面有了新的突破：他把数字记在一个个格子里，如果第一格里有一个符号，如一个代表 1 的圆点，那么第二格里的同样的圆点就代表 10，而第三格里的圆点就代表 100。这样，不仅数字符号本身有意义，而且它们所在的位置次序也同样拥有了重要意义。之后，印度的学者又引出了作为零的符号，使记数逐渐发展成十进位值制（见图 5-6）。

印度	०	१	२	३	४	५	६	७	८	९
阿拉伯	·	١	٢	٣	٤	٥	٦	٧	٨	٩
中世纪	O	I	2	3	ଧ	୨	6	୮	8	9
现代	0	1	2	3	4	5	6	7	8	9

图 5-6　从印度数字符号到现代数字符号的演变过程

大约公元 9 世纪，印度数字传入阿拉伯地区，之后由阿拉伯人传至欧洲，被欧洲人误称为阿拉伯数字。由于采用计数的十进位法，加上阿拉伯数字本身笔画简单，因此写起来方便、看起来清楚，特别是用来笔算时演算很便利。阿拉伯数字传入我国的时间是 13 到 14 世纪。由于我国古代有一种数字叫"筹码"，写起来比较方便，所以阿拉伯数字在我国没有得到及时的推广运用（见图 5-7）。20 世纪初，随着我国对外国数学成就的吸收和引进，阿拉伯数字在我国才开始慢慢使用，并逐渐在各国流行起来，成为世界通用的数字。

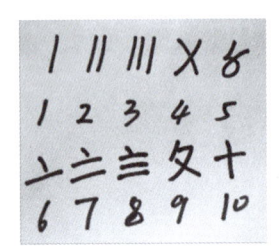

图 5-7　阿拉伯数字引入中国前，从 1 到 10 的中国数字符号

采用趣味互动及结合历史等方式来讲授数字符号的演变历史，比直接呈现出现代数学符号更能引起孩子的兴趣和关注，毕竟，符号的迭代过程就是人类思维进化的过程，高度抽象化的现代数学符号已经完全脱离了实际生活环境。因此，这个阶段的教学应该采用与孩子大脑发育相对应的载体，让他们恰好能够直观理解当前阶段能够明白的"形象化"数字。

二、认知学习阶段

认知学习阶段是数学学习的核心阶段，学生在这一阶段需要牢固掌握各项数学概念、定理等，这是之后推理、论证和运算的基础。

教师在认知学习阶段要提高学生观察分析、由表及里、由此及彼的认知能力。在练习题分步骤讲解时，要把解题思路的发现过程作为重要的教学环节，学生不但应知道该怎样做，还应知道为什么要这样做，是什么概念或突破口促使这样做、这样想的；教导学生在数学练习中认真审题、细致观察，对解题起关键作用的隐含条件要有挖掘的能力，会运用综合法和分析法，并在解题过程中尽量使用数学语言、数学符号进行表达。此外，教师在该阶段还应加强分析、综合、类比等方法的训练，提高学生的逻辑思维能力；加强逆向应用公式和逆向思考的训练，提高逆向思维能力；通过解题错、漏的剖析，提高辨识思维能力；通过一题多解的训练，提高发散思维能力等。

由于数学学科的庞杂知识点体系，笔者在此仅通过几个关键的教学节点抛砖引玉，阐述这一阶段的教学要点，为教研团队对数学思维产品体系的研发做参考。

1. 从分类到加减法

当孩子学会对数量、大小和形状分类时，就可以引入"多变少""少增多"的概念了，从分类到加减法依然是遵循人脑数感思维的进化过程——从粗略判断数量的多与少到掌握数量精确的变化及其规律。教师或家长可以从增加一个或减少一个物体之后，再让孩子判断每组物体数量的多与少，成功循环几次之后，再逐步加大增加或减少的数量，孩子就会观察这些变化规律，自然地在大脑中展开了心算的过程。

当孩子逐步掌握了增加或减少的规律之后，我们再引入"单词变化量"和"变化次数"的概念。例如，每天给孩子2元钱，孩子花掉1元钱，连续给三天，考考孩子还有多少钱？单词变化量加上变化次数，就等于最终的数量，在这个关系之上就可以逐步过渡到"乘法"的概念。同样的例子，连续给三天，那么变化次数就是3，孩子通过"(2-1)×3"的乘法计算，就能得到

"（2–1）+（2–1）+（2–1）"的同样的结论，由此升维到了相对抽象的乘除法概念。

2. 从图形旋转到几何

当孩子掌握图形方位与旋转概念时，几何思维的雏形就在大脑中形成了。而图形旋转作为空间思维能力公认的有效训练模式，笔者建议在该环节的课程模块设置上需要更加丰富的几何教学互动，这也是培养空间思维能力的核心。可以结合图形"套娃"训练中展示的包含与被包含关系，以及二维与三维的转化关系（x轴、y轴，以及新的z轴），通过不同的角度，如较难辨认的270°左右旋转或者上下翻转，让孩子选择正确的、旋转后的图形。之后，通过图形旋转带入图形内角和外角的概念，用角度的运算来验证认定的图形是否为正确的；可代入少儿编程内容，将坐标轴概念与编程语法结合，通过设定坐标轴的数据，直观感受图形在坐标空间上的旋转变化。

3. 从符号到运算原理

来做个趣味测试吧：打开浏览器搜索"历史上的数学公式"，相信你在打开的一瞬间就会有放弃学习的念头。的确，数学符号就是高度抽象化和晦涩的表达方式，如果没有牢固掌握考试所需的数学符号、公式及其背后的内涵，那么数学学习成绩如何可想而知。因此，建议机构将符号的演化过程作为重点环节，加到数学思维产品体系中，衔接孩子从数感到理解数学符号的过渡。那么，需要对每个数学符号进行详细的阐述，可以将课程设计为较为有趣的方式，例如，每一个符号的意思是什么，它们的产生背景是什么，当时解决了哪些困扰人们的现实问题［这点非常重要，笔者直到上了大学才真正明白了"微积分"中微分的意义是什么——将物体无限分割到最小单位的过程，但高中书本上对微分的定义：由函数$B=f(A)$，得到A、B两个数集，在A中当dx靠近自己时，函数在dx处的极限叫作函数在dx处的微分］，之后才是跟数字组合而成的练习题，这样才能保证孩子真正掌握符号指代意义与运算原理。

4. 阐述与理解

数学思维不等于"做题"。虽然考核手段依然是通过各类题型验证学生对知识点的掌握程度，但数学思维真正的价值是奠定更高层面的认知能力：逻辑判断与问题解决。因此，结合本章第二节的内容，运用小组讨论等阐述、表达的形式有利于学生对数学概念及符号的理解：一是强化了人脑区域中的语言理解功能；二是通过从语言表达到语音理解环路，更加刺激了对抽象概念的理解；三是分组讨论的形式发挥了"镜像神经网络"这一人类学习的利器，通过对他人阐述时的语音和动作手势等观察，镜像神经网络会模拟类似的过程，加深了学生个体对概念的理解程度，这样的"模拟沙盘式"的互相学习过程便于在学生大脑中投射解题思路及流程，从而快速诊断出条件是否缺失、逻辑是否错误以及解题思路是否有其他选项等问题，激发创新思路或灵感；教师在学生分组讨论时可以以学生的视角加入讨论，在他们的讨论过程中做好引导，在纠正明显错误的同时，给予学生独立思考及互动的时间，这样利于学生形成独立思考的能力与创新意识。

三、元认知学习反馈阶段

在上述两个阶段完成之后，就可以进入元认知学习反馈阶段。该阶段在数学学习上，主要以验证的视角对学生的理解程度进行测试和巩固，在验证的过程中也是运用元认知监控与溯源反馈的机制，让学生审视自己的解题与运算策略，了解自身对数学问题的思路形成与实践效果。

1. 数字验证

数学能力是一种综合了数感能力、语言理解、运算能力、推理与判断能力等多个层面的认知能力的组合。因此，在元认知学习反馈阶段需要确保该能力组合中的每个独立能力的有效性。

数字验证，即考查学生对数感能力的运用情况。数学测试题的核心组成之一是不同的数字组合，需要学生在短时间内，通过工作记忆的处理加工，将这些组合代入已知条件与运算公式之中，求得题目所考察的正确结果。在工作记忆章节中提到了工作记忆对数学学习的影响，因此，本阶段的重点在于运用元认知概念，达成对带入运算公式中的数字信息的二次验证。在这个阶段，建议教师可以采用如下方法——在考试前，用提升工作记忆容量的方式对学生进行"考前预热"，如将题型中涉及的数字信息进行视觉表征记忆测试：假设测试题型为求 325×868 的结果，那么可以将 325、868 这两组数字提取出来，通过反复变换组合及顺序的方式如 325、352、532 等，间断性出现这些数字组合的选项供选择，直到学生快速准确地选对题目中的数字，即从一定程度上代表学生的数感区域和数字工作记忆现已被预热，可以有效记忆题目中的数字信息了。

学生在这个阶段亦可通过判断自己对题目中所有数字组合信息掌握的正确度，作为数字验证的步骤。快速、准确地提取试题中的数字信息的能力，将会有效减少学生工作记忆资源的消耗（反复检查是否代入正确数字），使其能够将主要精力投入后续高价值的运算及推理判断中去。

> **Tips**
> 　　成年人在日常生活中也有保持数感的方式。例如，每天或多或少地收到各类短信验证码（4 位或 6 位），可以尝试快速记忆，来验证能否快速获取对随机数字的工作记忆能力。

2. 条件验证

对数感能力完成数字验证之后，再升一个维度就是对代入条件的验证。数学试题中的各项已知或未知条件即该题型的逻辑，学生只有完全理解这些条件的集合才能对求解问题进行运算建模，最终圆满完成题目的要求。与数字验证调用的数感能力不同，对代入条件的理解，学生需要调用语言概念理解区域的参与，协力从条件的文字描述中提取该题型所蕴含的"初始状态"（已知条件的组合）和"目标状态"（题目求解之后的正确结果范围），通过这两者之间所缺失的关系，即对"过程状态"（未知条件）进行运算的建模。如图 5-8 所示就是在面对一个数学问题时，我们需要调用的大脑各功能区域的简略图例。可见，数字的数感加工以及对条件的理解加工对于解决数学题目的重要性，这是正确设置运算模型、运用数学推理和判断策略的基础。

某小区有一块长、宽比为2∶1的矩形空地，计划在该空地上修筑两条宽均为2m的互相垂直的小路，余下的四块小矩形空地铺成草坪，如果四块草坪的面积之和为312m²，请求出原矩形空地的长和宽。

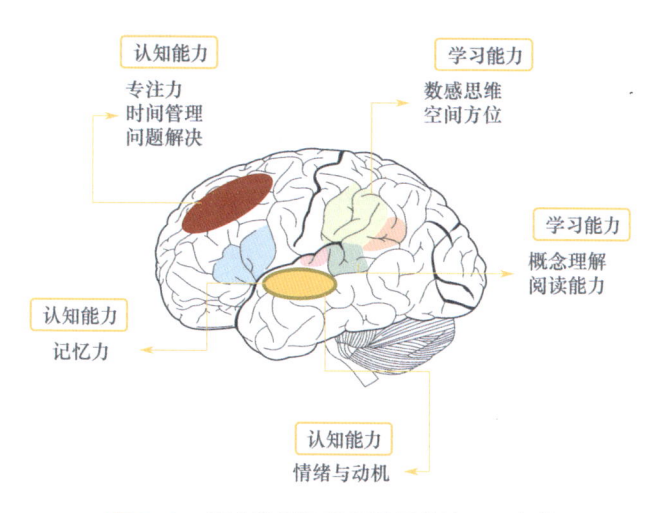

图 5-8　解决数学问题所调用的脑区示意草图

3. 运算验证

运算验证是学生向自己设置的、针对目标问题的运算模型有效性的验证过程。数学运算建模的核心就是对数字、条件等因素的"关系理解"——理解各算法中所蕴含的规则本身及其具有的逻辑依据，简单来说，即懂得合理运用如加减、乘除、开方等运算规则（数字之间的关系处理方式），例如，2＋2=4与2×2=4，虽然结果相同，但加和乘对应的"算法机制"却是不同的。运算验证考核的核心也就是学生是否采用了对于目标问题的"最优解决办法"。同时，认知心理学研究认为，当一个问题的解决过程需要超过三步以上的逻辑判断时，容易造成大脑的工作记忆过载。因此，学生在运用元认知理念进行运算验证的步骤时，可以考察自己的运算建模的步骤是否过于繁杂，是否容易在纸面计算时出错而导致丢分，这样就能思考下一步推理和判断的解题策略是否需要调整或优化。

4. 策略验证

上文例题中的2+2或2×2，其加法或乘法的运用是验证运算模型是否成立的"工具视角",即表明学生是否掌握各工具的特性以及正确运用的能力。而完成整个题目的解题,需要解题策略的介入,即在什么情况下适用什么样的工具。因此,策略验证阶段也就是最后的核心环节。笔者以留学时期的金融学课程的统计作业为例:根据拥有道琼斯指数作为资产配置的某几个基金盈利情况,分析其资产价值变化规律。略过中间过程,两个小组最终分别以各自的"解题策略"进行了最终问题求解,笔者所在的小组用了近百行代码求得最终结果,而另一个小组只用了不到 50 行代码得出了同样的结果——这就是解题策略差异带来的影响,虽然得出了同样的结论,但两组的效率明显有高低之分,好比一方只会循环往复使用加法,费时费力一项一项加总而成,另一方则会使用乘积、平方等高维策略。因此,教师可以在解题策略验证步骤中,通过展示更高效、严谨的解题策略思路,激发学生对自己解题策略的审视,发现差异并积极优化,最终形成自己的高效解题策略。

从"学好数理化,走遍天下都不怕"到"深刻理解数学思维是所有科目的基础,影响整个国民素质"。孩子的时间有限,要快乐生活,又要综合发展,只有激发他们的学习兴趣,才能在有限时间内高效吸收知识。我们需要研发激励数学思维兴趣的教学方法,善用前沿科技驱动教学体验升级,训练空间思维与巩固语言理解能力才是学好数理化的基础,培养会学习、独立思考的学生。

学好数学思维,重在空间思维能力与语言理解能力的培养。

第六章

CBTT

元认知与音乐素养

18 世纪的德国和奥地利是欧洲音乐艺术最发达的国家，相继出现了巴赫、海顿、莫扎特和贝多芬等世界一流的音乐艺术大师。与此同时，德国还出现了康德、黑格尔等思想家和爱因斯坦等科学巨人，而这些人大多是音乐爱好者（见图 6-1）。19 世纪末到 20 世纪初，德国聚集了一批世界级的科学家，从 1901 年到 1914 年，德国就有 13 人获得诺贝尔奖（以几乎平均每年诞生 1 位的惊人频次）。甚至 20 年后，德国仍居诺贝尔奖的榜首。长期以来，德国人的音乐教育已不再是学校的精神和文化的养成教育，而是人文艺术与科学技术同为人类智慧互补方面的必然反映。

图 6-1 "科学界最牛合影"：其中有众多音乐爱好者，可以轻松组成一支乐团

1957 年苏联发射了第一颗人造地球卫星，引起了美国的震惊。美国人经过对比研究认为，美国的科学技术教育是一流的，但文化艺术教育是落后的。美苏两国在文学、音乐、美术等文化艺术领域里的差异，导致了美国一代人的文化艺术素质不尽如人意。他们分析，从 19 世纪到 20 世纪，俄罗斯出现了

一大批世界级的、杰出的文学家、艺术家。文学家有列夫·托尔斯泰、屠格涅夫、车尔尼雪夫斯基、契诃夫、冈察洛夫、普希金、莱蒙托夫、陀思妥耶夫斯基等；音乐家有里姆斯基-柯萨科夫、鲍罗丁、穆索尔斯基、格林卡、柴可夫斯基等；美术家有列宾、苏里柯夫、雅罗申柯、别洛夫、克拉姆斯科依、列维坦、谢洛夫等。这一时期，美国只有少数作家，音乐家虽然也是国际级大师，但全都是俄罗斯族裔。这样的文化艺术背景决定了俄罗斯人的文化艺术素质超过了美国人。于是在1967年，由美国哲学家纳尔逊·古德曼发起的"零点计划"（Project Zero）在哈佛大学教育研究院立项（见图6-2）。"零点计划"体现了美国哈佛大学研究者们的良苦用心：用"零"来表示对文化艺术教育认识的空白，也意味着一切从头开始，以唤起美国人对文化艺术教育的重视。此项目的主要任务就是研究学校如何加强文化艺术教育，通过文化艺术教育同时培养智商与情商、形象思维与抽象思维，更重要的意义是找到了科学与文化艺术的共同源头。

图6-2　1967年，美国哲学家纳尔逊·古德曼发起"零点计划"

"零点计划"引入了科学工程项目的"研发"概念与管理模式（Research and Development，R&D），用科学思维对文化艺术教育进行研究与开发，其大部分的专项课题涉及从学前启蒙到大学教育各阶段文化艺术教育的分析和应用。"零点计划"的研究成果对艺术和人文科学等多个领域做出了显著的贡献。这些成果集中体现在以下著作之中：《艺术、思维和大脑》(Arts, Mind and Brain，加德纳，1982 年)；《艺术与认知》(The Arts and Cognition，珀金斯，1977 年)；《哈佛零点计划总结报告》(Summary Report: Harvard Project Zero，古德曼，1972 年)；《创造的世界》(Invented World，温纳，1982 年)；《意义的形成》(The Making of Meanings，沃尔夫和加德纳，1988 年)；《破碎的智慧》(The Shattered Mind，加德纳，1975 年)；《单脑疾病后的艺术能力》(Artistry after Unilateral Disease，卡普兰和加德纳，1989 年) 等。

2020 年，我国国务院签发《关于全面加强和改进新时代学校体育工作的意见》和《关于全面加强和改进新时代学校美育工作的意见》，音乐、美术、体育等在未来教育发展中的重要性被大幅提升，各地在政策出台后将上述科目的分值比例在中考中大幅提升，希望能够提升学校与家庭的重视程度，这也是为了全面提升国民未来竞争力、培养创新潜力人才的重要举措。未来的中国学子不仅仅需要重视学科的学习，更应该注重音乐教育、美育与体能锻炼这样综合促进大脑健康发育与核心能力的成长。为此，教育工作者需要充分了解音乐教育、美育等在脑神经科学与认知心理学领域上对人才综合素养提升的原理和价值，以便于教研体系与教学课程的升级迭代。

第一节　脑神经科学与音乐素养

音乐诞生于人类社会的历史悠久绵长。考古学者在德国南部的山洞里，发现了距今约 42000 年前用秃鹫骨和猛犸象牙制成的人类最古老的乐器——笛子。音乐与语言功能在脑神经结构上是同源同步发展的，这也是人类作为"天选之子"的重要标志之一：在音高方面，有绝对音高（Absolute Pitch）与相对音高（Relative Pitch）这两种音高知觉模式。相对音高在人类中是普遍存在的，即便婴儿都能以这种策略加工旋律。然而，动物缺乏相对音高感。在高层级加工方面的研究发现，猴子能分辨出旋律转调，但无法分辨出单音及其八度音；没有表现出对协和音程的偏好。而且，虽然经过训练的猴子可以辨别两首歌曲，但是当这些歌曲曲调被调整之后，它们便无法完成辨别任务。在节奏节拍方面，尽管猴子和黑猩猩呈现出与音乐同步运动的迹象，但是它们的同步运动并不源自结构性的时间预期或不具有速度灵活性。此外，动物声音学习激活的神经网络（前脑运动区—基底神经节—听觉网络）与人脑（顶叶上回—颞叶听觉连接网络）也存在差异。一切的研究和现象表明，点开手机上音乐App发出的"声音频率"，只有人类会认为那是美好的旋律并沉醉其中——音乐是人类高等认知能力的特征。音乐是一个超时空、跨文化的艺术沟通形式载体，与人类密切相关，几乎所有的人类活动，如呼吸、行走、社交等都包含音乐性节律，反映在大脑功能活动信号上。"零点计划"硕果辉煌的激励，以及在现代脑神经科学与认知科学的大背景下，音乐与人脑的认知关系的研究已被纳入了前沿科学范畴，将会有更多的科研力量加入探寻音乐对学习能力的增益效果与潜力之旅。

一、音乐：普通人的超能力

作为人类高等认知能力的一部分，与音乐相关的听觉基本功能的发育路径已经被深深印刻到了我们的基因中：胎儿在母体中6个月时开始有声音知觉，出生时已具备音乐经验和记忆；新生儿能够知觉时长，并对乐音进行分组；出生后2个月时能分辨音高的半音变化，识别出熟悉的旋律，并表现出对协和音程的偏好；出生后4个月时能够区分乐器的音色，分辨简单的节奏变化；出生后6个月时已经具备相对音高能力，并能识别出调外音，即我们绝大部分人所拥有的基本音乐能力。而基因测试和综合常识结果发现，有一小部分人属于可以辨别绝对音高的人群，即在没有参照音的情况下，他们可以对孤立的音高进行准确判断，拥有该能力的人被视作能够获得卓越音乐成就的"音乐天才"。与绝对音感对应的是先天失歌症（Congenital Amusia），这是一种对音乐音高加工的障碍，主要体现在分辨音高的细微差异。但研究也表明，伴随着节奏、强度及音乐情绪识别等声学线索，先天失歌症者可以对音乐意义进行加工——这是破除音乐先天决定论的关键。

诚然，基于基因和常识研究表明，人类对音乐要素（如音高、节奏等）的加工可能生来就存在差异，但如果有绝对音感的人不经正确引导和科学训练，同样很难在音乐方面有所建树,甚至很早就荒废了自己的音乐天赋。后天的训练,对于即使是拥有相对音感的大多数人群,依然能够经过长期科学系统的刻意练习,成为卓越的音乐人。更关键的是人类对音乐情绪和意义等高层级加工的能力是普遍存在的,体会音乐中浑厚和谐的和声、多层次的复音、美妙多变的音色,以及抒发情志的、动人心弦的旋律的共鸣,使人类更能通过音乐这个载体进行跨文化和种族的沟通,创造出其他物种所不能比拟的成就。另外,开篇所附"科技史上最牛的合照"中的很多人物精通音乐,如爱因斯坦,四岁还不会说话,六岁在母亲的开导下学习小提琴,之后成为他的两大终生爱好之一(另一个是物理),而他在物理学方面巨大成就,也驱使着人们试图解码他的思考能力,好在这位科学巨匠的大脑被完整地保留了下来(见图6-3),通过切片发现其顶叶(空间、数感、方位感知)较正常人更为发达,同时发现其脑神经细胞中的突触较多(传递信息能力更强)。这激发了神经科学家们对"音乐脑"概念的研究,以探寻其与学习及思维能力之间的联系。

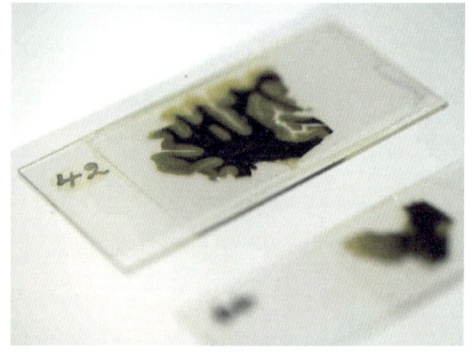

图 6-3 爱因斯坦演奏小提琴以及其大脑的研究切片

二、音乐脑的概念

要明确的是,神经科学领域对"音乐脑"的概念尚没有明确定义,但关于音乐认知加工以及神经基础的研究与日俱增,尤其是近三十年来,越来越多的神经科学研究者对音乐知觉及其脑功能活跃机制开展了大量实验,结果表明,对于不同的乐音特征,如音高特征(绝对音高、音程——两个音在音高上的距离、音高轮廓——旋律随时间变化而形成的形状）、时序特征（节奏、节拍、曲速）以及空间定位的知觉加工，都由大脑不同的功能区域和部位来完成。

例如，音高以拓扑排列表征的方式在初级和次级听觉皮层中加工，而音程和音高轮廓的加工则位于左右半脑不同的皮层区，涉及颞叶平面和颞叶上沟后部（Posterior Superior Temporal Sulcus）等。此外，在人脑听觉皮层后部和下顶叶皮层存在声音空间定位的神经通路。至于对节奏与节拍的加工，大脑皮层运动前区（Premotor Area）及辅助运动区（Supplementary Motor Area, SMA）、基底神经节以及小脑的机能则显得尤为重要。整体上看，人脑左右半球对于上述音乐感知要素的加工分析存在彼此分工合作的关系。

一些学者提出了音乐的模块加工模型，认为大脑中存在不同的特异性音乐信息加工模块，如音程、音高轮廓、调性编码模块，旋律、节拍分析模块，结构规则与含义加工模块等。一些模块可能并不为音乐加工所独有，如旋律轮廓加工模块也可被用于话语音调的分析，音乐句法加工（Music-syntactic Processing）与语言句法加工（Language Syntactic Processing）的脑机能区可能存在某种程度的交叠。音乐知觉分析模块将音高（旋律）与时间（节奏节拍）组织信息输出至记忆系统及情绪系统，前者使听者能够辨认所听音乐的熟悉度以及提取与音乐相关的记忆内容，后者涉及一些脑部结构和区域诸如杏仁核、伏隔核、海马旁回、眶额皮层、腹内侧前额叶皮层等，使听者能够识别和体验音乐所表达的情绪。针对音乐认知的脑神经加工体系近年来颇受关注，研究的下一步是更精准地分析哪些特定脑机能部位与音乐认知是核心关联的，这也是"音乐脑"概念目前还未得到广泛确认的核心原因，即音乐和其他人类高等认知能力在某种程度上共享一些脑部核心功能区域及结构，尚未发现有专属脑结构或区域是独立支持音乐认知功能的。

不过，音乐对三大神经机能的作用已经被越来越多的认知神经科学研究结果所验证：

一是促进行为监测与控制机能，科学家对经常演奏音乐人群的脑部监测发现，音乐活动对节奏与节拍的加工，能够影响大脑皮层运动前区及辅助运动区、基底神经节以及小脑的机能，这就促进了大脑认知控制机能（如行为实时监察和及时调节等）发展，从而改善或延缓伴随衰老过程而发生的大脑额叶等区域机能衰退，该研究为音乐能够改善人类大脑机能以及提升心智水平的干预作用提供了新的支持证据。

二是音乐具有改变或调节自主神经系统（交感和副交感神经系统）机能活动的作用，并且对机体免疫系统机能产生影响（临床监测表现为唾液中免疫球蛋白浓度的变化），这为以音乐为导向的心理和行为治疗方法提供了理论基础。借助音乐调节患者的自主神经系统，降低应激状态的阈值，使得症状得以纾缓，机体免疫力得以增强，身体健康状况得以改善。

三是音乐对诸如杏仁核、海马旁回等负责记忆与情绪管理的脑部结构的影响，使听者能够识别和体验音乐所表达的情绪，使得喜爱的音乐能够影响负面情绪反应甚至由于聆听时的感情投入，从而分散对痛觉的注意，成了一种镇痛治疗的方式。因此也诞生了音乐镇痛疗法，该疗法在临床上经常与药物治疗配合使用，尤其在药物治疗收效甚微或不需要药物治疗的情况下更显其长处，而且因其治疗费用低、安全性高及易于操作而颇受青睐。

音乐脑还拥有群体影响力，从神经科学的角度来解释，是因为音乐脑占据了几个关键脑部区域：初级运动皮层周围拥有镜像神经元网络（人脑会自发模拟看到的人的动作），语言区域（布洛卡区——手势理解，韦尔尼克区——将语言和手势意义深度理解），杏仁核和海马结构——情景记忆的好搭档：当一段旋律响起，在镜像神经元的模拟下，杏仁核和海马结构唤起丰富的情绪渲染记忆片段，在语言区域的辅助下，将旋律和情绪记忆片段转化为丰富的场景故事，使人沉醉其中，由于镜像神经元网络的作用，使得人们互相"模仿"他人的感受从而使得自己感同身受——社群效应由此引爆（大家可以回想或观察在舞池中人群的摇摆和激荡，所有人都在音乐节奏的影响下沉醉又相互影响，如图6-4所示）。

图 6-4 随着节奏"不由自主"地沉醉，源自音乐对多个脑区功能的调用，使得人们感同身受并互相影响

三、音乐频率与学习

我们在学习或工作中常常将自己沉醉在音乐旋律中：当听到某些音乐时往往灵感迸发，才思泉涌，工作和学习效率提高不少；而某些音乐则使得我们分心，最后工作和学习一点都没有推进，时间也被荒废了……相信大家更希望找到能够提升学习效果的音乐类型，正如20世纪90年代美国的一则连环漫画引发了社会公众对音乐激发人脑潜能的广泛关注（见图6-5），其代表性的"莫扎特效应"被心理学、认知科学、神经科学及教育学界等作为重要的研究题材之一。

Sylvia系列漫画源起1993年12月13日，漫画家Nicole Hollander在连环漫画中，描绘了一位主人和他的两只猫之间的对话。主人说："嗨！你们干吗去了？"一只猫答道："我们一直在听莫扎特的双钢琴奏鸣曲。"另一只补充说："是D大调的。"主人有点怀疑："真的吗？"两只猫告诉他："我们听说莫扎特的音乐能提高智商。"主人问："有什么进展了吗？"一只猫答道："我们现在会看表了。"另一只猫嚷嚷着提要求："给我们买劳莱斯！"

图 6-5　Nicole Hollander 的 Sylvia 系列漫画，人猫对话引发社会对"莫扎特效应"的关注

基于 Sylvia 系列漫画的广泛知名度，引发了社会对音乐提升智力的关注，时任乔治州州长还是一位音乐发烧友，提出动用政府基金为今后的新生儿采购古典音乐 CD，以便强化下一代人的智力的提案更是起到了推波助澜的效果。从漫画到州长、国会议员、教育部长、国防部长和总统，20 世纪 90 年代的美国似乎都在谈论这个话题——"莫扎特效应"（Mozart Effect）。

"莫扎特效应"泛指以莫扎特典型作曲风格为特征的音乐能够激发大脑潜在机能，从而提高听者智力的假设。这一切是由加利福尼亚大学欧文分校学习与记忆神经生物学研究所在 1993 年 10 月 14 日英国《自然》杂志发表的《音乐与空间课题操作》所引发的。这项研究起初是一项通过折纸与剪纸（Paper Folding & Cutting）测验来论证莫扎特的这首作品——D 大调双钢琴奏鸣曲（K448）对被试心理旋转（Mental Rotation）操作成绩的效应，并以此效应来推测，特定的音乐刺激对儿童或成人表象中时空事件及其运动的推理能力具备怎样的作用，简单来说，研究人员试图证明 K448 等类似的音乐旋律能够增强被测试者的空间—时间推理能力，而这一能力正是数学思维、逻辑判断等高等认知能力的基石，因此被媒体等"善意夸大"为提升智力的方法被世人所追捧，而实际则是：相关研究结果并无定论，对某种类型测试效果并不能广泛代表被测试者的智力水平得到了全面的提升。但"莫扎特效应"经过社会追捧放大成为"现象级热点"后，加深了人们对音乐认知和情绪体验与大脑其他认知机能甚至整体智能紧密关系的印象，启发研究者深入思考并不断探究音乐训练对学习能力与动机兴趣等因素的影响关系。

其实早在古希腊时代，著名的数学家、哲学家毕达哥拉斯就已经发现了如果两根质地相同的琴弦长短比例为 2∶1，则各自振动发出的音相差八度；如果两弦长短之比是 3∶2，则短弦所发的音比长弦高五度，遵循其规律而演奏出来的音乐就能使人感受旋律的韵味，毕达哥拉斯也因此被视为音乐心理学的鼻祖。由此传承到巴洛克时期出产的宗教音乐，作品旋律富有表现力，追求雄伟、庄重、辉煌的艺术效果。节奏强烈、跳跃，采用多旋律、音乐的复调法，在教堂中气势恢宏的演奏效果对当时的人们极具震撼力，经后世科学研究发现，巴洛克音乐每分钟约 60 拍，与人类的脉搏与呼吸频率大致相同，且巴洛克音乐的低振幅、低频率可以诱发和增强人脑中的 α 波，促进脑内啡肽的分泌，使大脑进入潜意识与意识之间的灵感获取状态，让学习、记忆和创造性思维获得充分的施展——揭示了其使人们虔诚地相信灵感源自上天感化的科学源头。

人脑中的 α 波是灵感迸发的黄金频段。但需要特别注意一些打着脑波音乐增强学习能力的伪科学概念，如 α 脑波频率 8~14 赫兹。首先，音乐旋律不在这个范围内，因为正常人类的听力范围是 20~20000 赫兹；其次，我们不能通过播放 8~14 赫兹频段的声音从而影响大脑进入 α 脑波状态，基于科学研究发现，特定频段音乐（每分钟约 60~70 拍，自然中的雨声、潮汐等"白噪声"）能使我们感觉学习和工作效率有显著提升，大概率是因为其旋律和节奏可能诱发和增强了 α 脑波的产生；最后，具有喜剧色彩的因素是因为我们常常佩戴耳机，且这些音量稍低、节奏感稍弱的音乐旋律帮我们屏蔽了外界更大的噪声源，使我们的专注力得以持续，从而提升了学习和工作效率。

聆听音乐最大的作用在于音乐本身对舒缓情绪的作用，从而诱发 α 脑波的产生，使大脑处于放松状态下，容易获得灵感和想法；而音乐对学习能力的直接影响作用更体现为左右半脑核心功能区域的协同效应，正是因为左右半脑的高效同步激活，使人类处理信息的种类和效率得以极大的提升，即学习能力增强了。

第二节　认知科学与音乐素养

脑神经科学对聆听与演奏音乐神经活动的探索，已经形成了神经音乐学（Neuromusicology）这一流派，试图揭开人类乐感之谜。而音乐心理学也将音乐作为其辅助诊断、镇痛、心理治疗过程中的重要组成部分。音乐，作为联结人类感知觉（外部刺激）与内部心理反应的观察载体，能够帮助我们塑造人的个性和改善社交能力，这也是认知科学对音乐素养的研究所成。

一、音乐与人格特性

个性或人格特性，源自拉丁文"Persona"，原指欧洲歌剧演员所戴的"面具"，后来引申为个体思想、情绪、价值观、信念、感知、行为与态度之总称。人格特性确定了我们如何审视自己以及周围的环境，它是不断进化和改变的，是人从降生开始，生活中所经历的一切总和，同时是个体独有的并与其他个体区别开来的整体特性，即具有一定倾向性的、稳定的、本质的心理特征的总和，是一个人共性中所显露出的一部分。因此，个体对音乐的理解和情绪体验，是其带有个人经验和个人风格的思想感情在所听音乐上的投射，而音乐本身亦可激发人们的情绪共鸣，所以两者可以产生相互影响的效应——这也成了运用音乐作为人格特质塑造中的辅助载体。

研究表明，个体人格特征影响其对音乐所产生的生理和心理反应，人格特征不同的人对不同音乐的反应敏感性也不相同，每个人对其所钟爱的音乐选择并无明确共同性，这显示了音乐偏好的个体差异性。研究者关注性别和个性因素对个人音乐偏好的影响，对西方人群的调查发现，男性比女性更喜欢重低音音乐，而女性则偏爱较轻柔、浪漫舞曲性质的音乐。另有诸多的研究结果显示了一些人格特征与不同类型音乐选择偏好的相关性，例如，感觉寻求特质与喜欢高兴奋度音乐（如重金属摇滚乐）有一定的正相关性；保守性较强的人不喜欢诸如重金属和说唱乐之类的音乐类型；外向的人较喜欢流行音乐；开放性较强的人倾向于选择多种类型的音乐（包括各种小众音乐）。诸如此类的大量研究旨在揭示个人对音乐的偏好选择展现了其人格特征的不同侧面。

正因脑神经科学对音乐影响情绪的原理揭示，心理学治疗层面也将视野从音乐舒缓情绪、缓解疼痛等简单疗愈方式逐步提升到了人格特质塑造层面的研究，特别是心理治疗的重要分支——认知行为疗法（Cognitive Behavior Therapy，CBT），一个以针对行为、情绪这些外在表现分析入手，洞察病人的思维活动和应付现实的策略，找出错误的认知并加以纠正而著称的治疗方式。该疗法最为社会知晓的是"ABC 理论"：A 指与情感有关系的事件（Activating Events），或可以理解为一个外部的刺激因素；B 指信念或想法（Beliefs），泛指研究对象所秉承的一种较为长期、稳定的对外部事物的认知视角与看法，包括理性或非理性的；C 指与事件有关的情感反应结果（Consequences）和行为反应。ABC 行为心理学理论通常认为，人们之所以产生各项心理疾病、对事物不合理的认知偏差，是因为人们在通常的感知里，事件 A 是直接引起特定反应 C 的唯一要素。例如，当不同的人聆听摇滚乐时，摇滚乐为事件 A，而不同的人对摇滚乐的喜好程度是不同的，即一些人对摇滚乐的反应 C1 是兴奋、雀跃的，而另一些人则觉得摇滚乐是非常喧嚣且毫无美感的节奏，他们的反应 C2 则是难受、痛苦的。这个例子还只是个体认知行为的简单差异，临床上很多严重的病症，如某人早上被同事说好像"没精神"，这个事件 A 被错误认知 B 理解为别人讽刺和取笑其工作能力差（能力差—所以加班—加班导致压力大—休息不好则脸色差—对能力差的信念再一次负向增强—产生抑郁）；还有就是"差旅一族"们容易产生的"恐飞症"——飞机遇到颠簸，这个事件 A 在患者错误认知理念 B 的放大影响下，在内心产生系列负面想象，从而产生各种惊慌和绝望的崩溃情绪 C（颠簸—可能坠机—自己这么年轻，家人怎么办，孩子怎么办—再遇颠簸—上述悲观信念就再强化—之后每次坐飞机都担惊受怕）。上述例子相信大家能在日常生活中感同身受，但在认知行为疗法看来，在 A 与 C 之间有 B 的中介因素，A 对于个体的意义或是否会引起反应，是受到 B 的影响，即受人们的认知态度、信念决定，这也就是认知行为疗法的基础，即通过分析判断患者的认知态度、信念 B，找到影响 B 因素的治疗方式或路径，从 A—B（治疗后的正确认知态度、信念）—C（改善后的正常心理情绪反应），达成治疗目标（见图 6-6）。

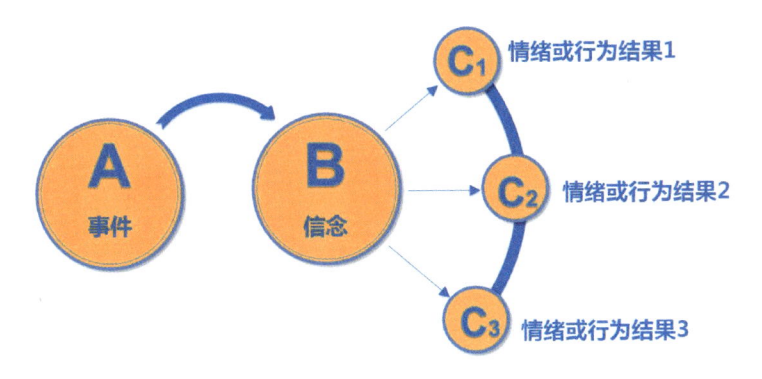

图 6-6 ABC 情绪理论示意

音乐对情绪的影响能力，使得认知行为疗法有了一个强有力的辅助工具。例如，应对悲观的认知态度，在治疗阶段同时辅以灵动、积极的音乐，调节患者的心境，直到判断其内心"愿意"去尝试不同于原有的认知理念，再次面对事件 A 的挑战，此时尝试转换之前驱动患者积极性的音乐旋律，变为励志、奋斗等积极且坚毅的风格，最后注重患者新的情绪反应 C，以检验治疗的结果。上述方式在全球范围内成功地帮助了很多"恐飞症"人士走出心理障碍，重新正常体验飞行。得益于 ABC 理论在临床治疗中的应用，使我们看到了中短期内改变错误认知信念的可能，也引发了音乐对人格特性塑造的可能性的探讨——是否能够影响长期认知信念，即人格特性。

由于目前认知行为疗法用于在中短期纠正错误认知理念，因此针对更长期的人格特性塑造，认知心理学界的学者和机构仍然在不断探索，但其激发了教育学界的灵感，音乐对情绪的影响力之大，如果教育工作者善用之，在教学规划中，将音乐不单是作为单独的科目，而是与其他科目做交叉融合，使学生长期浸润其中，势必影响学生在其重要的发展阶段塑造出符合个体、积极向上的个性，成为对学习目标、人生目标的坚定信念者，释放天性，成就自我。

二、音乐与社交能力

音乐除了能够影响个体情绪之外，也是人类社会活动的产物，心理学界对其的社会功能有如下七大定义。

1. 与他人联络以避免社交隔离（Contact）

社交隔离在日常生活中的体验并不多，但在新冠肺炎疫情的影响下，人们经历了终生难忘的居家隔离期并在之后也会在意与他人的"社交距离"。但与此同时，世界卫生组织一直在强调，我们在保持身体距离的同时要加强社会联系。

疫情之下居家隔离带来的孤独感，我们都有所体会。研究表明，孤独感与吸烟、肥胖、缺乏运动一样，会对身心健康产生消极影响，社交隔离不但直接拉大了人们的社交距离，还会减少人们的社交方式和社交频率，更容易让人们处于社交隔离的状态，并进而导致孤独感的产生。这是一种消极的心理体验，其特征是个人认为自己的社会关系的数量和质量低于期望而出现的痛苦感觉和体验。即便是最内向的人，也需要在有限的社会关系中找寻归属感。而长期的社会隔离和孤独感会导致焦虑、抑郁、恐惧、创伤后应激障碍等心理适应问题。

除此之外，孤独也会降低自我调节能力，容易让人出现如暴食、酗酒等成瘾的、不健康的、风险性的行为；在孤独感伴随的心理压力下，我们的身体免疫力会下降，进而增加患各种疾病的风险。

社交隔离还会降低人们的社交意愿，所以更可能出现拒绝他人或被他人拒绝的情况。社会性拒绝带来的痛苦会降低自尊度，降低对别人的期望，并减少亲社会行为；研究发现，人们因社交排斥感受到的痛苦和身体上的痛苦几乎没有差别，这两种痛苦激活了几乎同样的脑区。大家为了抵御孤独也采取了各种措施，如在欧洲一度疫情最严重的国家意大利，隔离在家的人们纷纷探身窗外，拿起吉他、小号、小提琴甚至是锅碗瓢盆，开起了"阳台音乐会"（见图 6-7）。歌声和音乐蔓延在意大利的大街小巷，意大利人在音乐的热情与浪漫中感受人与人之间的连结，这是面对疫情一起化解悲伤、抵御孤独的方式。在疫情之下这样的特殊时候，社交联系可以产生神奇的作用，使我们在心理、生理上变得更健康。具体而言，社会互动能使我们感受到积极的关怀连结，这能够增强心血管系统，增强免疫系统，并激发催产素等激素，从而使我们相信他人并乐于帮助他人。作为"社会性动物"，我们需要保持必要的社交联系以维持身心健康。诸多研究也指出了社会互动的各种益处和社会孤立的危害。意大利居民的社区"音乐会"正是用音乐对抗社交隔离的重要功能所在，音乐的跨地域、文化和语言的属性，使得人们能够快速地融入在一起，打破了社交隔离状态，即便是和陌生人对歌一首，也能令人感到身心愉悦。

2. 社会认知（Social Cognition）

当人们置身于社会环境中时，不再是自身的旁观者，而是自身的经历者，

图 6-7 意大利居民在疫情期间社交隔离下的"阳台音乐会"

会考虑自身与社会互相影响的因素，如何理解与思考他人，根据环境中的社会信息对他人的心理状态、行为动机、意向等做出推测与判断。该过程既是认知者根据过去的经验及对有关线索的分析而进行的，又必须通过认知者的思维活动（包括某种程度上的信息加工、推理、分类和归纳）来进行。社会认知是个人行为的基础，个人的社会行为是在社会认知过程中做出各种裁决的结果。上述疫情期间的例子便是社会认知的体现，人与人之间基于相互行为的理解和共鸣，共同谱写出了世界各地疫情期间的"居家合唱班""社区窗台音乐秀"等以音乐为纽带的社会认知。音乐在古时候可作为战场上的战歌，除了鼓舞士气、调节战斗节奏之外，还推进了人的社会认知关系，经历生与死考验的战友之情，直到多年以后听到军歌嘹亮，依然能够回想起当年步调一致、共同抗敌的场景，进一步深化了战友情谊。

3. 产生共情感（Co-Sympathy）

共情感使不同人的情绪状态更趋一致，从而促进彼此了解而减少矛盾冲突。我们或多或少都在社交媒体平台上看过行为艺术，如在喧嚣的火车站，突然出现男女高音歌唱家开始演唱，或者混迹于人群中的表演者拿出自己的乐器"迅速"组建出一个乐团并开始演奏，这时，熙熙攘攘的人群被音乐所吸引，从而驻足观看欣赏。音乐，对人脑边缘系统的激活，直接影响着情绪反应，使得人们在这段短暂的时间里忘却了自己的事项和安排而停留，加之镜像神经元的影响，人们能够通过自己对音乐本身韵律的理解与体验，以及观察他人情绪反应的结果，影响自身的情绪体验，他人也会借由镜像神经元去观察你的情绪反应，达成他/她自身的情绪体验，即音乐共情感。同时，借由社会认知效应，音乐较容易形成跨文化的共情，人们会通过观察他人的情绪反应，结合音乐旋律的帮助，更深刻地理解背后的故事或内容。例如，非常成功的音乐剧《图兰朵》，故事背景发生在东方，通过音乐剧这样的载体，赢得了西方观众的一致好评。同理，《音乐之声》的欧洲故事背景，也并没有阻碍中国观众对其的喜爱。

4. 沟通与交流（Communication）

音乐共情感让音乐成为重要的沟通载体。即便对于专业翻译这样的职业，语言和文字需要长期系统性学习才能将双语或多语的意义深刻理解及翻译到"信达雅"的水平。而音乐本身就能直达人们最原始、最深刻的情绪系统，达到"尽在不言中"的意境。

在国际交流中，除了满足物质需求的贸易活动，更多的活动就是音乐与文化交流。公元前623年，秦国曾将女乐二十六人送至西戎，西域的古代民族也曾有人在中原宫廷学习华夏音乐。张骞两次出使西域后，丝绸之路上使节奔波，商旅跋涉，来往不绝。丝绸之路是中外文化交流的重要渠道，自丝路开辟以来，中原与西域的交流更加密切，西域艺人通过丝绸之路，来到中原，带来了西域的音乐文化种子，渐渐落地、生根、发芽、成长，融为中国音乐文化里辉煌的一笔。盛唐时期，音乐文化在前朝历代优良传统的基础上，又融合了少数民族及其他国家和地区的音乐精髓，博采众家之长，教坊、梨园、鼓吹署、太乐署悉数建立起来，当时在唐境内流行的十部乐，分别为燕乐、清商、西凉、高昌、龟兹、疏勒、康国、安国、扶南、高丽、燕后，中西音乐文化的交流与融合从中便可展现无遗。

5. 协作（Coordination）

音乐本身富有的节奏和韵律会使得人们不由自主地"律动"起来。团队成员们随着节拍而使动作同步化，由此带来快乐，与激烈的对抗性活动相比，更能激发团队的协同和融洽。现代工作与生活的紧张压力和快节奏，使得大部分寻求"狼性"精神的公司的团建活动变成了同样是紧张和激烈的对抗性项目，如真人CS、撕名牌、野外生存等，意图使团队具有内部协同力，增强抗压抗挫折能力，但在本已高压力的考核指标下再进行此类活动不但不能有效地促进团队协同，也不利于团队内部的融洽。音乐所具有的极强感染力与协同作用反而常被忽视，在音乐的节奏感和韵律驱动下，人们更容易共情，从而打破隔阂。同时，音乐的情绪体验更能促进人们的融洽关系，这使得与工作能力正相关的沟通能力得以极大地提升。狼性公司们不如从一曲劲舞入手，引爆团队协作效率。

6. 默契合作（Cooperation）

良好的协作必然会产生默契的合作，如同在团体音乐表演中形成表演者之间的默契，这种彼此信任和团结合作的关系是幸福快乐的潜在源泉。人们无论是面试还是在实际工作生活中，处处强调的团队精神亦是如此，它是大局意识、协作精神和服务精神的集中体现，核心是团队成员间的默契合作，反映的是个体利益和整体利益的协调与统一，进而保证组织的高效率运转。团队精神是组织文化的一部分，良好的管理可以通过组织形态将每个人安排至适合其能力和特长的位置上，充分发挥整个集体的潜能。而音乐是最好的团队合作载体，如果举办团建活动，甚至是在午饭后加一个音乐欣赏环节，其积极、阳光的歌单，都比简单的大吼、空洞的口号更能促进团队的效率和士气。

7. 社会凝聚力（Social Cohesion）

社会凝聚力从社会整体意义上指的是调整或协调社会不同因素之间的矛盾、冲突和纠纷，使之成为统一整体的某种社会力。它既是社会公众趋同的精神心理过程又是社会建制进行社会动员与社会整合的一项基本功能。社会凝聚力的发展从生理层面的血缘关系演变到心理层面的文化认同，最终形成了整个社会与个体之间的关系。音乐，作为具有跨文化沟通能力的形式载体，成为社会凝聚力中文化认同的重要组成部分，从振臂高呼的战歌号召起拥有同一阵营的战士们勇往直前，直至今日在机场、酒店被里粉丝团团围住并跟拍的歌星，音乐无时无刻不在展现它所凝聚的文化认同力量。

三、音乐与认知能力

音乐在教育领域长期以来一直有着两条学习路径：广泛的兴趣班和专业

演艺道路。这两条路径也对应了不同的培训体系和方式，除去少数有着音乐天赋、家庭也愿意对其培养的专业演艺道路，具有广泛社会共识的兴趣班是教育培训领域的基本面。无论是几线城市的家长，都愿意给孩子报名音乐类兴趣班，"培养业余爱好，陶冶情操"——这是中国家长对于素质教育的最基本理解。业余爱好是相对于语数外科目的"主业"而言的，陶冶情操则泛指期望孩子的性格、品格获得改变。随着教育部宣布于2022年将音乐纳入中考范围，音乐学习预计会从家长心中的"业余"变成"主业"。同时，笔者期望更多的家长能够充分了解音乐学习对于认知能力培养的积极作用，因为认知能力是人类的高等智慧，即人类学习能力的总成，它包括语言能力、空间能力和数感能力。

1. 语言能力

第四章已经充分阐述了音乐对于语言能力提升的背景与学习方法，这里补充认知心理学曾做过的实验：专家将受过音乐训练的儿童和未受过音乐训练的儿童进行比较，在语音意识测验中，受过音乐训练的儿童比未受过音乐训练的儿童获得的成绩更高。受过音乐训练的儿童对一些音符的起始时间以及变异和加工，可以引出语言脑区激活波幅。通过这些研究，人们认为，在学习窗口期接受音乐训练能够快速改变儿童的听觉能力，这种改变有可能是永久性的。该实验证明，经过20周音乐方面的训练，在阅读方面有缺陷的儿童的语言意识能力明显提高。另一项实验的研究者将41位学前儿童随机分配到音乐、语言和运动训练的三个小组里，经过15周的相关训练后，语言训练组的儿童在语音意识测验上的成绩没有提升。与此同时，音乐训练组在成绩上有显著提高。此项研究表明，在语音知觉方面，音乐训练能够提高儿童的语音意识。音乐训练对于语言知觉的作用也得到了其他研究的验证。

2. 空间能力

空间能力是指人类在转换、提取、保持与产生视觉方面的表象时所产生的能力。这是由空间的视觉化和空间定位能力构成的。空间的视觉化是指被测试者在心中想象对物体或图形进行翻转、操作或者旋转的能力。对于空间定位能力方面的测验主要可以通过方向感、迷宫的测验、卡片的旋转等来实现。而研究人员尝试揭示音乐训练对空间能力的影响作用。没错，这正是本章第一节中提到的著名的"莫扎特效应"实验。通过对 120 名儿童的空间关系加工和音乐能力的影响进行考察，将儿童分为三个小组，第一组是有音乐天赋并能进行即兴表演的儿童，第二组是有音乐天赋但不能做即兴表演的儿童，第三组是缺乏音乐天赋的儿童。对这三组儿童进行为期一年的测验，次年，对所有儿童的能力进行测试。第一次测试后，三个小组没有发现特别明显的差异（这也是"莫扎特效应"最饱受争议的测试结果），但第二次测试后，第一组和第二组儿童的空间关系测验成绩明显高于第三组。这可能证明了，空间关系的加工和音乐训练没有直接关系，但是音乐创造力却影响着个体对空间关系的加工能力。"莫扎特效应"虽然还没有确凿的定论，但从常识来看，多数物理学家（空间思维能力强于普通人）也是音乐爱好者的这一现象，侧面揭示了音乐训练对于空间思维能力的影响作用。脑神经科学与认知心理学专家们也将会持续探索音乐对于空间思维能力的影响，以期验证两者关系的科学依据。

3. 数感能力

数学和音乐的关系在很久之前就曾被人们研究过。古希腊的毕达哥拉斯曾提出：音程和谐性和音乐的节奏、节拍能体现出数学的逻辑关系。相关研究也证明了学生的数学成绩和音乐训练是成正比的。将接受音乐训练的学生和没接受过音乐训练的学生进行对比，结果表明，接受过音乐训练的学生不但对于数学概念的理解能力更强，数学测试分数也更高。这些差异获得了脑成像的研究结果支持。对 61 位儿童进行一段时间的音乐训练后，能发现这些儿童的数学成绩得到了显著提高。之后再对小学生进行一年的音乐训练，发现接受过声乐训练的学生比未接受声乐训练的学生的数学测验成绩要高。这一结果对我们理解音乐训练对数学能力的效应提供了基础。但是，与空间思维能力类似，这些研究只说明音乐训练与数学能力之间存在一定联系，并不能阐述两者的确凿关系。

研究音乐、艺术等人文课程对认知能力影响的鼻祖——哈佛大学的"零点计划"从创立至今，依然在探索之路上。但值得欣慰的是，随着神经科学的发展，带来观察设备和方式的升级迭代，认知科学将越来越接近核心目标。同时，更令人激动的是音乐与其他"业余"科目在未来逐渐成为人们所认可的主流学习课程之一，这不单单是政策驱动的结果，因为无论是出于对哈佛大学"零点计划"所获得系列成果的重视，还是个人对知名科学人物事迹的挖掘，都从侧面印证了音乐学习的重要性及其对国民创造力整体水平提升的作用。因此，下一节内容的重点会放在目前的教育市场上，针对音乐培训的主流产品和服务形式，分析教学形式、教研方向、课程模块等对未来人才建设和能力培养的优劣势，以及目前急待解决的核心问题。

第三节 音乐教育产品与教学分析

音乐教育，从远古时期部落中随性而起的才艺展示逐渐演变成聚集部落、凝结文化的艺术表演，直至专业演奏者登峰造极。时至今日，音乐教育随着发展演化而来的审美功能、教育功能、认知功能，已经成为教育体系中的一部分，旨在引导学生对音乐的情感体验、形象思维，培养学生发现美、欣赏美、展现美、创造美的能力的教学实践活动。音乐教育在专业分层上，与其他素质教育学科相同的是，有着两条明显的晋升路径——音乐素养培养和音乐专业演奏，对应着启蒙教育、素质教育以及专业教育三大赛道。本节根据中小学及学前启蒙教育与素质教育产品，分析目前音乐教育市场发展的概况。

一、音乐教育发展简史

音乐教育的发展史也是文化变迁的缩影，它代表了社会文化与人们精神诉求之间的变化与交互过程，也正因其发展过程与文化的高度融合，中西方之间的交流与互动更为密切，由此也可作为脑神经科学与认知科学研究成果的佐证——音乐是具有跨文化沟通能力的内容载体，它对人脑结构与心理认知的影响在任何人类种族和民族文化中都是相同的。

西方音乐教育的发展历经了以下的发展阶段：古希腊与古罗马时期，中世纪，文艺复兴时期，古典时期，近现代为起源阶段。最早关于西方音乐教育的证据存在于《荷马史诗》《奥德赛》与《伊利亚特》，这些著作中提到当时的学生所受的教育就包括音乐教育。古希腊与古罗马时期的音乐教育主要包括音乐教育理论、合唱培训与乐器训练，当时的青年合唱团被认为是现代音乐院校的原型。进入中世纪，由于天主教会对社会的重要影响力，当时的音乐教育与宗教紧密相关，祈祷歌、赞美诗是主要的音乐学习内容，一些教会所发起的大学还开设了音乐讲座，并出现了切合时代特点与需求的音乐教育的论著。文艺复兴时期，因为思想的觉醒和摆脱教会的束缚，音乐教育回归本质，转而重视培养学生的实践音乐技巧，音乐课程也与人文科学和自然科学联系起来，成为当时大学课程的基本组成部分，英国的牛津大学与剑桥大学则更进一步，把音乐作为一门独立科目并设立了较严格的学位授予条件。古典时期的音乐教育延续了文艺复兴时期的特征，由于当时的音乐氛围更为浓厚，学生接受良好的音乐教育并参与各种与音乐相关的活动，这一时期出现了大量介绍音乐学习的著作，如传统和声乐的开山之作——拉莫的《和声学》等，这些著作对音乐教育起到了非常积极的促进作用。

到了近现代，西方音乐教育更加规范化和体系化，在音乐教育形式、教育理念与策略上都显示出创新性。德国在19世纪末对音乐课程进行革新，将歌唱作为文科中学生的必修课，重视培养美学意识和对音乐内在情感的体验，同时期的法国则设立了明确的目标，首先是为音乐家提供职业性的培训，其次是提高大众对音乐的兴趣。20世纪初，法国已为公立学校的音乐教师开设了学会，用于探讨教学经验以促进音乐教育的发展。同为20世纪初，美国音乐教育经历了"进步主义教育"运动，推崇"赞赏音乐、热爱音乐才是音乐教育之魂"的教育理念。进入20世纪30年代，音乐教育学界认为知识才是课程设计的核心，这种观点在第二次世界大战后受到了美国政府的肯定。而真正让美国音乐教育崛起的就是本章开篇提到的"零点计划"，其诞生后的二十年间，美国为了增强国际竞争实力，提出高质量教育运动，1984年的美国音乐教育全国会议明确规定了幼儿园、小学、中学阶段的音乐课程的要求，并且与学生的升学和毕业都产生了联系。十年后，美国颁布《艺术教育国家标准》，它是美国第一部在联邦政府参与下形成的全国性艺术课程教育的纲领性文件，是美国音乐教育在20世纪的一个重大突破，它也让美国成为音乐教育的全球标杆，音乐人才在茱莉亚、柯蒂斯音乐学院等顶级音乐学府层出不穷……美国音乐课程重在培养音乐兴趣爱好与音乐审美能力，利用音乐教育去激发创新能力，并促进学生的全面发展。实行探究式和体验式的音乐教育方式，从而激发学生热爱音乐的兴趣，锻炼学生的审美创造能力。

中国古代"诗、舞、乐"三位一体，在尧舜时期已经有了专职音乐教师。《诗》《书》《礼》《乐》《易》《春秋》作为儒家六经，《乐》是其基础学说之一，对应《周礼》中记载过最早的学校为"成均"之学。郑玄在《周礼》《礼记》的注释中指出："均，调也。乐师主调其音。"由此看出"成均"以教化音乐为重要内容，是中国音乐教育史上最早的音乐学府，中国古人关注音乐教育的重要性由此可见。1978年在湖北出土的战国曾侯乙编钟，代表了中国先秦礼乐文明与青铜器铸造技术的最高成就，是中国迄今发现数量最多、保存最好、音律最全、气势最宏伟的一套编钟。但音乐在中国千年传统儒家文化的熏陶下，逐渐成了士大夫阶层的精神追求，严格的乐礼则逐步远离普通社会阶层，因为普通大众所钟爱的欢快活泼的胡乐胡曲与理性、克制、内敛等士大夫们引以自珍的特性格格不入，乐礼也就被高度仪式化了。在将四弦琴传入日本（日本改为三弦琴）后，中国传统音乐发展与大众文化之间产生了越来越大的隔阂。鸦片战争后才重启与世界音乐文化交流的窗口，如1898年康有为提出"远法德国，近采日本，以定学制"的建议，音乐界开始效法日本的唱歌教育。五四运动后，我们不仅借鉴了日本，还借鉴了欧美国家的音乐教育模式，开设西方音乐课程，传授西方理论知识，该阶段最重要的标志是将音乐课程列为我国中小学的必修科目，以唱歌、乐理、欣赏和乐器这四项内容为主要的音乐教育体系。教育家们还编写了中小学教材，如萧友梅编写的《新学制乐理教科书》六册，是最早的"一本由我国音乐教师编写的系统性的乐理教科书"。黄自主编的《复兴初级中学音乐教科书》，运用了欧洲现代音乐教育体系的编写方法，是融合中西教育理念的典范教材。专业音乐教育学制方面，1922年成立的北京大学音乐传习所规定"师范大学修业年限四年；为补充初级中学教员，则设两年制专科"。1927年上海成立"国立音乐院"，设置了理论作曲、钢琴、小提琴及声乐四组，国乐课为选修科，传授西方音乐，聘请外籍教师。新中国成立初期，我国教育受苏联音乐教育的影响，强调加强民间音乐的教育，基本废除了以欧美国家音乐教育为蓝本的教育理念，人们在实践中创作音乐作品，并对民间音乐和器乐进行深入的研究和调查。改革开放后，我国的音乐教育也呈现出与国外相结合的特点：体现在音乐教学法上，20世纪80年代引入很多国外音乐教学法，如强调节奏、节拍的训练。国际音乐教育学术会议交流增加，中国重新走向世界的理念促使我们打开眼界。2001年我国正式颁布了《全日制义务教育音乐课程标准（实验稿）》，其目的就是探寻国际视野与本土实践于一体的教育模式。

纵观中西音乐教育发展史，西方文艺复兴和中国改革开放的重要成果，就是将音乐教育回归人性教育的本质、探寻人们的精神追求、塑造多元能力的实践过程，也是国家文化自信的标志性体现。

二、音乐教育政策导向

"零点计划"的成果在其诞生之后的几十年中孕育了美国在科技、文化层面的全球高度竞争力，在未来人工智能大时代背景下，发展人本身的创造力被提升至更高的格局——人才成为国家未来战略竞争力。因此，近几年国家出台的系列针对素质教育的政策规划释放了市场最强劲的活力，素质教育由升学时的直接加分向纳入综合素质评价体系的方式转变，多地综合素质评价体系已初步建立，明确可作为学校招生的依据，音乐教育的地位逐渐升高；教育部印发《教育部办公厅关于加快推进校外培训机构专项治理工作的通知》，鼓励支持培养学生兴趣、发展学生特长的校外培训机构发展，该政策颁布的同年暑期，笔者在GET教育夏季峰会上发表演讲，主题即素质教育的发展需要紧密围绕拥有广泛群众基础的品类：琴（音乐）、舞蹈、画、书法、棋类（见图6-8）。而音乐作为拥有最广大受众认知的素质教育品类，在之后的时间里印证了笔者当时的判断：无论是投融资层面的活跃度（在2019年中国教育行业投资金额和数量都有所减少的情况下，素质教育类仍然获得59起投资，数量在教育行业细分领域中排第二位，并且以4899亿元夺得投资金额榜的第三名，仅排在K12和早教领域之后），还是大型机构纷纷开设音乐培训课，都呈现出了比学科培训更强劲的增长势头，一场品牌与体验的升级大战已经开始。

图 6-8　笔者在 2019 年 GET 教育夏季峰会上提出音乐教育增长提速的趋势

三、音乐教育市场规模

据教育部发布的数据显示，2019 年中国音乐教育培训市场规模约 920 亿元，预计每年保持 8% 的增速。2019 年中国互联网音乐教育市场交易规模约 145 亿元，在线渗透率超 15%。2020 年及以后，由于疫情影响以及在线教育模式的逐步成熟，在线音乐教育的增长潜力将进一步释放，在线渗透率将持续提升。

音乐教育作为素质教育之冠，与其他素质教育品类相比普遍缺乏公认评价体系，但得益于其等级体系已发展多年，因此受到了广大消费者的认可。目前在我国音乐等级考试中，主流乐器（手风琴、钢琴、电子琴、小提琴等）均具备专业级考试和等级体系。经济的发展推动消费结构不断优化，居民收入和教育支出比例不断提升，消费升级持续拉动包括音乐教育在内的素质教育需求，笔者作为 80 后、赶上经济发展大浪潮的一代，琴棋书画是我们这代人最早接触到的素质教育。随着人们教育观念的升级，新生代家长普遍重视对孩子兴趣特长的培养，艺术类课程是家长选报最多的素质教育课程，占比达71.8%，其中又以音乐类培训课程占比最高，为50.4%。

新生代家长作为成长在互联网与科技发展浪潮中的一代人，对于线上教学形式有着很高的认同感。同时，快节奏和高压力的工作与生活节奏，以及音乐学习的专业性，导致大部分家长缺少足够的时间与能力来监督、指导孩子的自主练习，时间与地点不受限的线上音乐教育模式受到越来越多新生代家长的喜爱。与第四章的语文学科产品分析类似，技术进步也大力推动着传统线下音乐教育向线上转移，K12学科培训中习以为常的录播课、直播课模式让在线音乐教育兼具1对1、1对多、课堂录制、白板功能、课件播放、屏幕共享、课堂奖励、答题器等功能，加之5G商用使得网速极大提升，音视频传输延迟得以显著下降，实现了流畅、稳定、高互动性的教学效果；3D、VR、AR技术逐渐融入教学场景，大数据与AI助推在线教育的智能进程，在线化、数据化、智能化成了未来音乐教育的发展方向。

但市场也反映出了音乐教育目前存在的问题与障碍。一是对师资要求高，即使是兴趣性教学，也需要教师专业对口且熟练掌握声乐、乐器技能，而对于专业考级，更要求师资，专业师资在市场上的数量相对于语数以外的科目而言就是较少的，且无法通过短期标准化培训获取，即使是专业对口的师范类学生，也需要长时间的练习才能够达到较好的技能水平，机构获取师资的难度远超K12学科培训。二是从运营效率的角度来看，传统线下音乐教育的硬件环境需要专业的场地和器械，器械往往难以随意搬运且造价高昂（如钢琴），因此单个教室往往只能承载一个品类的教学活动，严重受限于物理空间，单个教室能够承载的学生数量也受到极大的限制，导致线下音乐教育的坪效（单位营运面积产生的营收）较低。三是教学模式，音乐教育的教学模式通常是教师示范指导的。音乐教师需要在课堂上对每个学生的演奏动作进行纠正，通常一位教师一次只能对一位学生进行演奏纠错，且在该同学演奏的同时，其余同学只能单纯等待。笔者曾经在学习小提琴时，因"还课"（等待教师指导示范）等待时间过长而睡着。因此，为了提高学习体验，线下培训机构往往采用"1对1"或者4~6人小班课模式。四是目前市场份额最多的在线音乐陪练同样存在很多问题，除了技术平台落后导致的音视频传输不稳定、上课体验不佳之外，师资搭配上的缺陷依然有待解决，家长希望陪练教师即主课教师，但通常情况下，二者非同一人，主课教师多为资历丰富的琴行教师，陪练教师多为在校生或刚毕业学生，经验不足且多为兼职，再加上薪资普遍较低的原因造成陪练教师更替速率过高，每次课程的陪练教师可能都不同，导致双方配合默契程度不够，陪练效果不佳。综上，师资供应是目前音乐教育市场的难点问题，急需产业层面的解决办法。

四、音乐教育产品与教学体系分析

音乐教育领域目前在市场上分为提供智能乐器设备或教学的乐器厂商跨界教学、在线音乐教育和在线陪练三大业态。值得注意的是三大业态中，企业在业务维度上互有穿插，有乐器厂商开发在线教学业务的，还有在线陪练机构推出智能乐器的，他们都在尝试完善整个业务闭环，以争取获得更多的用户生命周期（LTV）价值。

1. 乐器厂商跨界教学

乐器厂商与其他行业的硬件厂商类似，主要营收来自硬件（乐器）售卖，之后靠维修和保养服务维系着用户，等待下一次硬件更新周期的到来。

在乐器制造领域，占头部份额的钢琴制造厂商由珠江钢琴、海伦钢琴两大龙头领衔，占据近45%的市场份额，行业集中度较高。面对乐器市场的增速放缓，两家厂商基于自身战略选择都做了相应的跨界转型，其中海伦钢琴通过并购艺术教育公司以期达成"硬件加教育"的业务闭环；珠江钢琴则更进一步，成立琴趣科技，推出珠江乐理课堂、钢琴云课堂以及钢琴摄像头智能硬件，加速布局教育科技领域。其中，珠江乐理课堂是基于音乐等级所要求的必考乐理科目，通过近50个知识点动画录播短视频，以及真题讲解、考点解析，构成了完整的乐理应试产品。因为乐理考试基础知识点的考核属于记忆性练习，课程的交互设计也以教为主，学生只做有限的点、选互动，所以对授课硬件要求不高，只需呈现知识点内容即可。

钢琴云课堂是珠江钢琴在智能产品与教学服务结合上的创新尝试，以音视频识别、人工智能技术结合硬件设备"钢琴摄像头"，帮助学生更高效地学习钢琴。从整个产品设计原理上分析，钢琴云课堂聚合了音乐名校资深教师的示范视频录播，之后通过硬件收录学生练习的音视频，与后端同内容的标准音轨进行对比，从而评判学生的演奏水平，并提供数据反馈报告。从用户体验上看，对比传统个人练习，由于名师示范的加入以及练曲得分的打分机制（见图6-9），相对不那么枯燥，但还不是真正的音乐教学（缺乏教师真人的教学示范、指导和监督）。与之配套的钢琴摄像头（见图6-10）定位为获取用户的入口，主要为钢琴云课堂、钢琴售卖等后续服务做用户获取工作。

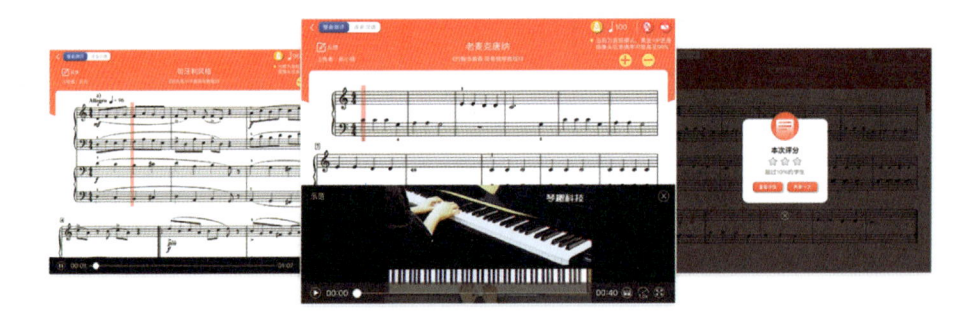

图 6-9 某在线音乐教育产品的名师示范录播以及练曲评分系统

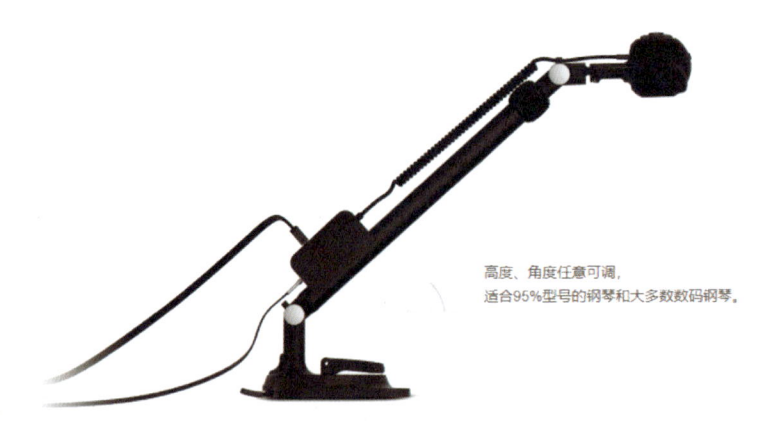

图 6-10 钢琴摄像头（下载相应 App 配网后即可连入钢琴云课堂）

除了直接并购硬件下游的音乐培训机构之外，乐器厂商对于互联网教育及服务是谨慎的。一方面，乐器厂商的主营业务依然是硬件售卖，互联网服务是基于主营业务的延伸,是做好用户体验的升级以及作为服务和硬件售卖的入口;另一方面,由于上下游的业务互补关系,乐器厂商对合作伙伴(下游琴行、培训机构)需要有一定的业务边界,使得双方专注在自身优势领域而不担心原业务伙伴因跨界成为对手。

2. 在线音乐教育

目前在线音乐教育主要分为三种商业模式:在线课程平台、在线音乐教学及在线陪练。由于在线陪练在以上三种商业模式中份额最大,因此笔者将其单独拆分出来分析。

1)在线课程平台

在线课程平台产生的背景是洞察到线下音乐培训市场的高度碎片化,以及音乐师资游离于"自由职业""工作室"等小微型组织的常态。其盈利模式最初是通过连接课程提供方和需求方,从课时费中提取抽成。在业务体量稳定后,一些在线课程平台则尝试提供自有课程内容,如 Finger,平台级撮合服务与自有课程保持并行。除了撮合型平台,还有基于内容和兴趣爱好的内容社交平台,如 C 大调,意图通过内容沉淀达到聚集音乐爱好者、学生的目的,目前盈利模式主要基于品牌广告(免费体验课形式)及付费课程等。在线课程平台中还有一位"国家队"选手,即中音在线(见图 6-11),是聚合了考级资讯、课程信息、论坛及行业联盟等全方位的门户型平台。

2)在线音乐教学

在线音乐教学通过提供直播、录播课的形式提供教学服务,是在线教育的典型模式。其中,又分为线下琴行、音乐培训机构的"线上化"举措,以及纯在线音乐教育机构两类"玩家"。线下琴行及音乐培训机构,由于市场高度分散、竞争激烈、同质化严重,在新冠肺炎疫情因素影响下希望通过线上化转型突围,但这些传统的线下音乐教育机构独立开发平台困难重重,一是自身技术研发能力薄弱,二是单个机构的业务体量难以研发和支撑能与纯在线教育机构竞争的在线教育产品,所以此类机构通常采用在线教育平台上选择第三方供应商的方式构建自己的在线教育产品,如 Classin、小鹅通、创客匠人等 SaaS

图 6-11 音乐门户型专业平台——中音在线

平台，为其提供的知识付费系统可以直接构建当下主流的以微信公众号、小程序、App、PC网校等模式为业务闭环的在线教育服务体系。线下音乐教育机构可将产品重点放在课程体系与师资培训方面，而技术研发则依靠第三方团队提供持续的更新功能、维护系统等平台服务。

纯在线音乐教育机构如歌手胡彦斌创办的牛班，在推出之初便吸引了很多人的目光（见图6-12）。胡彦斌通过《全能星战》《我是歌手》等节目聚集了大量人气，在牛班推出之初便联合红牛、优酷推出《牛班明星音乐教室》，为其增加曝光率，邀请了多位国内一线歌手担当声乐教师，通过优酷大量的用户吸引流量，达到宣传的目的。牛班早期的功能还涵盖社交、秀场等，后期更专注于团队PGC流行音乐的教学内容的制作。目前，牛班的课程分为钢琴、吉他、声乐、贝斯、鼓几大类，每一类下有针对初级、中级、高级和大师几个级别的课程。目前课程较多的是对一些特定的歌曲进行讲解，如胡彦斌在《我是歌手》上表演过的曲目，讲解的乐手是在节目中合作的乐手，针对的是有些基础的用户，配套有课程讲解视频、曲谱、个人录制和作业提交等功能。牛班还尝试在线下进行拓展，已经在多地开设牛班音乐学校。类似的还有歌手胡海泉作为联合创始人的学音悦网校，兼具自有课程以及招募教师开课的平台属性。

图 6-12 牛班的在线音乐学习生态

综上可以看出，在线音乐教学仍有很多的问题急待解决，如作为上游乐器厂商的跨界尝试，需要划定好与下游培训机构的利益边界从而达成共赢的态势；平台类两端补贴烧钱会使两端都成为不稳定因素，教师基于自身利益最大化会选择回报最高的平台，学生也会选择折扣较高的平台，以高回报招募教师、低费用招募学生的模式难以盈利；线下机构的线上化转型，首当其冲的就是技术实力，音视频传输和互动体验的稳定性与便捷性决定了像器乐培训这样的需要教师与学生极高互动性的培训品类还难以跟线下面授相媲美；目前的纯在线音乐教育机构，从品类上分析，因为声乐歌唱类对音视频采集的硬件需求比器乐低（高清视频通话平台/工具已可胜任），所以声乐歌唱类是较容易做纯线上教学的品类。

3. 在线陪练

器乐培训由于在线授课难度较高、主课教师资源稀缺以及合作利益边界问题，使得不少相关在线教育机构选择了另一个业务模式：在线陪练。将培训和练习这两个教学环节拆分开，培训由琴行或线下合作机构的主课教师负责——解决了利益边界问题，练习的环节由线上陪练机构负责——对陪练教师的专业要求降低，解决了部分师资问题。这样曲线解决了目前音乐培训的主要问题，经发展已在市场上的份额反超了上述几类"玩家"，几乎成了目前音乐在线教育市场的"成熟"运营模式。

在线陪练的本质是解决家长的需求，除了与语数以外的科目学习同样的没有精力和时间陪伴孩子之外，音乐学习的专业性（家长不懂某一门乐器，在孩子练习过程中就无法辨别其练习程度）不易使家长帮助孩子提高水平，孩子单独练习的孤独与枯燥感会导致其难以坚持。如何做到更有效的陪伴是在线陪练业务的核心需求。

目前在线陪练市场上比较具有代表性的有 VIP 陪练、小叶子陪练（TheOne 智能钢琴推出的陪练业务）等。产品和教学模式同质化较高，一般通过双向"1 对 1"的实时音视频技术，陪练教师陪伴学生练琴，同步观测学生的练琴动作，当发现学生的指法或手型存在错误时，陪练教师对学生进行及时指正和纠错。单次课一般为 25～60 分钟，经过业务发展一段时间的磨合之后，一些在线陪练机构已经能够实现家长对陪练教师的评价选择，线下合作琴行的主课教师可以在陪练平台上布置练习作业，由陪练教师带领学生进行练习，提高下次课的学习效率。同时，一些在线陪练机构已经开始尝试自有课程：聘请一些音乐资深名师录制授课视频，作为陪练业务的配搭产品售卖，也作为合作产品由边远、缺乏优秀师资的线下合作琴行集中采购，用作其指导视频、师资培训等。

五、音乐教育产品与教学总体评价

在线陪练是笔者所重点关注的，也是市场和家长所看重的主要方向。从业务体量上看，在线陪练目前是该领域较为"成熟"的模式，之所以打双引号，是因为从严格的教学体系和环节来看，陪练的教与练分离模式只是不得已而为之的暂时性解决方案，一是相对于硬件厂商跨界业务与用户之间浅尝辄止的互动，陪练的频次更加密集，已经达到每周 2～3 次的正常培训；二是针对器乐培训这个市场份额最大的品类，已经达到了一定的培训目的（虽然只是部分解决），其他在线音乐教育出于各种原因，如技术实力问题，只专注于技术要求相对较低的声乐类培训，绕开了器乐品类；三是从利益界定上做到了与合作机构（提供主课教师）之间的共赢；四是陪练教师的能力要求门槛相对较低，解决了主课教师稀缺、孩子无陪伴、家长不能辅导的多重痛点。

但在线陪练目前存在的问题和短板依然比较明显。首先是技术层面，陪练模式主要依托手机、平板计算机等让学生与陪练教师同步选曲、在线沟通、提供指导。一些平台的操作流程较为复杂，家长要将镜头在键盘、曲谱、孩子间来回切换；有的平台存在延迟、音质表现不佳等问题，学生即使抢拍子，教师也难以发现。目前的趋势是借鉴学科培训的后端系统：通过把孩子练习中的错音、节奏、识谱等错误抽象成问题库（学科培训中的错题库），形成数万个知识点构成的知识图谱，通过人工智能技术辅助陪练教师判断学生音准、节拍的准确度。其次是师资层面，即便对于陪练教师而言降低了准入门槛，但成败皆归因于门槛较低，大量兼职的音乐专业学生作为陪练教师的主力群体，工作态度与稳定性都较低，占陪练服务投诉比例最高的类型就是家长对陪练教师素质与专业度的质疑，以及频繁的入职离职，导致陪练开始时，孩子需要先适应"新"陪练教师。最后就是陪练业务对于没有合作的线下机构或主课教师而言是个"大麻烦"——陪练应该是正课的辅助，但正课教师却不知道陪练教师做了什么；另一方面，部分陪练机构存在利益越界情况，在养成练习习惯、提升兴趣之外还进行了教学，与线下教师讲的内容产生了冲突。

其实，无论是在线教育还是陪练教育，核心竞争力仍落在产品与服务这两点上。在解决学生线下练习难的需求痛点时，陪练机构应在服务理念及教育场景的技术支持上下苦功，不断为陪练课程适配最新的优化方案。5G时代的到来，科技赋能在线陪练会以更低的延时、更高清的画质、更清晰的原声及师生互动，趋近于与在线教育相近的学习体验。但技术只是解决内容传递的方式，在教学上，目前整体的音乐教育还并未采用脑神经科学与认知科学融合的教学方式，在下一节，笔者以融合两者的方式构建新型的元认知学习方法，探索音乐学习的新方式。

第四节　元认知音乐学习方法

音乐，是人类文明的代表，甚至早于语言书写体系的诞生。中西方都出土过用动物骸骨制成的"骨笛"，距今至少有 9000 年至 3.5 万年；在人类文明早期的希腊、春秋时期，音乐就已经作为正式的课程体系系统性传授，可见这个从人类文明诞生伊始就伴随至今的情感交流载体长久不衰。之后，"莫扎特效应"风靡于 20 世纪：希望通过对音乐的练习，间接促进出现更多的科学巨匠，最终经现代脑神经科学验证，音乐确实会改变人脑结构——形成分布广泛、局部特异化的神经网络。例如，音乐家听觉感知的脑区域往往偏大（如左侧颞平面），他们在音乐和言语感知方面的优势可能与此有关。弦乐演奏者左手精细动作相关的皮层也较大，导致他们的左手指非常灵活。而近期的研究则更令人振奋，音乐会影响大脑额极内侧额叶皮层（Rostral Medial Prefrontal Cortex，RMPFC）这一关于多重调节和监测的区域，该区域高度参与对非刺激性目标的认知评价与情绪管理等，即个体的自我认知反思。而自我认知反思就是"元认知"的核心能力的组成部分。因此，笔者认为这才应该是"莫扎特效应"的真正诠释，即音乐练习可能改善了人们对自我认知的反思，能够以更强的元认知能力审视所面对的问题，以及对解决问题的成果评价，这样极大地促进了学习效果的提升。因此，即便不追求专业路径，音乐的学习都能直接或间接地影响我们的认知能力成长。从欣赏美的角度培养人才的多元能力，未来的音乐教育不仅要教授学生音乐知识、技能，还要渗透音乐文化，培育学生感受美、表现美和创造美的音乐审美能力。

遵循元认知学习方法的框架，笔者将音乐学习划分为三大学习阶段：基础知识学习阶段（学习音高、节奏、节拍，以及体会不同材质乐器的音调等）、认知学习阶段（引导性探索：音与节奏的融合、对乐谱的掌握即对音符与节奏的理解、阶段练习）及元认知学习反馈阶段（演奏练习、互动评价，以及个性与情感抒发体会）。

一、基础知识学习阶段

目前的音乐教学基本是从识谱开始的，从简谱到更复杂的五线谱及节拍符号等，这确实是基础知识，不识谱就无法演奏出曲谱中所承载的音乐内容。但结合笔者的亲身经历，识谱的学习无疑是很枯燥的。因此，结合脑神经科学与认知科学的研究，在全新的"基础知识学习阶段"，建议从激发学习兴趣的角度入手，结合日常中能够体会到的场景，进行基础知识的教学。首先，应将音高和不同音调的案例以互动的形式展现给学生，也许一则广告可以更生动形象地诠释——摩托罗拉在千禧年推出的"我为铃声狂"的系列广告中，男主为了让手机铃声更炫酷更具个性，在车水马龙的街头、川流不息的车道、热闹非凡的邻里，用手机录下各式各样的声音效果，最终编辑出只属于他的铃音。音高和音调的启蒙学习，就应该从这样的角度入手。线下教学可以通过不同的乐器，让学生触碰它们不同的发声部件，聆听这些乐器不同的"原音"。同时，可以通过改变材质、形状，让学生感受音调的变化，以及展示不同的敲击或演奏力度带来的音高的变化；通过乐器发声部位的剖面展示（实物或图片），阐述能让学生理解的发声原理（如敲击钢琴琴键，通过机械传动，用卵形小锤敲击琴弦产生震动，然后经琴体共鸣把琴音散发出去）。以上教学过程在线上学习时，可以通过动画互动/实物录播等形式尽可能接近线下体验效果（见图6–13）。

了解了物体和乐器的发音原理之后，接着将节拍之前的生活概念——节奏，带入到教学过程中去。人因为生理上的呼吸、心跳及循环系统天然就具有动作/时间的节奏感，因此人出生不久就会跟随音乐节奏扭动身躯。因此，在音乐启蒙阶段，应善用人本身所具备的自然本能，而不是直接将抽象化的节拍符号在这一阶段就进行强行灌输和记忆。教学机构可运用互动科技手段，将一些具有代表性的曲目通过App或其他能够进行触碰、滑动操作的方式，让学生体会在不同的节奏调节下音乐曲目所产生的变化，从而完成从节奏到节拍的准备过程。事实上，在引入节奏概念上，更多的音乐游戏相较于复杂的节拍器App，更适用于启蒙阶段的教学，因为游戏的定位，使得复杂的节拍概念被

"摒弃"，玩家只需根据音乐节奏自然做出相应地互动反馈即可得分。

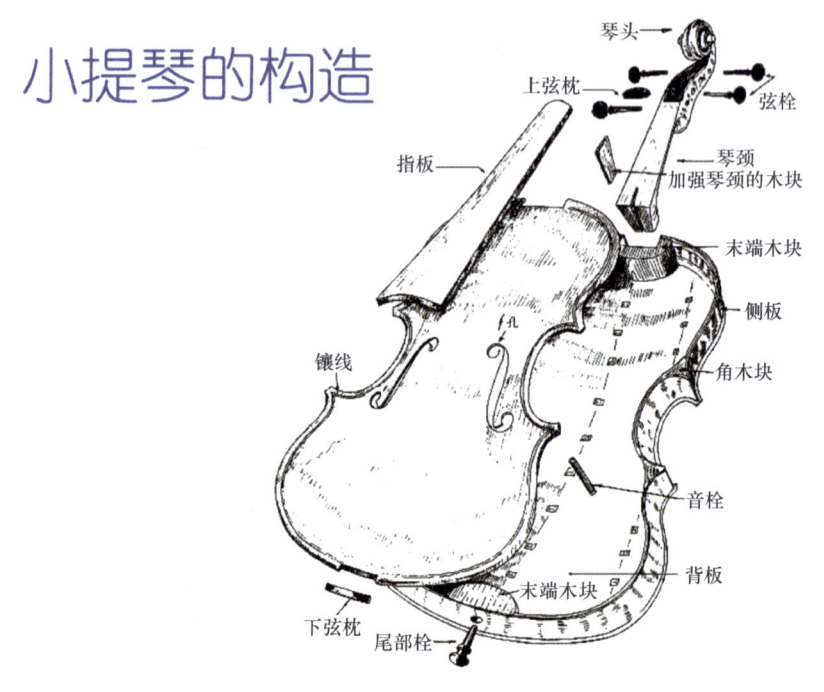

图 6-13 小提琴的构造（可以采用动画互动技术，将主流乐器用这样的结构方式拆解，让学生理解其构造以及发音原理）

二、认知学习阶段

在完成兴趣激发的基础阶段后，就进入了感知觉协同发展的认知学习阶段。这一阶段的第一步是训练学生对音与节奏的准确融合，可以通过互动技术，将练习曲的音频和节奏分别抽离，然后改变其中的任意元素：音高、音调和节奏，形成多个短音频的选项，让学生在聆听正确的练习曲音频之后，选择与他们听到的一致的那一支音频。没错，这正是类似语言学习中的"听写"的步骤，从脑神经科学的角度，这样的训练方式正是调用了两者类似的功能脑区，听力练习为语言的词义理解和韵律掌握奠定了基础，音乐"听写"调用此脑区也将极大地利用了这一激活原理，将对音准和节奏感的体会深刻印记到语音回路中，形成情景化的长时记忆片段，培育音感。

第二步则是对乐谱的理解与掌握，即对音符与节奏的理解。建立在学生已完成上述步骤后，对音感的加强，此时再通过该练习潜移默化地融入音符和节拍的基础知识，将上述测试题的练习曲目转化为音符与节拍的简谱或五线谱，通过更多的短音频选择练习，并逐一对应音符和节拍的标识，让学生理解音符，即代表不同声音长短、音调高低的符号，这一便于记忆演化而来的"助记符号"，以及与之结合的节拍，即区分强弱变化规律的表达式。

　　第三步是带入乐器的初步练习。与阅读和计算等学习不同，乐器的训练还需要调用不同的动作记忆，如打击乐器的力度准确度，以及弦乐对左手手指压合把位、右手运弓（提琴类）的精确度等，即大脑不仅要即时理解乐谱中乐符和节拍的信息，同时需要调用控制肢体动作的神经元网络准确地将该动作执行出来。事实上，日常生活中我们也会体验到：往往默读、默唱时都能准确发音，但一旦进行正式的朗读或演唱，当胸腔气体进入声带时，就会发现与默读时完全不同——这是由于声带这样的肌肉组织是需要反复练习去巩固它对于准确发音的记忆状态。因此，在熟悉乐谱中的乐符和节拍后，逐步进入阶段性的模拟练习尤为重要。这个阶段在以往的教学方式中，是让学生练习各式各样难度不一的练习曲，但这类曲目的长时练习往往很枯燥。笔者建议可以采用娱乐化的方式改善该过程，如设计一款类似 Duolingo，但针对的是乐器练习的自适应学习平台，当学生练习时，App 收录其练习的音频片段，对比后台数据判断其演奏水平，并推送经过系统改进的练习曲目（音调与节拍调整），这样让学生不再是针对一支曲子进行反复练习，而是根据音调准确性、节拍准确性及演奏力度等维度，练习最适合其水平的曲目，同时按照学习目标设定阶段性的训练提升方式，完成认知学习阶段所需的心脑—肌肉记忆的"刻意练习"。

三、元认知学习反馈阶段

　　学生完成认知学习阶段的标志就是对基本的练习曲目能够熟练掌握。进入到元认知学习阶段，笔者建议采用三种学习方式让学生对自己的音乐演奏能力有准确清晰的判断：一是正式演奏，这在目前的学习过程中较为常见。笔者幼时练习小提琴的每周还课过程，其他小朋友在等待，就类似于一场小型的独奏音乐会，对演奏者除了在技法之外，还多了被他人评价的心理压力，但这正符合元认知溯源反馈的原理，完整的演奏可以让学生对自己的演奏水平和状态产生正确的反馈，在演奏过程中的监控调节则有利于未来改进提升时有着明确的目标方向。因此，正式的演奏环节对于音乐练习者是一个很好的监控自身各环节发挥、可督促及时调节相应改进措施的学习方式。二是互动评价。乐器练习由于动作的引入，相对于学科学习的优势即镜像神经元网络的激活（当看到他人的动作时，人脑的前运动皮层区域的神经元会跟随动作同步激活，即模仿），特别是对于已经有一定乐器练习基础的学生，当其看到他人演奏时，其镜像神经元的激活程度比没有经过练习的人更高。因此，结合这个特性在学生之间引入评价机制，对日常练习或正式演奏，从音准、力度准确度及整体完成度这三个维度设定评价体系。音准和力度属于音乐演奏的技法，虽然在刻意练习与教师纠正中会越来越准确，但是同伴间的评价，则利用了镜像神经元的群体学习效应——同伴与自己是彼此的"教师"，都能从对方的正确或错误中吸取经验教训。三是整体完成度，包含技法以及临场表现（心理状态、表情等）。镜像神经元除了会对动作进行模拟之外，一些研究表明其也能使人产生情感"共鸣"，即理解演奏者当时所处的心理状态，所以整体完成度是除了技法之外较为主观的评价体系，但这也会给予学生对自我心理状态的佐证——"其他人觉得我紧张，我真的紧张吗？""如果是，原因是什么？""如果不是，是什么因素让人觉得我紧张？"一系列的评价与自我反问，就是最好的学习反馈过程。

针对自我反问，笔者建议采用心理诊疗的方式进行（见图6-14）。我们或多或少从影视作品中看到过心理医师让患者围坐成一圈，每个人都有讲述自己的经历和体会的机会，其他人则对其给予鼓励或劝解，最终达成心理治愈的结果。音乐，除了其直击人的情感反应之外，镜像神经元机制的存在是我们个性与情感抒发的载体。因此，在互为师生的状态下，每个人阐述自己对音乐的体会及对于他人感悟的评价，更能够促进对音乐内在旋律的理解与感悟，在演奏中将情感体验发挥得淋漓尽致。同时，团队抒发的方式也促进了个人与团队的融洽，达到个人表现与群体成就的和谐共存，特别适合乐团、乐队作为训练后提升改进以及增进团队气氛的练习。

图 6-14　运用团队心理诊疗方式，作为乐团、乐队训练后的练习

四、再谈音乐学习的关键期

在本章开篇以及相关部分阐述过，人脑发育的"关键期"误区即所谓错过关键期就不容易深入学习的谬误。现代神经科学研究表明，虽然人类在一岁后的神经突触修剪期会消去近 50% 的突触连接，且在年幼的关键期时，神经突触连接的可塑性较强，但成人依然能够在海马结构中产生新的神经元与突触连接，这证明了神经元强大的可塑性，同时也对应出了两种不同的学习路径：年幼时学得快、学得多（神经突触修建的原理：不用则消除，因此幼年时期神经元可塑性来自较多的突触连接）；成年后要催生出新的神经元和突触则需要专注和刻意练习，因此学习速度较年幼时慢，但由于大脑各功能区域的完善，理解能力则更为深刻，适合专精深入而非泛泛而学；且成年后由于额叶的成熟完善，自控力也较年幼时有很大的提升，更能规划好学习目标与学习进度。因此，终生学习不仅仅是口号，人脑在结构上也是做好准备的，从多而快到专而精，虽然阶段不同，但我们可调用不同的学习方法应对。

第七章

CBTT

元认知与美学观念

人类迄今已知的最早画作来自一个国际考古团队于 2018 年从南非挖掘出一块硅质岩石，上面绘制着红色交叉"井"字图案，距今已经 7.3 万年（见图 7-1）。这幅用赭石打磨出 3 条斜线与另 6 条线相交叉组成的图案中，线条在石片边缘突然中断，说明其曾属于一幅更大的且可能更复杂的画作。虽然已经无法见证宏大而完整的画作，但该发现将人类抽象绘画的历史又提早了至少 3 万年。显然，与上述章节关于音乐的起源类似，美学也是与人类族群相伴而生的"原始艺术"，当族群中的一部分人在篝火前吹响幽寂的骨哨，以此寄托对逝者思念或复杂难表的情绪之时，还有一部分人发现了自然矿物所具有的缤纷色彩，并且在天然的画布——洞穴岩石之上，留下了跨越万年的"涂鸦画作"。

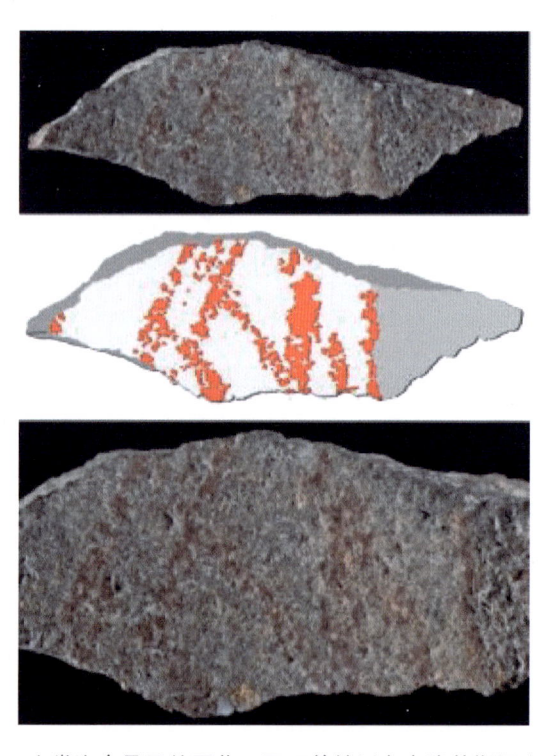

图 7-1　人类迄今最早的画作，于开普敦以东布隆伯斯洞穴中发现

当人类初步形成美育概念时，这类追求审美活动的主要目标以研究如何提升境界、精神享受、塑造人格等偏重心理内涵的方向。例如，20世纪初，蔡元培先生提出"以美育代宗教"，他认为美育是"陶冶感情"的教育："纯粹之美育，所以陶养吾人之感情，使有高尚纯洁之习惯……"这个概念着眼于心灵的自由、道德的提升与人格的完善，对解除礼教、理性对人起到了积极的作用，也凭借着富有人文关怀的气息成为美育研究的重要基础。但美育最终要落实为教育实践，去激发整个社会尤其是孩子们的创造力，所以如何发挥审美活动的教育作用、如何运用艺术载体等实践问题，追求研究的实证化、科学化成了重要趋势，用脑神经科学对各种与审美有关的神经区域的精确定位、研究审美活动脑神经机制、审美经验的生成过程等是这一趋势下对审美活动研究的重点内容。在这方面，国外的研究已较为成熟，并形成了影响较大的神经美学（Neuroaesthetics）。

第一节　美学的脑神经机制

人类是如何拥有审美认知的？当我们凝视一幅画作时，我们的大脑会出现什么样的反应？为什么我们能够感受到画作蕴含的作者情感？这就是神经美学的诞生缘由，它是一门在21世纪兴起的多科目交叉的实验科学，旨在结合神经科学、心理学、社会科学、人文史地等研究方法去探索人类快乐与幸福感的产生、美感和审美观的形成，以及艺术创作过程的脑神经活跃机制。笔者结合研究结果，提出三个与美学观念相关的关键脑神经机制：感知觉强化、共情反应及内啡肽效应。

一、感知觉强化

提到美学与音乐教育、与大脑相关的概念，很多人会想到"开发右脑"。但事实上，经过本书中对于常见大脑功能误区的阐述，相信读者已经能够破除"左半脑人"或"右半脑人"的错误观念——对于能够进入人脑中加工的内外部刺激因素，人类都是用左右半脑同时运转的机制进行处理的，在这里提醒警惕"全脑同步"的伪科学概念，因为虽然人脑是左右半脑同时工作的，但因为物种进化与适应环境的需求，左右半脑形成了各自特异化的脑结构——拥有不同的功能专长，这是历经数十载的一线临床经验所获得的成果，特别是对于左右半脑损伤、癫痫或器质型精神病患的治疗和研究中，通过裂脑手术（剪断左右半脑的主要连接通道——胼胝体）发现了左半脑的优势：语言、逻辑、时间、概念等。然而，即便脑神经科学发展到今天，我们依然对右半脑的优势知之甚少。这不难理解，在临床医学研究上，病患的自我描述及对应的行为测试是验证脑区功能的主要方法，而对于左半脑损伤、右半脑健全的病患，由于损失了语言、逻辑、时间、概念等核心认知功能，使得其难以对自身体验进行有效描述，甚至由于语言功能的彻底丧失，从而无法通过描述或文字理解（左半脑的布洛卡和韦尔尼克区域损伤）进行正常的沟通。在行为测试中，也难以准确地组织起需要逻辑和概念能力介入的答题和反应要求。因此，科学上通过排除法，将右半脑的能力分析对应为：对空间进行综合、着重视觉的相似性、对知觉形象的轮廓进行加工、把感觉信息纳入印象，即除去左半脑的强势功能之外，右半脑偏重空间、视觉、形象等方面。由此，从美学观念的形成及美学鉴赏这类科目能力上看，右半脑发挥了重要的"感知觉强化"的作用。

感知觉即人类通过感受器官了解外部环境的能力（视觉、听觉、触觉、嗅觉、味觉）。在视觉方面，除去文字理解之外，左半脑还擅长加工图像信息的细节，而右半脑则擅长理解图像的整体轮廓以及不同图形在方位、空间上的关系。在美学鉴赏中，能够感知到画作整体所表现出的宏大背景、画作元素中的图形方位与空间关系，从而唤醒场景记忆与想象，便于大脑重构基于画作的场景，利于左半脑理解该背景下的故事概念、人物关系，并将该信息转述为语言描述，从而进一步展开对故事、人物、情感的逻辑分析。在听觉方面，右半脑擅长对语音中的语气、音乐中的音韵进行感知，对于有声类的装置艺术起到了情感催化的重要作用。伴随音乐的运动装置，引发具有强烈情绪色彩的联想，利于建立作品与观赏者对于经历过的切身事物之间的情感共鸣。对于美学创作，如绘画时肢体动作带来的触觉、颜料与画布带来的嗅味觉气息，结合不断完善的画作所带来的视觉因素刺激，左右半脑协同的区域则更容易使大脑处于兴奋与愉悦的状态。因此，美学鉴赏与创作对于脑神经机制而言，是感知觉的放大与强化，引发左右半脑之间更为活跃的协同效应。

二、共情反应

当美学鉴赏与创作中的感知觉被放大与强化时，人脑的边缘系统特别是边缘系统中的杏仁核对情绪活动起支配作用。在神经科学尚未有突破时的弗洛伊德时代，心理学将人们强烈的情绪反应归为潜意识的巨大能量（控制不住的冲动），直到 20 世纪才由神经科学家们发现了杏仁核对情绪中枢的关键作用以及大脑皮层的调节作用，并由此推翻了之前认为的"一切行为反应都是经由人类后进化出的额叶（或称新皮层）做出的"，并揭开了类似边缘系统这样的原始皮层是可以绕过人脑的新皮层直接进行反应的机制，人脑对于情绪的反应速度比新皮层快了近 40~100 毫秒（见图 7-2），虽然新皮层更为发达，是人类高等智慧的象征，边缘系统已被推到次要部位，但人类早期面对恶劣的生存环境时，为了保存自己、绵延种族，常常凭借边缘系统迅速地做出应激反应（战或逃），抵御灾难、对抗侵害、保护自己。

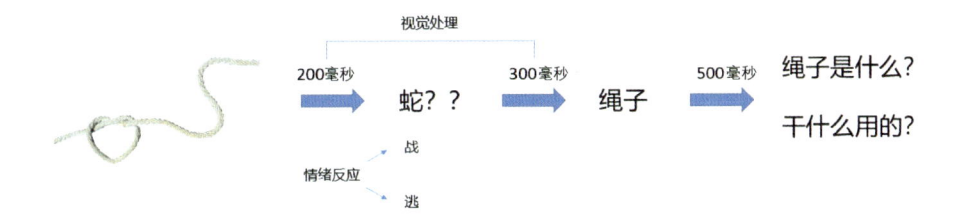

图 7-2　情绪的反应速度远高于视觉"看清"（300 毫秒）与大脑"看懂"（500 毫秒）

人类调节杏仁核直接作用和控制原始情绪冲动的缓冲装置即大脑额叶，当强烈情绪反应发生时，额叶主要是调节或控制这些感受，为了更有效地应对眼前形势，通过重新评估而做出与先前完全不同的反应。这种反应慢于杏仁核，因为此过程包括了许多大脑的功能通路，但更审慎周密，并经认真权衡风险得失选出最佳方案。

不幸的是，额叶是人脑最晚成熟的部位，18岁之后才能慢慢发育完成，这也是为什么青少年有时难以抑制住强烈的情绪反应；而额叶又是最快衰退的部位，30岁之后就开始衰退。为此，脑神经科学专家将通过大脑额叶这一缓冲装置调节、控制、规范由杏仁核发出的原始情绪冲动的能力叫作"情商"（狭义理解为对情绪管理的智商）。而额叶调节杏仁核原始情绪冲动的机制，则与在额叶区域中的镜像神经元网络相关——人脑额叶中央的沟回，前面为运动皮层（行为与运动控制，如布洛卡区的语音发音，理解手势动作等），后面为体感皮层（感受肢体、空间、方位等），紧邻体感皮层之后的区域就是顶叶（负责空间、方位等）。镜像神经元就在运动和体感皮层区域中，其作用是当我们看到他人的动作时，这一区域会产生相同的神经元活跃现象，像是在同步预热，便于之后的群体协作或整齐划一的模仿——也就使人类获得了克制与调节原始情绪冲动的"共情"能力，即通过感受、识别、理解和分享他人情绪状态的能力和能量而产生的与社会互惠、利他以及与道德相关联的进化行为。美学鉴赏与创作就是"共情反应"的延续与升华，对于鉴赏专业创作者的作品，鉴赏人则能通过共情能力去体会创作者的情绪，而在自己的创作中，又能抒发自身的情绪体会让他人去共情。因此，美的画作的"共情"是传递正向、愉悦情绪的载体与方式，而人们如何从作品中感受到愉悦，这就与人脑中神经元之间重要的神经递质息息相关。

三、内啡肽效应

神经元细胞之间的互动，形成了脑神经网络的各项机制，而该互动则来自神经元细胞之间的化学信号以及电信号的传导，这一切都仰赖于神经递质的作用。根据神经递质的化学组成特点，主要有胆碱类（乙酰胆碱）、单胺类（去甲肾上腺素、多巴胺和5-羟色胺）、氨基酸类（兴奋性递质如谷氨酸和天冬氨酸；抑制性递质如γ-氨基丁酸、甘氨酸和牛磺酸）和神经肽类等。在神经元间的信息传递过程中，当一个神经元受到来自环境或其他神经元的信号刺激时，储存在突触前囊泡内的递质可向突触间隙释放，作用于突触后膜相应受体，将递质信号传递给下一个神经元，由众多神经元构成的网络受该效应的影响，反应在人的生理、情感与行为上。其中，神经肽类的一支，内啡肽是与美学相关的重要神经递质。

内啡肽在发现之初，被定义为脑内产生的类似吗啡的神经递质。但后续的科学研究表明，内啡肽虽然具有吗啡的镇痛效果，但吗啡本身不是肽类物质，且内啡肽除了具有镇痛功能之外，尚具有许多其他生理功能，如调节体温、心血管、呼吸功能等。更重要的是，在内啡肽的激发下，人的身心处于轻松愉悦的状态中，免疫系统实力得以强化，并能顺利入梦，消除失眠症。因此，内啡肽也被称之为"快感荷尔蒙"，意味着可以帮助人保持年轻快乐的状态。多种内啡肽中，最强效的是心情愉快时出现的 β - 内啡肽，它的活性是吗啡的 5～10 倍。目前研究表明，一些行为及活动能够激发人脑产生 β - 内啡肽，如有氧运动包括跑步、游泳、滑雪、长距离划船、骑车、举重或球类运动，在长时间、连续性的、中量至重量级的运动过程中、伴随深呼吸带来的更多氧气，将肌肉内的糖原耗尽，脑内便会分泌 β - 内啡肽。而食用辛辣食物时，辛辣味会使舌头产生痛苦的感觉，为了平衡这种痛苦，脑内会分泌内啡肽，在消除舌痛苦的同时在体内制造了快乐的感觉，所以很多人喜欢辣味食物是建立在了错误的感觉之上，误认为愉悦感来自辣味本身，而其实是为了镇住辛辣味的痛楚，脑内分泌了内啡肽。这也是很多食品公司的秘密：制造口味复杂的合成食品，由此刺激我们的大脑分泌内啡肽，食客从而误把该愉悦感与食品本身相关联起来，成为"忠实"客户。

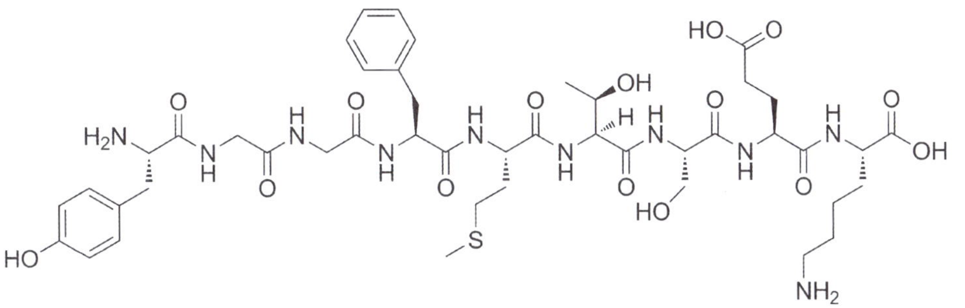

图 7–3　β - 内啡肽（β-Endorphin）化学分子式

除此之外，美学鉴赏也有助于脑内产生内啡肽。这是因为美感与愉悦感之间是相互作用和强化的关系。愉悦感可以产生对作品/事物的好奇心，而美感可以在对令人愉悦的刺激进行深加工后产生，即本章开篇提到的"神经美学"效应，也可能是未来人类与人工智能之间的重要差异：人拥有欣赏"美"的能力，当面对一幅画作时，能够体会作者表达的意境，了解画作的时代背景以及其中的人物故事，从而产生群体的"共情反应"，在大脑中激荡产生内啡肽的愉悦感油然而生；而人工智能只能从画作中提取图案、色彩、创作年代、比例关系等数据信息，无法感知由这些元素所构成的人类情感联结。

综上对美育观念所做的分析阐述，尽管基于脑神经科学研究美育观念尚属早期阶段，但我们也能够看到运用脑神经科学对研究美育观念的重要视角，它从心理学的范畴跳脱出来。笔者坚信，随着科学、系统化对美学、美育研究的深入进行，特别是运用脑神经科学对人脑审美机制的深入揭示，结合认知科学对心理状态的探索，将会使未来的美育教育更加科学合理地培养与塑造孩子的创新能力与人文精神。

第二节 认知科学与美学观念

从审美活动的过程分析，大脑神经系统的结构及其活动规律与审美认知的过程和机理是密不可分的整体。所以把相关的神经结构与认知活动的特点联系起来并加以深入研究至关重要，两者的侧重点在于，脑神经科学寻找专用于审美及艺术活动的功能脑区或神经中枢，而认知科学则偏重于探究审美时心理认知活动的过程和机理以及人的主观感受与情绪。

美学研究初始而又基本的问题应该是"美的事物从何而来"或"事物何以是美的"。对此，歌德的诗中曾经赞美道："美就是自然之秘密规律的显现"，认为美是一种规律或机制的组合；柏拉图在思考美学时，用他的哲学立场对这些问题试图做出一种本体论上的回答：美的事物之所以美是因为其中含有美，这个"美"是一种在人心中的理念，他揭示了美是人们内心的主观判定。康德则更进一步，将审美判断力与愉快或者不快的情感建立了一种直接的关系，这是把美感的根源归结到个体认知能力的开始。但在康德的时代，由于缺乏神经科学与现代心理学的支撑，还无法清晰地展现出知觉、直觉、想象和情感等认知活动环节的深层机理。在现代心理学诞生之后，美学研究成果最为显著、影响最为广泛的是格式塔心理学美学。格式塔心理学美学提出了"异质同构论"，认为当客观事物结构与人脑结构与机制一致时，就可激发出美感。但格式塔心理学美学由于缺少科学实验的证明，又缺少实践的根据，只能笼统地以物理学概念中的"力"来表述审美活动的原理，并认为这种"力"是先天的、固定的，该阐述难以解释审美的历史性、文化性、多样性和个人差异性。

认知科学认为审美是由自然因素（如身体结构和大脑的认知活动）和人文社会因素（如社会存在和观念意识）共同构成的整体，从知觉开始，以情感共鸣完结。即审美的基础是感知，离开了对美的感知，审美就无从谈起。审美感知是通过视觉器官、听觉器官、语言器官的感官体验和各感知觉器官之间的协同处理。审美过程不是由单个感觉器官完成的，而是由多个感知觉器官共同作用的，达到对美的真实心理感知。如我们在欣赏一幅艺术画作时，当看到作品中鲜花的形状、颜色，人脑接收到来自外界刺激的视觉信息，同时激发了边缘系统在记忆碎片中寻找和匹配类似的元素，由此激活了嗅味觉的区域，让我们似乎能够闻到花朵散发出的香气，感受到记忆碎片中曾经接触鲜花时的愉悦状态，该愉悦状态对额叶等高等认知区域的激活有可能让人产生对过去事物/经验总结或目前事物发展的主观感受或思考。由此，我们不但能体验到画作中表现出的鲜花的视觉美感，也能感受到其他感知觉区域被激活而带来的相应感知觉的心理体验，以及对事物规律与创造产生更深层次的联想，达成与画作中所呈现出的心境的情感共鸣。这揭示了审美活动对认知过程的激活，认为审美活动是一种连通人脑功能机制与认知过程的载体；激发了对审美活动是否能对人们的想象与创造能力有正向促进效用的思考。

一、审美认知模块

认知科学提出了"审美认知模块论"的假说，认为审美活动是"知觉（感知觉器官）+ 意义（心理）+ 情感（心理）"的神经网络与认知过程的聚合，即形成了专属的认知模块。首先，感知觉是人类获取外界信息的基本方式，在一般的认知活动中，物体的外在形式往往是其内在价值和意义的表征或信号。物体的价值是相对于人的需求而言的。需求是人的生存活动和各种行为的主要动力源，人的需求既有自然性又有人文社会性。结合着自身需要和各种信息（包括内在信息和外在信息），人会经由意识思维的认识过程而在相应的脑区功能形成并保存对于物体价值和意义的领悟，乃至形成复杂的思想观念。例如，食物对于人来说具有营养价值，吃进食物能使人产生有利于机体的感觉，经由人脑评估被肯定为正向的愉悦感——生存，控制情感的边缘系统则形成相应包含情绪信息的情景化记忆——人就形成了对食物的知觉认知。在吃进食物的同时，人还会注意到不同食物的外在形式，关于某一食物的知觉认知模块建立之后，当人再次看到这一食物的外形时，就可在瞬间激活对应的认知模块。其次是意义，简单状态下的意义认知，如巴普洛夫的条件反射实验，建立条件 A（食物）与条件 B（铃声），当动物们习惯了条件 A 与 B 存在的状态时，也就树立了两个条件之间的意义，所以当条件 B 发生时，它们会认为条件 A 也会发生并做出相应的乞食行为。人们对意义的认知是很复杂的，不同的文化、道德、价值观及教育背景等，使人们对于相同的客观事物会有基于个体判定的意义；情感共鸣与意义类似，引发个体情感共鸣的知觉—意义组合，也是个体基于自身生理和心理的状态所做出的心理体会，这也是各种艺术流派、社团、文化圈产生的缘由——意义与情感认同划分出了不同的簇拥者们。

审美认知模块论对于美学教育的意义在于，我们能够运用知觉—意义—情感这一神经机制与认知过程的载体，评估教学体系的科学性与完备性，是否充分运用了感知觉刺激让学生产生对意义与情感共鸣的学习动力，以及是否建立了对学生的正向激励意义与情感认同，使之能够从美学中真正"鉴"出规律、"赏"出价值。有助于评估机构是否构建了基于人脑功能结构与正向认知过程的教学理念与教学方法。

二、色彩、运动刺激与图形

对比黑白的世界，我们更喜欢处于色彩斑斓的世界，色彩即是美的组成部分。20 世纪曾围绕彩色电视机与黑白电视机做过有关视觉对颜色和运动刺激反映情况的实验，以此验证了人类加工颜色或运动信息时不同视觉区的激活程度。在控制条件下，被试者们被动地看一些无色彩的矩形的组合，所选择的矩形有多种灰色梯度，并且跨越了大范围的亮度；在实验条件下，灰色矩形块被换成多种颜色的色块，每种颜色的色块在亮度上与相应的灰色矩形块匹配。通过这种条件设定，对亮度信息敏感的神经元在实验条件和控制条件下会产生相同的激活，然而带颜色的刺激会使对颜色信息敏感的神经区域产生更强的活动。

将同样的原理运用到运动实验中，实验结果显示：与没有视觉刺激条件相比，颜色刺激和运动刺激都在初级皮层上产生了显著的激活。这一实验结果更加印证了对颜色和运动的感知是审美感知的基本内容，特别是对于学龄前的儿童，教师和家长可以运用明艳的色彩和色彩的明暗度对比引导他们产生美的视觉效果，明亮的色彩更能引起他们的视觉兴趣。

儿童天生对颜色和动作刺激的反应程度相较于其他刺激物产生的刺激要强，这也解释了为什么儿童喜欢看的动画片大多色彩明亮，且主要以暖色调为主。因此，在新生儿阶段，一个简单的旋转玩具，就能对婴儿的色彩与运动感知带来更好的促进作用。曾有网友调侃：该玩具是给家长看的（产品视角），因为婴幼儿只能从下部去观察这些转动的毛绒动物（用户视角）。其实，对于婴幼儿来说，旋转中的不同色彩的"物体"本身就极具吸引力，这将为他们今后发展立体视觉能力奠定基础（见图7-4）。

立体视觉是在物体颜色认知的基础上更进一步的视觉认知，通过进入的感觉信息能识别物体"是什么""在哪里"，即从物体外部部分特征也能识别物体的全部。例如，从前面看一辆车，车的宽度比车身长度在视网膜中的投影要长，但我们知觉到的对象并没有扭曲也没有发生变化，还是车的原来状态，不会产生"一辆压扁了的车"的印象。知觉系统已经适应与区分视角导致的变化和物体本身内部的变化，学龄前儿童审美教育在视知觉方面的体现是训练学龄前儿童从事物各方面外部表征把握事物整体，多角度感知事物外部的形式美，并且给予学龄前儿童不同于日常生活的感觉信息刺激审美感官。

图 7-4　物体转动以及不同色彩对婴幼儿视觉发育的激发

对于图形的研究通常针对被试者的辨识能力，而笔者试图采用另一个角度阐述人类对图形的偏好，有可能是审美认知的原理之一：大部分知名的 IP 形象，其核心组成部分是"圆形"，如机器猫、熊本熊、米老鼠、Hello Kitty 等。圆形在人类的意识中可能属于"安全物体"，是深入到本能之中的潜意识，因此容易建立安全感与舒适感；App 的图标大都以圆角收边为主；方形与三角形等物体的"尖锐感"，容易使人产生对"痛感"的警醒，从而适合做强对比的元素。图形对于人们审美能力与机制的影响机理依然还需要诸多验证，目前大部分研究专注在符号学领域中。但不难看出，人们对于图形的偏好，使得大部分经久不衰的 IP 形象有着极其相似的组合规律。

三、想象与创造

通过审美活动，激发人们的想象与创造能力是作为教育工作者最期待达成的愿景之一，审美活动对思维潜能的开发是理性思维与非理性思维发展的有机载体。

激发学龄前儿童审美创造的主要方法是通过认识事物本身，达到以实践为基础的有目的有意识的想象创造。审美想象是审美经验的深化，促进学龄前儿童审美创造能力发展的重点是培养学龄前儿童的创造想象能力，鼓励学龄前儿童运用以往经验在想象中创造美的事物。先感受审美对象、理解审美对象，然后发挥主观创造性，在美妙的艺术想象中领悟美的精神真谛。审美创造的自由性为学龄前儿童的想象提供了广阔的天地，审美创造不同于受到物质条件制约的普通创造，它是一种自由的创造，尤其是在艺术美的创造中，学龄前儿童不受客观现实物质条件的羁绊，在教师的正确引导下开动脑筋，锻炼想象力和提高审美欣赏能力。

学龄前儿童由于受身心发展限制，思维能力不够，审美想象能力的培养应侧重于再造想象能力的发展，机构、家长可以在给学龄前儿童讲图画故事、绘本时训练他们的再造想象能力，如特意留故事的末尾情节要儿童续写，要求儿童复述故事时把故事轮廓补充完整，也可以要求儿童说出自己理解的故事中某个具体的图画形象。在这个过程中有一点需要明确的是，审美教育并不是要求在教师教学前由儿童创造出世界未有之物，而是能够让他们主动将外在体验转化为自己的意识，获得对美的自我体验，使他们毫不掩饰地表现出对美的探索兴趣和喜欢创造美的情绪情感，启发学龄前儿童的创造灵感，产生新思想。学龄前儿童对美的创造是指儿童基于自身已有的实践经验，通过想象、联想认识到先前没有意识到的美的概念，或者感悟到新的美的内涵，在大脑中形成对美的新的认知。学龄前儿童的审美创造是相对于自身在新的认知过程中发现探索美的世界的大门，将感知觉观察到的外在审美刺激物内化于心，并且改变已有认知从而产生新的对美的理解认知的自我创造的过程。

美育作为素质教育中重要且历史悠久的培训项目，在政策鼓励下发展迅猛，下文将分析目前市场的情况，以及主流美育机构的产品优缺点，以期行业能以全新的基于脑神经科学与认知科学的融合角度审视自身的教学体系与产品特色，塑造更多具有想象与创造能力的孩子们。

第三节 美术教育产品与教学分析

美育教学基于市场定位主要指美术教育培训，通常与音乐等归为艺术教育市场。在艺术教育整体市场中，美术教育所占的比例近45%，仅次于音乐教育，是家长希望孩子接受的艺术教育类型中的第二名。

一、美术教育专业化源起

相比万年之前溶洞中古人类留下的画作，时至今日，美术与音乐能力依然被整个社会视作个人的"特长"能力。无论中西的教育体系，都或多或少能被认作不同个人之间对比的加分项，正如琴棋书画被古代中国社会视作才子佳人以及贵族所必修的学习课程之一。而拥有极高美术技能的人通常都被当时的王宫贵族专门供养起来，为他们设置专门的绘画场所如"画院"等，也逐渐形成了小规模个性化传授技能的师徒制度，但随着社会变迁与生活水平的提升，对于绘画的需求越来越多时，如何将这些技能大规模传承下去，中西方开启了相似的路径——设置专门的美术专业院校。

西方最早的专业化美术学院是佛罗伦萨国立美术学院，始创于1339年，也是世界上第一所美术专业学院，对西方文艺复兴、打破宗教思想束缚做出了卓越的贡献。中国最早在春秋时期已有记录，在王宫贵族招揽的众多门客中，就有专业作画者，自汉代以后，对宫廷画家的管理机构逐渐清晰，在宋徽宗（本是天才画家的皇帝）时期达到鼎盛。由于皇帝及王公大臣的喜爱，宫廷画院日趋完备，并在唐以后将画院考试正式纳入科举考试之列，以揽天下画家。考试按题材分为佛道、人物、山水、鸟兽、花竹、屋木等方向，根据题材考核作画者的构思是否巧妙以及是否具有创造性。

从王室专属的画师，到全国性考试招募，并开设专业机构进行培训，美术作为独立科目的雏形已现，也印证了从古至今政策导向对其发展的推动性力量。

二、美术教育政策导向与市场规模

《中共中央国务院关于深化教育教学改革全面提高义务教育质量的意见》提出增强美育熏陶，结合地方文化设立艺术特色课程。补入中考之后，美术教育培训市场表现极为活跃，整体市场估算也从之前所预计的2020年之后达700亿元，提升为近1500亿元的规模。这是因为一方面，美术教育作为长期以来社会认知的"素质教育"大类，但除了专业培训之外的大众市场等领域发展时间比较晚，3~12岁少儿入学率不足15%，可见美术教育培训市场潜力巨大。另一方面，目前市场上的美术教育还处于区域化、分散化的阶段，以个体美术教师开班为主，机构"散户化"十分明显。大量的培训机构对于品牌的认知还停留在画室或工作室这样的基础阶段，极少拥有自主开发的课程体系及衍生品，课程、服务、盈利模式单一，行业同质化严重。再加上因其较低的培训市场准入门槛，使很多经营者对教育培训的规律缺乏科学的认识，在教学质量、教学内容、师资上的研发投入严重不足，教师水平参差不齐，教学质量难以把控；使有实力整合区域碎片化的强势品牌通过新兴的在线直播学习的方式，快速占领与整合市场。如图7-5所示为中国美术教育培训市场发展历程。

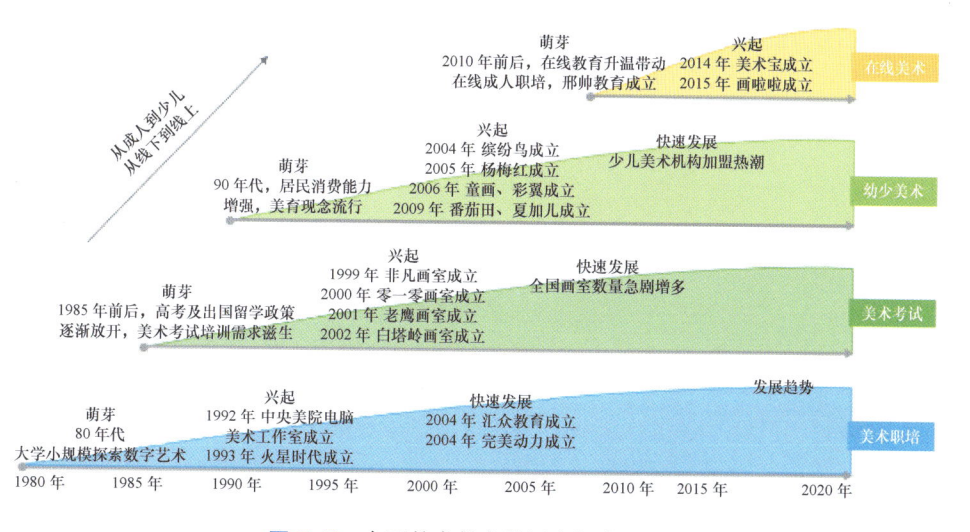

图 7-5 中国美术教育培训市场发展历程

三、美术教育产品与教学体系分析

与音乐教育相同，美术教育也在 12 岁左右有一个分岔口，继续学习的学生通常会向专业方向发展。在此专注于非专业路线的素质教育方向，聚焦在政策驱动下"后发"的在线美术培训领域。在线美术培训也承袭了 K12 学科教育长期积累的行业经验，课程体系趋于完善，有了课程前中后的三部式学习理念；教学方式大都采用 K12 学科教育中的"一对一"或"一对多"等直播授课形式，以及目前与所有素质教育品类相似的——线上教学体验与传统线下教学效果之间的平衡问题。

1. 课程体系

目前大部分在线美术培训机构在初创阶段的课程体系，是基于国内基础教育新课程标准以及对于美术教育核心素养的要求所设置的（见图 7-6），之后为了建立具有竞争力的课程体系，将视野放到国际，如结合美国 STEAM 艺术教育体系或英国艺术发展素养等标准（见图 7-7）。

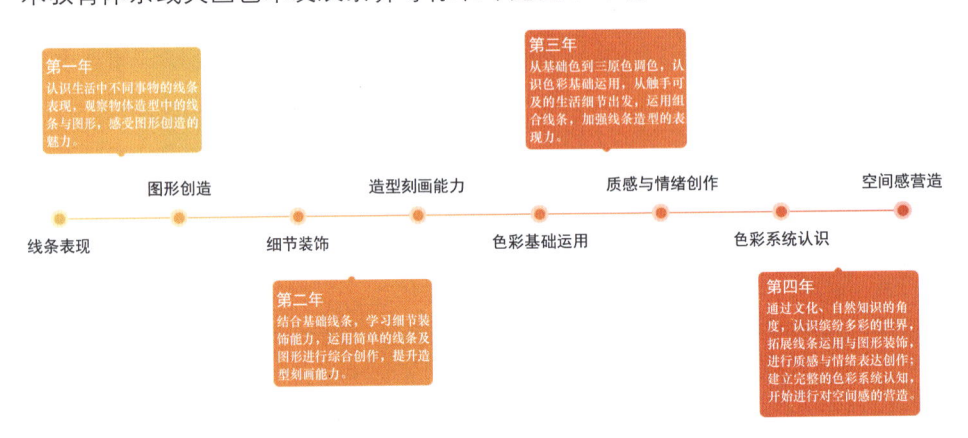

图 7-6　某机构设置的四年美术培训课程体系

通过对比在线美术培训机构的课程体系不难发现，相对于传统的线下培训，在线培训已经在探索体系化、多元化培养的路线：在课程设置中，空间感、专注力等概念的引入，体现了除了传统美术技法练习之外，关于孩子核心认知能力的提升开始逐步受到重视，并视作其课程的增值部分，有利于用户对该体系的认可并持续学习——某机构的单节课概念（见图 7-8）已经覆盖了关于题材的背景知识、绘画技法，以及情感、逻辑思维等核心素养方向。

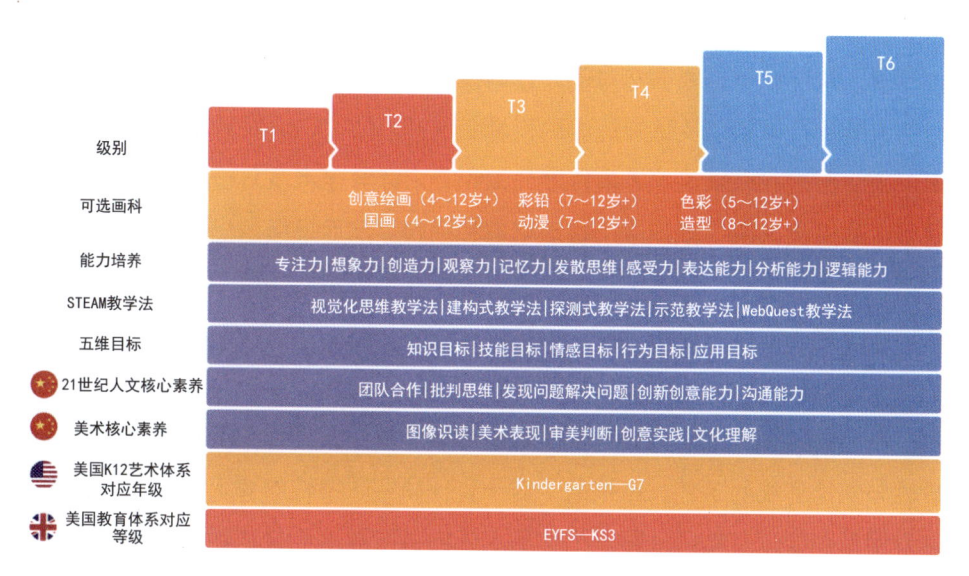

级别	T1	T2	T3	T4	T5	T6
可选画科	创意绘画（4~12岁+） 国画（4~12岁+）		彩铅（7~12岁+） 动漫（7~12岁+）		色彩（5~12岁+） 造型（8~12岁+）	
能力培养	专注力	想象力｜创造力	观察力｜记忆力｜发散思维	感受力｜表达能力	分析能力	逻辑能力
STEAM教学法		视觉化思维教学法｜建构式教学法｜探测式教学法｜示范教学法｜WebQuest教学法				
五维目标		知识目标｜技能目标｜情感目标｜行为目标｜应用目标				
21世纪人文核心素养		团队合作｜批判思维｜发现问题解决问题｜创新创意能力｜沟通能力				
美术核心素养		图像识读｜美术表现｜审美判断｜创意实践｜文化理解				
美国K12艺术体系对应年级		Kindergarten—G7				
美国教育体系对应等级		EYFS—KS3				

图 7–7　某机构设置的六个级别的美术培训课程体系

课程属别	儿童水粉画	等级	初级
课程主题	《华丽的水母》	课时	1小时

　　知识目标：了解水母的背景知识
　　技能目标：形体组合；多媒材使用；挤压法；敲敲法；色彩搭配
　　情感目标：培养小朋友创意思维、探索钻研的精神
　　逻辑思维：部分与整体的关系，分析与总结
　　美术核心素养：美术兴趣、创意实践
21世纪人文核心素养：发现问题解决问题、创新创意能力

关键词	形体组合、多媒材使用、水粉使用
教学难点	形体组合和多媒材使用
所需材料	纸类：8开白色素描纸1张；A4纸3张左右 笔类：家长自行准备 （如：水粉笔一套、水粉颜料、画盘、水桶、抹布、透明胶、剪刀都可） 设备类：iPad或手机、支架、前摄像头、无线网
教学安排	1. 课程引导：由图片导入今日创作主体 2. 水母背景知识介绍 3. 水母结构的观察和探索 4. 艺术专业学习与创作 5. 丰富画面；整体把控
参考书		备注	

图 7–8　某机构设置的在线美术培训单节课的课程概况

以单节课程的概况为例，目前美术培训机构依然采用"命题式"教学方式：围绕一个主题，穿插知识点与绘画技法，在绘画中捕捉学生的情绪与思维深度。这种教学方式虽然对于只强调技法的传统练习更具新意，但依然缺乏遵循人脑发育机制以及认知过程的科学合理性。同时，命题式教学由于横跨美术、人文历史、思维培养等多维度的知识要求，教学难度对于师资能力水平有着极大的挑战，新手教师由于缺乏培训和经验，从而更仰赖于教案，容易变成枯燥、教条式讲解，让学生失去学习兴趣。对于师资的挑战也体现在一节课中需要达成多个维度的教育目标，这样不仅难度极高，也会给教师团队带来极大的教学压力，导致工作流动性较高——这也是目前受到家长投诉最多的话题之一：教师的频繁变动。在线美术培训的课程体系要发挥出教学效果，必然仰赖硬件与网络环境的条件：在线教学对于音视频实时传输的要求，尤其美术教育涉及图形图像以及教师端对学生作品点评的实时圈点等操作，也考验着最终的教学效果——学生是否能通过在线教学具备与线下教学相同的绘画能力及学习动力，从而真正提升更高层面的认知能力。

2. 教学形式

目前常见的在线美术培训形式，在学生端以平板计算机或手机结合可转换角度的镜头支架构成完整的学习工具。教学形式为：学生与教师在教学 App 端进入上课模式，载入本次课程的教学课件以及相应的教学工具，如白板等。教师介绍完本次课的背景知识后，先在自己的画板上做基本绘画技巧的示范让学生观看，之后由学生在镜头前做绘画练习，老师则通过摄像头捕捉学生的绘画过程，并适时给予指导和纠正，最后对本次课程的学生表现做评价和总结。该流程基本是目前在线美术培训的核心环节。

教师端的教学环境与学习端近似，也是由可调整角度的摄像头支架（保证学生能够看清教师的绘画技法演示）、教学平板计算机（双向沟通与课件展示）以及教师的绘画工具所构成的。通常为了保证良好的收声效果，机构会为教师设置专用的直播间，教师根据教学组安排的课程，进入对应编号的直播间即可开展教学工作。

在授课班型上，目前主要有"1对1"和"1对6"两种形式。"1对1"班型与K12学科学习一致，一名教师辅导一名学生上完整个课时，课前准备与课后督促则交由班主任或课程顾问代为管理沟通。"1对1"班型对于需要模仿练习的美术技法部分提升明显，因为单个学生可以充分利用整节课的时间，教师也容易针对一个学生的问题，定向、耐心地辅导。而目前采用"1对6"班型的授课机构，其课程体系中，知识讲解部分采用"1对6"的形式，即以接近K12学科小班课的形式，促进学生间的互动，是有利于构建"社交化"学习效应的：学生在小组中能够感受到来自同龄人的良性竞争压力，促进学习的动力。

四、美术教育产品与教学总体评价

目前，主流的美术教育培训机构主要抓住了两点创新优势：一是围绕在线教育的本质，借助直播技术消除地理位置对于用户学习的限制，从而解决师资和需求之间的匹配问题。随着底层基础设施的成熟以及在线教育在教学领域渗透率的提升，素质教育的在线化成为趋势。除了少儿编程、思维训练这些新兴科目之外，如美术这类线下市场已经培育成熟的素质教育科目，在政策的影响下也开始大踏步入场在线教育模式，旨在通过在线直播的方式，迅速扩大自有品牌的影响力，整合线下长期碎片化的市场份额。二是除了传统绘画技法讲解之外，教育领域已经意识到美育对人的认知层面的影响和升华，由此丰富了课程内容，希望能从学习兴趣、学习动力到学习习惯上为学生建立一定的学习素养基础，同时期待通过对美的理解与实践，拓展学生的创新思维能力。

但是，在线美术培训目前的核心问题也较为凸显。首先，从"1对6"小班课班型就能看出，对于类似K12学科知识点教学的动画课程内容，该小班教学的优势是明显的，学生之间的互动性较强，教师也容易管理课堂气氛，而其弊端则在美术教育中被更加放大：目前"1对多"的小班课上，同学只能看到对方的存在，但无法交流互动，针对教师的问题也只能采用抢答的方式，而教师在绘画技法环节也只能按照顺序轮流辅导，实则是一个变相的"1对1"模式，其他学生只能被动观看对他人的辅导过程。其次，关于师资水平，美术、音乐等素质教育的教师资源比 K12 学科教育的更加稀缺，这也是机构对于"1 对多"的小班课跃跃欲试的核心原因，即在高水平师资稀缺与庞大的需求间达成一个价格—服务的平衡点，但对于需要个人感悟的绘画技巧部分，"1 对多"的教学模式并不能更好地兼顾教学和个性化辅导。最后，在课程体系环节，虽然在线美术培训相对于传统美术培训已经放眼及超越绘画技巧层面的核心素养，但在具体课程中并未有明显的体现，所倡导的"软实力"多半仰仗于授课教师的个人素养，缺乏基于脑神经科学与认知科学的体系化提升路径。

第四节　元认知美术学习方法

美是人类永恒的追求，也是最重要、最基础的人生观教育。对美的探索体现为人在欣赏美的事物时创造个体独立意义世界的过程。

一直以来，美术与音乐组成的艺术教育是家长意识中首选的素质教育方式，希望孩子在幼年时期能够通过熏陶，培养良好的品质与审美意识，为之后的学习阶段打下创造力的基础。因此，除了走专业发展路线的孩子之外，绝大部分孩子仅是在小学或三年级之前学习这类课程。而目前美术教育市场中的教学方式还是以教授绘画技法为主，虽有意识培养学生的创造力、思维能力等素养，但缺乏系统、科学的课程体系作为支撑，只能依靠有经验的教师言传身教，难以规模化复制，导致教学成果的参差不齐。结合脑神经科学与认知科学对于美的神经机制与认知过程，笔者建议用元认知学习方法的三部式来构建美术教育的课程体系。

一、基础知识学习阶段

美术教育，首先要让学生理解什么是"美"，即学会审美。希腊词根的"美"（Aesthetica），其意义是"感官的享受"——给感官带来愉悦，诠释了感觉、知觉、注意、想象、情感等诸多审美心理要素探究审美能力的发展，有利于帮助产生对美和真正美感的认识。因此，在基础知识学习阶段，笔者建议充分运用以感官体验为主的互动课程，在视觉、听觉、触觉层面让学生感受外部因素刺激，以开发在心脑层面对美的体会与理解。

1. 视觉体验

在视觉层面，结合美术教育的特点，学习内容可分为色彩、亮度、图形、方位四大元素。其中，色彩、图形是审美认知的基础，亮度和方位则是目前美术课程教学中容易忽视的元素，特别是辨识图形的方位、因亮度变化产生的层次感以及图形的运动轨迹等对空间思维的价值尚待被重视。

幼儿时期，大脑处于高速发展中，颜色的刺激会使对颜色信息敏感的神经区域产生更强烈的活动，这一时期适合给予学生多色彩辨识的环节，如通过七色或多色色卡教具与生活中的场景、物体相对应：红色，有鲜艳的旗帜、苹果、红辣椒等；绿色，有青草地、树木等，以及让学生感受所处的教室环境中不同物件的颜色，或者通过教学 App 将上述场景用全屏幕的方式展示，让学生沉浸在色彩与物体对应的内容中。如图 7-9 所示为芒克-怀特错觉图。

图 7-9 芒克-怀特错觉（Munker White's illusion）：其实图像中每一个圆圈的颜色都是相同的，唯一不同的只有圆圈周围线条的颜色

在完成了系列基础颜色辨识内容之后，就可加入亮度元素——物体的明暗变化，使之前学习的颜色产生了不同的灰度组合。这一训练步骤是为了验证色彩辨识环节的学习成果（以及在医学层面筛查色弱等症状）。平面的辨识逐

步让学生体会到由于明暗亮度变化、光线照射角度等产生了阴影部分，形成了立体视觉效果，为辨识物体的层次和空间方位打下基础。课本中有达·芬奇苦练绘画的故事，教师让他画了三年的鸡蛋，虽然该故事存在争议，但抛开故事的真实性，如果达·芬奇的教师是为了让他充分理解亮度元素所带来的立体视觉变化，那么也就不难理解达·芬奇的绘画成就是如何达成的，特别是他的素描画作中对物体结构、层次的展现，正是缘于亮度关系、照射角度对物体所呈现出的立体层次感的深刻感悟。

在色彩与亮度结合训练之后，接下来是结合图形与方位的进阶立体视觉训练，即在物体颜色、亮度认知的基础上更进一步的视觉认知，通过感觉信息能识别物体"是什么""在哪里"，即根据物体外部部分特征就能识别物体的全部。例如，当看到自行车前部时，从各个角度我们已经能够知道其后部的组成，以及能够通过车头方向判断出它的运动轨迹等。知觉系统已经适应与区分视角导致的变化和物体本身内部的变化；因此，在该训练内容上，建议采用旋转图形角度以及动态方位的辨识训练，如图 7-10 所示的使人脑容易产生视觉运动感错觉的图形观察体验，是让学生体会真实动态和视觉错觉的绝佳训练内容。

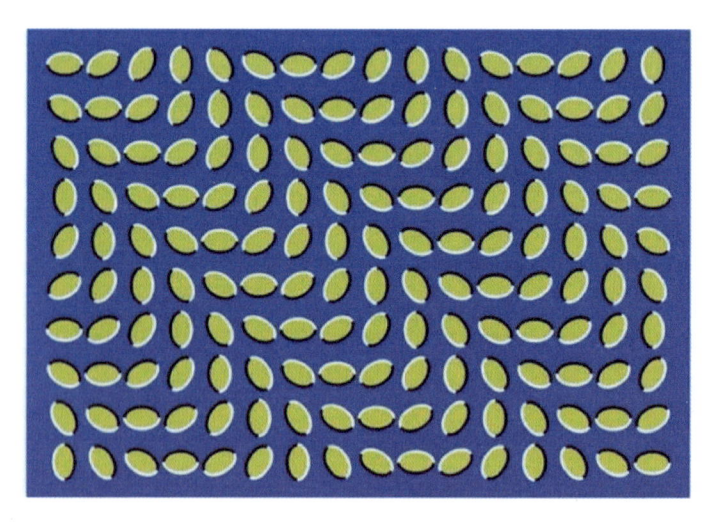

图 7-10 黄色图形的阴影和排列顺序触发了人脑前运动皮层，使得这一本来静态的图片却刺激视觉产生了运动感的错觉

类似的立体、动态视觉训练，巩固了学生从事物各方面外部表征把握事物整体的能力，以及从多角度感知事物外部形式美——丰富的色彩梯度、鲜明的亮度变化、有趣的图形组合，以及静动结合的图形运动与排列，给予了他们不同于日常生活的感觉信息刺激，帮助他们在基础美学知识体系中纳入新的视觉审美元素。另外，图形运动和方位辨识对人脑顶叶区域的刺激训练，也促进了同处于一个功能区域的认知功能——使数感思维得到了直接的强化，有助于数学、物理等空间抽象思维的发展，这是重塑后的基础知识学习阶段所能带来的额外核心价值。

2. 听觉体验

哲学家黑格尔认为，在审美中最重要的感官是视觉和听觉。虽然视觉信息占据了 80% 以上人脑处理的外部信息总量，但听觉对感官体验的刺激，特别是在心理层面对事物的理解有着重要的辅助作用。因此，即便是美术教育这样的以视觉审美为主的课程，也应加入对美学素养有提升作用的听觉刺激教学内容与环节设置。例如，设置与色彩教学内容对应的音频体验：同一个田园场景，对应春夏秋冬不同季节的变化，其环境颜色的不同，以及由于季节变化，小动物、昆虫声音的不同，给予学生一个沉浸式的视听感官体验（见图 7–11）。

图 7–11　同一场景下四季不同的昆虫动物背景音展示

同时，在辅助场景音的烘托下，引导学生理解色彩斑斓与环境、情绪的变化关系，让他们基于自己对该场景四个季度的不同色彩的理解，填写当下的心理与情绪感受，建立起个人的色彩—情绪模式（见图7-12）。

图7-12 引导学生感受上述不同场景下的心理与情绪感受

在设置类似听觉体验的课程环节时，还可鼓励学生以口头或书面（写作）形式描述自己看到的不同场景下的色彩、听到环境音时的个人感悟（结合对情绪的感受）。视觉与听觉皮层在大脑中分别位于枕叶与颞叶，而两者交集的枕颞联合区域即我们的语言、概念理解功能之所在。通过对外部视觉与听觉刺激的描述，可以促进语言运用能力的提升。

3. 触觉体验

触觉是人类最原始的基于内心诉求向外投射力量的结果反馈，是验证个人与环境的互动关系，以矫正与优化自我的认知。例如，我们滑动解锁键打开手机屏幕、打字按下键盘后屏幕出现的字符等，是通过触觉感受到与环境互动的反馈结果，同时改善我们后续行为的互动方式。美术学习亦如此，通过画笔等绘画工具在画布上按自己的想象描绘出线条与色块，如果发现绘出的线条不如想象中的平直，就会在后续过程中留意绘画的手法及稳定性。

触觉感受见证了绘画过程中，人们想象动作与实际行为的差距，这也是为什么将触觉体验作为基础知识学习阶段的核心环节之一。学生在学习绘画时需要运用不同的画笔、画板、画架及调色盘等工具，而使用工具不仅需要大脑协调思维活动等智能皮层的参与，更重要的是协同好运动皮层的介入，以形成稳固的、关于绘画创作时感知觉—心理—动作的神经突触连接。所以，建议在触觉体验环节，先让学生感受不同材质在画板上涂抹时的效果与运动轨迹，还有接触画布摩擦时的不同质感与感受，以及体会不同的力度所呈现出轨迹粗细的真实效果，即所谓"工欲善其事，必先利其器"，这里必须先"知其器"。在线教学由于目前平板材质难以还原真实触感，可以在压感不错的智能设备上体验（见图7-13），或者提供真实教具如画笔、画板等。同时，在触感体验环节可融合视觉与听觉内容，这样就构建出了笔者所倡导的、基于脑神经科学与认知科学背景的、美术学习基础知识阶段的核心培训元素与教学环境设置。

图 7-13　压感不错的智能设备可作为触感体验环节的辅助教学设备

二、认知学习阶段

与其他科目的认知学习阶段类似，对美术科目的学习在这一阶段也是通过巩固基础知识学习阶段的核心元素，同时结合绘画所需的"感知觉—心理—动作"这一系列行为的刻意练习从而达成一定的学习成果。笔者对于美术教育认知学习阶段的总结为"所画即所想，所见即所感。"所画即所想，印证了学生的绘画技法从生疏到趋于娴熟的过程，由于技法的熟练，心中所想的线条与色块通过绘画行为能够近乎完美地还原。所见即所感，即要求学生在鉴赏一幅作品时，不仅能够在心中尝试临摹作者的手法，也能体会到作者创作时的情绪与心境，达成情感共鸣。

1. 所画即所想

为了达成所画即所想的状态，笔者建议美术培训机构与家长能够参与构建"观察—临摹—创造"这一认知学习过程（见图7-14）。孩子对美术有强烈的好奇感，他们会主动用眼睛观察新奇的事物，对美的东西有敏锐的观察力。在美术学习中应该如何正确引导孩子观察呢？在观察这一环节，家长在日常中的引导就非常重要。笔者回想起在少年宫学画时，某堂课上教师要求画鹦鹉，并展示了一些水彩画风的各式鹦鹉，然而并没有做太多讲解和说明后就督促我们进行临摹，而我之前没见过真正的鹦鹉，甚至连真实鹦鹉的照片都没看到过，可想而知画出的结果会如何——公鸡脑袋和夸张身躯的"四不像"。下课后，家人得知我沮丧的原因，便带着我去了花鸟市场，我看到了颜色鲜艳、活泼好动的鹦鹉，还摸了摸它的羽毛……这一次切身的感受，使我再次画鹦鹉时就远远好于第一次，教师还称赞了我画的羽毛的部分有生动的感觉。由此可见，孩子学习美术时，切身的观察和体会是非常重要的，在日常生活中，更需要家长积极地让孩子发现周边事物的美，激发他们观察入微，有条件的话应该基于课题去设计观察主题。

图7-14 家长参与到孩子"观察—临摹—创造"全过程

观察之后就需要临摹和创造这样的系列刻意练习方式，只有建立了"感知觉—行为"神经机制，才能让孩子熟练掌握从观察目标到肌肉记忆操作绘画工具，进行绘画创作的全过程。目前，主流美术培训课程中的"绘画技法"训练就主要针对这一环节。除去教师教授的内容之外，笔者在这里建议家长可以与孩子一道，采用"总—分—总"的亲子互动形式，达成引导以及构建融洽的家庭学习氛围："总"——让孩子将今天所学内容，用绘画的形式概括性地呈现给家长，家长由此可以提炼出教学的核心内容，画什么，以及要求是什么；"分"——家长和孩子一道，将绘画目标分部依次描绘出来，如先画小猫、小狗的头部，再画躯干，之后是四肢及其他毛发点缀，在这个过程中，家长可以留意孩子对于该目标的知识背景的掌握情况，如小猫、小狗脚掌的区别，为什么小猫走路不容易发出声响（因为脚掌特殊的肉垫形态抵消了运动产生的噪声等），家长在这个环节就可以成为孩子的"百科全书"，在过程中一起愉快地学习，家长抑或可以与孩子依次绘画该目标的各个部分，如同填色游戏一般；"总体评价"环节——家长和孩子互相对"作品"打分，父母可以由一人参与创作、另一人作为评委，分别给伴侣和孩子打分，良好客观的评价能给予孩子最积极的鼓励，而整个家庭在这一环节中都参与进来，更能让孩子体会到家的温馨并建立起对学习美术的强烈积极性。

2. 所见即所感

绘画作品大多源于其作者在生活中的体验及感受。因此，教师可为学生创设各种情景，不局限于用眼观察，还需要多种感官参与，更包括用心感受，感受艺术作品中作者的情绪和周围环境的关系，使其运用多种感官感知，激发学生的创作欲望，培养学生的创作积极性。对于该环节的课程设计，建议采用"时代背景—题材—作者经历—个人体会"的组合方式，构建学生对艺术的鉴赏能力，能够在之后的日常生活以及美术学习中做到"所见即所感"。

例如，如何欣赏彼得·保罗·鲁本斯（Peter Paul Rubens）这幅年轻学者的画作（见图 7-15）。此画作的时代背景为 17 世纪的欧洲，题材是这位年轻学者的肖像。可以从男子的衣着给学生讲述当时的背景，如这位男性衣着拉夫领（轮状皱领），这种领子成环状套在脖子上，其波浪形褶皱是一种呈"8"

字形的连续褶裥,制作时用细亚麻或细棉布裁制并上浆,干燥后用圆锥形熨斗整烫成型,为使其形状保持固定不变,有时还用细金属丝放置在领圈中做支架。在 16 世纪中叶以后,拉夫领在欧洲最为流行,这种领子因为褶皱过多过大而费料,所以只有当时的贵族能够消费得起这样奢华的衣饰。通过拉夫领,就能延展出画作人物所处的时代背景及其身份;而作者鲁本斯,也正因为早年接受贵族教育,以及之后服务于教会、贵族阶层,能够为这些贵族绘画,因此也就让学生了解了创作者的经历。背景介绍完毕后,可以让学生天马行空地阐述对该画作的个人体会,曾有小学生通过模仿画中人物的艺术形式,火遍全球的艺术教育圈。

图 7-15　彼得·保罗·鲁本斯的《自画像》

在认知学习阶段,如何帮助学生构建"**所画即所想,所见即所感**"的课程内容及体系,将是各美术培训机构在教学体系上的创新突破点,这会将目前强调绘画技法等相对枯燥的刻意练习部分丰富活跃起来,让学生不仅掌握了技法,更能真正理解美的内涵——懂得观察美,懂得欣赏美,能够创造美。

三、元认知学习反馈阶段

进入元认知学习反馈阶段,我们相信学生已经具备了基础的绘画技法,以及能够在某种程度上达到"**所画即所想，所见即所感**"的程度。因此，元认知学习反馈环节将主要围绕针对学生的作品创作过程本身的溯源反馈机制。

首先，如何从创作中抽离出来，以第三方的视角审视和调节自己的创作过程，这需要教师（也可为家长）的积极引导。因此，这个阶段建议采用"**目标与进程描述—情感共鸣—视听觉激励**"作为学习反馈的流程机制。

在学生创作之前，先记录创作灵感和方向，并设定目标进程。例如，练习徐悲鸿作品中奔腾的马，在创作前记录下希望能够展现马的动态的细节，但可以忽略马的腿部肌肉线条——将其作为一个目标进程点，当创作到这步时，让学生将画作的细节与之前设定的目标进行对比，看是否为了体现骏马奔腾的效果，将中心放在了马的"奔腾"状态下的腿部细节或者尘埃的点缀部分，然后依次按上述步骤完成设定的各个进程点。

其次，当练习快完成时，观赏作品是否具备创作时的情感，特别是对比原作者赋予画作的情感，是否有差异点，这些差异点是否是个人特色。例如，徐悲鸿的骏马体现了他将自己所掌握的有关马的绘画技巧与中国传统笔墨结合起来以塑造心中之马，其刚劲稳健的线条准确地勾画出马的头、颈、腹、臀、腿等结构要点，又以饱酣奔放的墨色及笔势挥毫描绘马的颈部鬃毛和鬃尾，但在局部细节的处理上又吸收了西方注重光影明暗的表现方法，辅以变化有致的淡墨——正是这种把中西画法融合得天衣无缝的画法使徐悲鸿笔下的马充满了勃勃生机。学生可以反观自己创作时的情感，也许飘逸、仙气且有点俏皮的马儿符合当下的审美风格，这时，教师应当鼓励学生的自我情感流露，这也是鼓励独立思考的方式之一。

最后，在创作中，以及创作完成后鉴赏时，教师可以为学生设置视听觉激励环节，以辅助其独立思考与感悟的发生。还是以临摹绘马为例，具体操作可以是播放传统器乐马头琴的万马奔腾曲目或视频，抑或是有节奏律动感的电子乐队音乐 MV。相信这两种风格的曲目或视频会带来截然不同的视听觉体验，令学生产生不同的情绪共鸣，最终呈现在画作之中。但注意调整为适当的音量，不能让相关音乐成为噪声干扰源，影响正常的创作过程。

除了个人的元认知学习反馈，积极参与团体的鉴赏反馈也是能够促进学生通过第三方视角审视自己创作能力的机会。在鉴赏过程中，可以采用主题话剧的创作方式：即教师或家长设置创作主题，由学生基于自己的理解去创作，之后带着自己的作品参与集体互评。该环节亦可做成话剧演出的形式，学生可分成小组，每个人扮演其画笔下的人物或动物，并通过与其他同学的互动，组合成为一个完整的故事，并带到集体互评的环节中去演绎。例如，可以设置《你心目中的超级英雄》这一创作主题，由学生创作自己认为的超级英雄及其所拥有的独特超能力，并和他人"组队"：某学生创作出能够操纵水元素的超级英雄，可以和操纵火元素、风元素等风格的其他同学的作品组成超级英雄团队，一起演绎一个水、火、风元素超级英雄团队拯救世界的故事，并获得其他团队的评价——火元素的呈现还有待提升，或者风元素没有体现出来等，这个团队将会收获除了自己抽离于作品本身的理解之外的团队内部的评价，以及更外部团队的评价，通过不同的视野和角度充分理解自己的创作水平及提升路径。

第八章

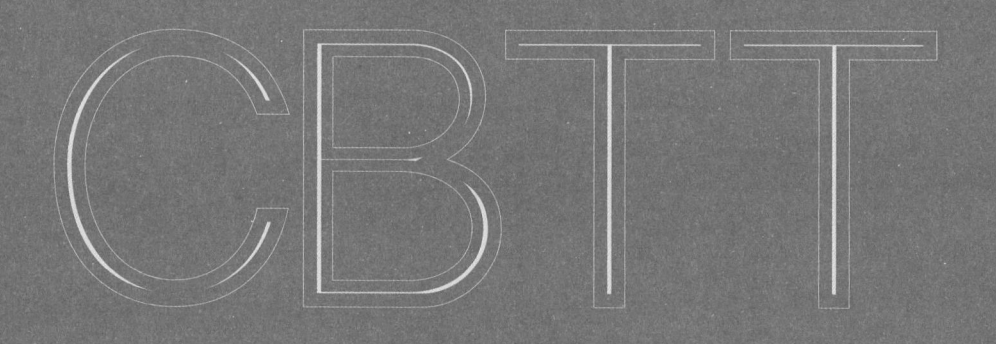

CBTT

元认知与情绪管理

关于情绪的意义，之前的章节中有涉及，作为人类重要的神经反应机制以及辅助高等认知能力的形成，情绪有着极为重要的意义，它是在感知觉器官接触到外部刺激后第一时间反应的大脑功能区域（远快于其他皮层的反应），加深记忆加工水平（相较于陈述性记忆，情景记忆更仰赖情绪反应的介入）。在学习过程中，我们常常会因为课业与考试带来的压力与挫败感，产生焦虑、紧张、恐惧与厌恶的情绪，从而对学习不自信甚至厌学。

为什么焦虑、紧张、恐惧及厌恶的情绪会让我们无法安心学习，导致学习成绩下滑呢？

从脑神经反应机制的原理简单来说，上述情绪尤其是恐惧，会刺激大脑边缘系统中的杏仁核产生"战或逃"的生存应激反应，由此释放神经递质加速心脏跳动速率，使更多的血氧被输送至机体各行动部位上（便于奔跑逃逸、摆脱危险），而输送到大脑额叶等高等认知功能区域的血液和养分相应减少，从而使学习、反思等行为受到抑制和阻碍，在这种状态下是难以深度思考的。从心理学的角度，我们由于恐惧失败以及对于失败表现得耿耿于怀会造成焦虑，当处于这样的情绪状态下难以深度思考，从而使得我们的学习表现差强人意，这样就再一次强化了心理挫败感，导致最终对学习失去信心，在心理上形成了一个恶性环路。

因此，建议从两大方面入手，构建学生良好的情绪管理能力，释放学习的潜能。一是学习体验的舒适度设计，这是针对脑神经反应机制的措施，使其降低警觉的阈值从而减少不良的应激反应；二是基于元认知理念的情绪管理技巧，针对学习行为构建积极的情绪管理方式，使学生能够运用积极的情绪促进学习效果的改善与提升。

第一节 学习体验设计

你会为办公需求选择带有"人体工学"标签的键盘、鼠标及办公座椅，因为你会联想到这些标签背后所带来的价值——舒适的打字感、长时间久坐也不会太累。而对于学习过程，则没有花费太多时间去思考整个过程的体验感，抑或本能地认为学习就应该是枯燥乏味的"苦行僧"般的修行。在前面的章节中提到了如何设置一个抗干扰的高效学习环境以提升专注的时间与质量，但如果同时加入对学习体验的设计：通过设置合适的情境、良好的氛围，让学习知识的过程演变为学生能够感受到愉悦积极的情感体验，就能进而使他们勇于面对困难与挑战，加倍努力、充满激情地学习。为此，在学习体验整体设计理念上，建议从三个方面入手：**好奇心、挑战欲、审美感**，将三者融入各科目的教学内容及课程设置环节中去，让学生对学习充满好奇与兴趣，从而运用所学积极思考，去探寻知识的奥秘，去感受成功的快乐。

1. 满足好奇心

人总是对新鲜的事物充满好奇。这是有科学原理的——当遇到新鲜事物的刺激，神经元之间的突触传导行为会因为处理该信息而产生更多神经递质的交换，因此整个神经元网络会更加活跃，所有认知功能区域都会被激活，消化吸收新的刺激信息，将它们归类、匹配，形成工作记忆，如果有更重要的意义，则会转录到我们的长时记忆中去。

当智能手机、平板计算机等大尺寸、触摸式屏幕设备广泛运用之后，人们也成了"屏幕生物"——总是抑制不住地想看到新的信息，满足大脑及神经系统对新奇事物的"渴望"。而同样类型的刺激发生多次之后，神经元的兴奋程度则会明显下降——对同类型刺激的兴奋阈值增强。因此，在课程体系和每节课的环节设置上，都需要适当调整新鲜内容的比例，以保持学生持续的好奇心。例如，在语文教学环节，"临时"加入的对联大赛或者诗词接龙等由教师根据课程进度与学生学习情况等综合因素随机设置的环节，就可以极大地丰富本堂课的学习气氛；音乐课程同理，可以让学生随机聆听吹奏类乐器风格的曲目，也能带给他们额外的有趣体验。

值得注意的是，目前的主流教学环节中，互动环节的操控行为设置尚有提升的空间。例如，很多在线教学机构会在教学过程中加入"抢红包""抢金币"等环节以调动学生对上课的积极性，但是却不恰当地采用了"点按"操作行为。从神经科学原理及人体工学原理角度审视，点按是触摸屏上权限最高的操作行为，用于"确认"状态这一严谨的结果。而不假思索的疯狂点按行为，在神经和心理层面降低了其行为的严谨性，将会导致过快的厌倦感或者对之后的点按操作不假思索（操作行为的严谨性决定了人所花费的思考质量与精力）。因此，这类互动环节的操作方式更适宜采用滑动操作，严谨性低于点按操作，但互动性、娱乐性更强，有助于减少学生的思考认知精力的消耗（见图 8-1）。

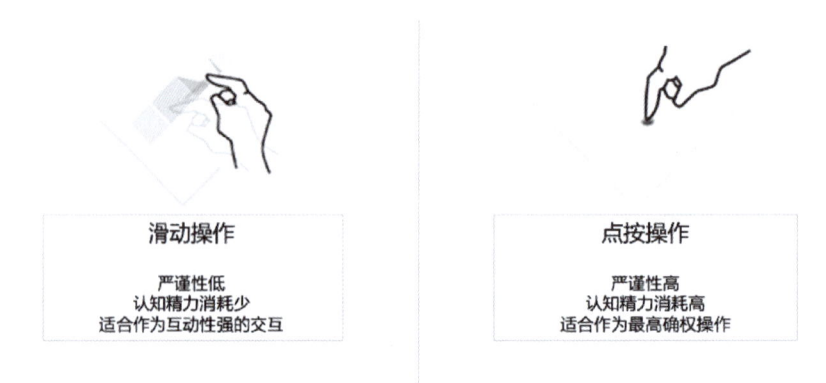

图 8-1　正确的滑动和点按操作与认知精力消耗的关系

2. 激发挑战欲

刷题为什么是一种低效勤奋的行径，除了刷题行为本身从一开始的"新鲜事物"变成了常态化的"机械记忆"之外，如果题型的深度和广度与学习进度不匹配（本应该补充基础知识的被要求挑战更高难度），会增加学生的畏难情绪，加深了对自身能力的再次否定，最终形成了自己不行、怎么学都学不会等负面心理暗示；而本可挑战高难度题型的学生又被要求去做"巩固基础"的练习，可能从而怀疑自己及达成的进步，导致失去了学习乐趣。因此，课程体系中挑战环节的设定也是对学习体验的验证。这要求在该环节中，机构对应的教学知识点难度切片是否能够做出科学的自适应分级体系，即让掌握不同知识点的学生，得到针对各自阶段的挑战路径，最终达到或超越考试测评的要求；而从教师教学辅导的层面，需要从学生心理上激发他们的挑战欲，正如众多教育学者曾总结过的，给学生设置的挑战是教学的必要环节，但需要让学生的关注点在于挑战过程中的收获，而不是挑战本身，这样就能够激发更多的对该领域的灵感。同时，更应该注重对"挑战失败"的学生的心理辅导建设，往往我们会强调竞争的重要性，而缺乏面对挫败后勇于接受和再战的勇气，这都是值得教育者、家长及机构关注的方向。

3. 善于发现美

好奇心和挑战欲在一些教育理念中都有涉猎，且都能在"德智体美劳"的教育目标中有所体现。但是，美学是在教育中常常被忽视或者狭义化的。让学生懂得美，并且善于发现美好的事物和规律，这并不仅仅是美学所要达成的部分目标，而是所有科目都可以善用的理念，如果化学教师把分子世界的美展示给孩子（见图 8-2），学生还会那么畏惧化学学习吗？

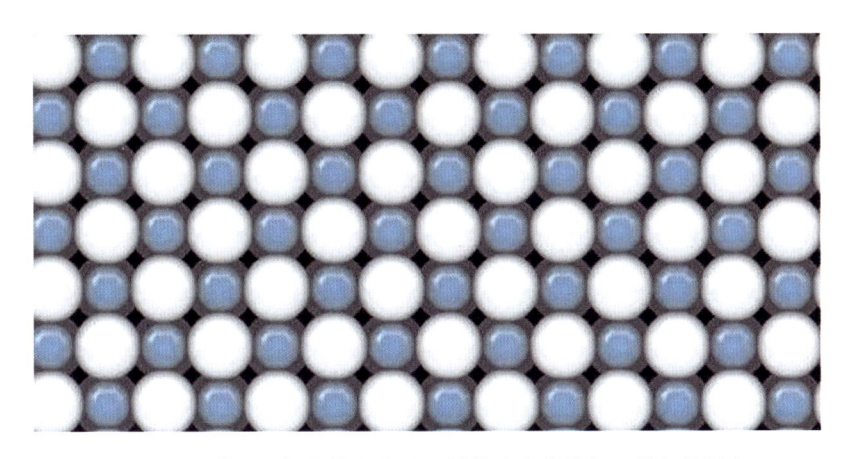

图 8-2 食盐（氯化钠）的分子结构（白色为氯、蓝色为钠）

又如，一名数学教师把笛卡尔的心形函数曲线（见图 8-3）呈现出来，将这位大数学家的事迹娓娓道来，通过心形函数转化为代数方程表达，展现数学之美，那学生自然不会一见到方程式就畏惧，他们或许会在大脑中思考这个方程式能否用几何的思路去解决，岂不是创新了思路。

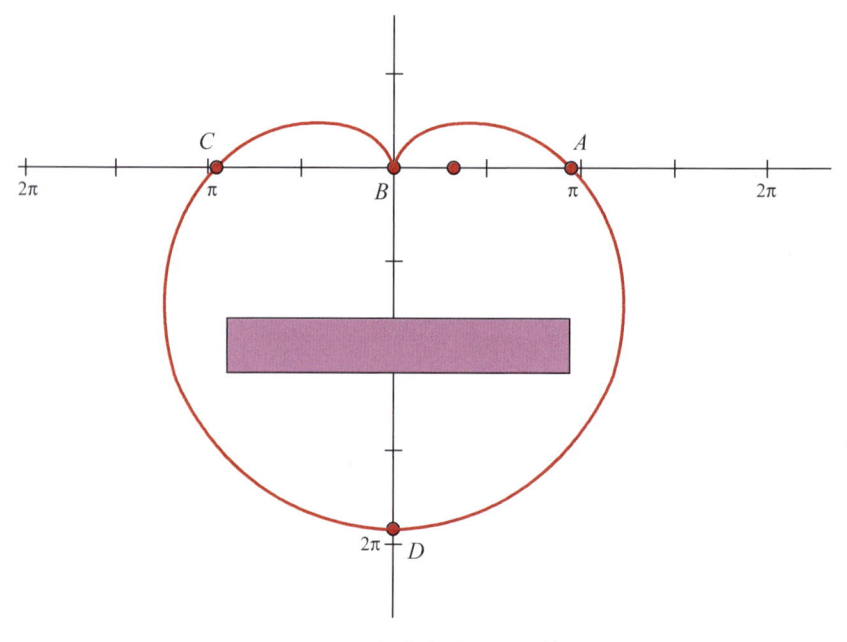

图 8-3 笛卡尔的心形函数

如果机构与教师能够通过在课程内容上的创新与互动方式的变革，把知识之美、学习的魅力释放出来，那么学生的学习心态将会是充满好奇地去面对各项挑战，从之前痛苦地死记硬背转变为积极主动学习。

同时，作为家长，对于孩子学习的体验有着至关重要的监督作用。"快乐"作为一种情绪表现，本身也具有不同的"质感"。吃零食、看动画片很快乐，但这样的快乐是建立在感官刺激的基础上的，既不是孩子主动发出的行为产生的快乐，其间也并不需要他做出更多意志的努力就可达成。这种体验更多的是一种"娱乐"后的愉悦感，对发展并无多少意义和价值。而从学习来看，大多数孩子开始去学习某项技能固然是家长的选择，但家长在选择时往往也会考虑到孩子的天资和兴趣，也就是说孩子在开始学习某项技能时，一般还是喜欢的，在学习中也比较容易产生快乐的情绪体验。然而，伴随着学习内容的增多、要求的提高，孩子可能会遇到一些困难、感受到一些挫折，甚至体验到无能感，也正是在此过程中他们可能产生种种不快乐的情绪体验。事实上，刚刚开始学习产生的快乐只源于单纯的喜欢和能胜任任务而产生的愉悦感，这种快乐是比较容易获得的。在学习中，还有更"高阶"的快乐，即在学习中克服了困难，突破了"高原期"，达到一个新的技能高度后所感受到的快乐。这种巅峰体验显然不容易达到，只有克服了艰难、突破自身极限的人，才会产生这样的情绪体验。

在学习中，如果从学生的发展着眼，家长不仅要关注孩子在学习中习得的一些显性的知识或技能，更应该把学习过程视作一个锻炼他们意志品质的方式，让其在克服困难、坚持不懈的过程中不断认识到自身的潜能和学习的意义。如果在学习的"瓶颈期""厌烦期""逃避期"给予适当的支持，帮助他们顺利地度过这样的阶段，使他们在技能和习得上达到一个更高的阶段，感受到了坚持和改进方法带来的效能感后，自然会产生快乐的情感体验，而此时的快乐品质已经与开始学习时有了质的不同，孩子的学习动力和学习能力也必然向前迈进了一大步。当然在享受此种快乐之前，孩子可能更多地体验到挫败、沮丧、难过、痛苦等不太愉悦的情绪，可正因为有了这样一个坚持和努力的过程，他们才会逐渐明白：每一次喷泉的喷涌都是地下泉水蓄积已久的爆发，每一条溪流的流淌都是巍峨群山封存已久的歌唱。

第二节　元认知与情绪管理技巧

在完善了学习体验设计环节之后，转入情绪管理环节，相信很多人都直接或间接体会过"心理素质和情绪不佳"而导致考试发挥失常的情形。确实，经过认知领域学者们多年的临床验证，发现情绪可对我们的注意、记忆、推理等高等认知活动领域施加重要影响。可以说，情绪状态时刻都在影响着我们对周围世界的认识，这种效应表现为在不同情绪下，人们对所见、所听、所记、所想均有所不同。比如，心情不好就会茶饭不思，心情好则胃口大开，这种主观感受又会进一步影响我们对周围事物的观察与判断以及评价，产生畏难情绪再次使心理上觉得难度超越了自己的能力等，从而加重了对试题难度的恐惧，最终导致测试没能达到正常发挥的预期值。

相信所有人都会希望自己能够以最好的情绪状态去应对不同的考核需求，拿到自己期望的好成绩，而不是与之相反的结果。以笔者为例，虽然参加高考已过去 18 年之久，但有时依然能梦到考数学的场景。作为经历所在省区第一次"3+X 试题"高考的考生，数学的难度远超平时复习试题的水准，当时只感觉题型解答起来较为吃力，但当距考试结束还不到 20 分钟时，前面一位考生不知什么原因在座位上晕倒并摔倒在地，桌椅板凳摔出了清脆的"交响曲"，监考老师慌张地呼喊需求校医帮助，七手八脚地抬走那位考生……这一幕真是终生难忘，继续做题时就觉得题目太难，豆大的汗珠唰唰直下，最终的考试结果也如意料般的远不及预期。写到此，不由感慨，如果当时能够了解情绪的机制，或许可以通过一些方式来调节并控制情绪，那我的数学成绩也许会是另外的结果，又或者如果当时的监考老师掌握一定的教育心理学基础，讲个笑话，活跃活跃气氛，并给予我们鼓励和肯定，那我们整场的考生也许会由这个特定事件改变之后的人生轨迹……但现实中没有"也许"，因此，作为教育者，应该深刻理解情绪管理对于学生个人发展与学习的重要性。

1. 正念冥想训练

目前，国内外经过大量临床经验验证的情绪调节与放松方式是正念冥想训练。"正念"（Mindfulness）是指意识对当前身心状态的专注，该理念最初来自传统的佛教内观禅修，传入西方后经不同的专家研习发展，逐渐成为流行的放松理疗方法。正念冥想（Mindfulness Meditation）是训练正念能力并获得身心放松的冥想方法。该技巧的核心就是让训练者从繁杂忙碌的学习、工作状态中，静下心来，感受身体当下的感觉、呼吸的起伏、身体各部位的舒适情况或紧张感受，以及脑海中的万千思绪。

首先是感受呼吸的起伏。微微闭上眼睛，慢慢进行深呼吸，有意地觉察呼吸时起伏明显的身体部位；体验呼吸时气流通过鼻尖的感觉；体验腹部随呼吸起伏的感觉。

其次，在感受平时不易觉察的呼吸行为的同时，可以想象有一个扫描器从头顶到脚趾进行扫描，也可以自下而上，从脚趾到头顶。想象这个扫描器每到一处时，带着好奇心去关注该身体部位当下的状态（如热、凉、麻、痒、痛等）。

最后，你会体会到闭上眼睛时，脑海中的万千思绪。当这些想法或思绪袭来时，同样好奇地观察它们，如果能够命名就对其命名（如"当下的烦""远期的忧虑"等）。无论发现何种想法或思绪，一概采取不拒斥、不评判、不反应的态度，任其产生及湮没。

上述三个步骤就是正念冥想训练的基础核心，在这个过程中如发生走神的情况，就耐心地将注意力拉回到关注呼吸的起伏上，可以在脑海中记录呼吸起伏的次数，这样能"压制和抵消"部分思绪。训练完毕时体验一下全身的放松感，慢慢睁开眼睛回归现实即可。除了正式的冥想，还可以进行一些简单的正念练习，即专注当下的身心感受，如感受当下正在进行的动作（脚踩在地上的感觉、坐在座位上的感觉等）；打字时，指尖与键盘接触的敲击瞬间；步行或跑步时感受躯体随着节奏的摆动，以及感受腿部肌肉的松紧变化等——身体部位越精细越好。

越来越多的科学研究发现，正念冥想可以实实在在地改变大脑，给我们带来很多益处，如减轻疼痛、缓解焦虑。正念冥想对学习能力的发展具有积极作用，体现为以下四点：

一是促进人脑灰质生长。哈佛医学院研究发现，正念冥想可以促进特定的大脑部位的神经细胞生长发育，研究人员招募了 17 名参试者，让他们做了 8 周的正念冥想练习，并对练习前后的大脑进行扫描观察。结果发现，参试者大脑中左海马结构、后扣带回皮层、颞顶叶交界处和小脑的灰质体积增加，这些区域与记忆和学习过程、情绪调节、内省和决策有关。

二是有助建立更多大脑中神经元的突触连接。在一项针对女性的研究中，科学家借助 fMRI 功能性磁共振技术，对进行了 8 周正念冥想的女性大脑与未进行训练的女性大脑进行扫描检测、对比观察，发现正念冥想的人体中与视觉听觉的关联区域连接性更好，这些区域保持专注的能力也更强，而视觉听觉的关联区域正是人类对语言、概念理解的核心区域。

三是克服拖延症。研究人员发现，正念与拖延存在负相关关系。通过对

339 名大学生的习惯进行分析，发现当大学生正念专注水平高时，办事拖延的程度就会降低。

四是控制情绪反应。控制情绪是处理诸多心理问题的关键，也是正念冥想训练的核心价值。在一项研究中，当向测试者们展示能引发负面情绪的影像照片时，做过正念练习的测试者的情绪反应没有未练习的人强烈。通过 fMRI 功能性磁共振成像进一步分析发现，与对照组相比，正念练习者大脑中处理情绪的部位接收到的外部刺激较少，导致情绪反应更低。这能让人在面对负面情况时，保持平静或至少缓和情绪，降低压力水平，让身体更健康。

正念冥想在国内获得关注，主要是因为苹果公司创始人乔布斯在其 17 岁就远赴印度寻找生命的意义的传记故事，其中展现了部分正念冥想的概念。更多体会到真实的正念冥想项目则是一些在 500 强企业中的员工，如谷歌、苹果、宝洁等企业开展了针对员工的正念冥想项目，作为帮助员工情绪调节与减压的方式。

正念冥想训练的临床成果适用于中小学生，以西班牙中学生为样本所进行的一些实验考证了正念冥想针对学习焦虑的功效。经过这些试验发现，在很大程度上，正念冥想训练能够提升学生的幸福感及管理焦虑情绪的能力，从而提高学业成绩。美国一些州的中小学推广了正念冥想项目，以提高学生的专注力，如 2012 年，美国俄亥俄州的众议员把自己的正念冥想经验写成一本名叫《正念国家》的书，并得到联邦政府拨款，在其所管辖区内的中小学推广正念冥想训练，反馈良好。

2. 觉知情绪并进行调节

正念冥想通常可作为情绪管理的前置训练步骤，当你逐渐习惯正念冥想训练后，你对当下的身心状态的体会就愈发精准，很容易掌握情绪管理的第一个步骤：自我情绪觉察——这一步能帮助你体会到情绪的变化，当有负向情绪，如焦虑、不安等出现时，推荐用观察者的角色去看待自己，假设你是一个第三方旁观者，审视带着上述情绪的自己——就像漫威电影《奇异博士》里演的那样。现在如果你正处于焦虑中，就可以这样做：想象一个焦虑的你，戴着耳机，但听什么都难以听进去的样子。这样你会发现，自己会从负向的情绪状态中抽离出来，冷静地看待情绪。

当能够觉知自己的情绪后，就可以进入到第二个步骤：情绪调节。以下准备了几个经典的场景，作为学生参考应对的办法（作为教师或家长，可以在亲自体会后教授给学生），快速地从情绪中抽离出来，进入最佳学习状态。而在所有的经典场景下应对的原则都是：**外部因素刺激 > 自我情绪觉察 > 观察者角度抽离（元认知）> 平复情绪**。

第一个场景很普遍：早上上班/上学，碰上交通堵塞（外部因素），我们会感到焦虑及厌烦（自我情绪觉察）。这时我们以第三方视角想象自己：看着一个"烦躁不安、喋喋不休"的自己，引得司机和同行者都更加焦虑，一起犯路怒症（观察者剥离）。此时要对自己说，你看，就算所有人都在"路怒"，也解决不了任何问题，反而可能会增加危险因素，既然改变不了，先规划一下后面需要处理的事情，看看怎么把路上的时间平衡好（平复情绪，专注到真正需要投入的事项上）。

第二个场景：当你在认真学习和思考时，突然来了一个广告推销电话，或者是某 App 推送信息打乱了你的思路（外部因素），你感到非常懊恼，感觉好不容易理清的思路又被影响了（自我情绪觉察）。这时切换到观察者视角：一个暴怒的你，摔了手机（观察者剥离），但之后呢？还是要回到要学的东西上，摔东西并没有让你完成任务。这时候你需要平复情绪，可以快速联想上下文，回到需要学习的知识点上。在这里有一个小建议：如果你拿着笔，可以在被打断前，在所读到的位置处快速做一个小标记，如一个锚点，方便你从突发事务中快速回来，如果是电子材料，你可以记住最后 3 个字作为助记符号方便回溯。

正念冥想训练及情绪管理技巧对维持学习专注力的意义重大。因此，笔者建议学生每天能够抽出几分钟进行练习，如早晨 5 分钟的呼吸正念冥想，让你逐渐提升自我觉知的能力，去正面应对滋长出的焦虑、不安。重点采用情绪管理的两个技巧——自我情绪觉察与情绪调节：自我情绪觉察是用第三方观察者的角色，让自己从负向情绪中抽离出来，预计如果任由情绪宣泄会有什么样的效果；通过上述两个场景，把情绪调节的原则做了一个示范。

　　高效的情绪管理，缓解了学习中的压力，以及焦虑、烦躁和不安的感受，让内心更加平和、积极，提升对事物的专注与兴趣，在学习过程中收获快乐，是学习效率的倍增器。

第九章

CBTT

元认知
与
终生学习

想要在时刻变化的世界里不被时代抛弃，最有效的办法就是掌握"终生学习"的能力。诚然，终生学习是所有人都认可和追求的普世理念，也代表着人类以智能占据星球生态链顶层地位的核心能力诉求。而其实直到生命的终结，我们都处于不断"学习"的过程中，因为我们的大脑每时每刻都在飞速处理着来自外部环境的信息以及内部心理活动所产生的思维意识；我们的认知模型在大脑这块硬件 CPU 之上，在不间断地观察、注意、记忆、想象、匹配和类比，虽然大脑机能会随着时间而老化，认知能力也有个体差异，但我们都在努力"学习"，以适应内外部的挑战与压力。

突然袭来的全球公共卫生事件——新型冠状肺炎疫情，导致众多不会或不善使用各类防控工具、健康码的人群举步维艰……从而暴露出了作为教育者及家长，甚至作为个体本身最忧虑的问题：固有的认知模式难以应对颠覆式科技与社会变革浪潮，尤其对于下一代的教育与培养，如何能够成就拥有剖析事物本质规律、"学会学习"、快速适应及创造能力的孩子，成为教育领域重要关注的课题，也是本书的侧重点——元认知学习法（CBTT）。从基础知识阶段，到认知学习阶段，再到元认知学习与反馈阶段，三大学习阶段构建了学生对学习内容的深刻理解与运用所学的认知模式。

在大部分关于学习与教育的著作中，通常对基础知识阶段（是什么）、认知学习阶段（怎么做）有着大量的案例与指导方法，这也是目前绝大多数科目的课程体系所涵盖的范围。本章希望通过本书的核心理念来阐述关于终生学习的新角度，同时破除在终生学习之旅中的三大误区，真正构建应对未知挑战的"底层操作系统"。

1. 基础知识学习阶段

在本书关于四个科目方向的阐述中不难看出，该阶段是一切学习行为的开始，核心宗旨是呵护与培养孩子的<u>学习兴趣</u>，推动终生持续学习的源动力。

通过大量、多感知觉通道（视觉、听觉、嗅觉味觉、触觉）的互动去刺激大脑各功能区域对新鲜事物的兴趣与好奇，诱导孩子在学习伊始就从多角度体会学习内容。对于多感知觉通道刺激以激发学习兴趣的方式，目前主要以教育科技领域的创新为主，将其他行业中所运用的科技经过教育化改造，使其成为新的教育创新载体，如 3D/AR/VR 等最先诞生于仿真试验，之后被广泛运用到电影、游戏等娱乐领域，再被运用到教育领域，去承载互动教学内容。已经有越来越多的课程内容通过新技术实现了创新：学生可以戴上 VR 眼镜，身临其境地感受太阳系的行星运行及物理定律；"穿越"到莎士比亚的时代，观摩其写下不朽的篇章。其实，在传统教学中，多感知觉通道刺激的方式也有所涵盖，例如，各类课外活动就是发现学生对某一科目感兴趣的实践，但与科技创新一样，没有科学规划成为课程体系以及教学方法中的一部分，而是一直流离于教学之外，作为"辅助"内容而存在。

真正符合笔者所倡导的"基础知识学习阶段"，是将激发学生学习兴趣设置成为正式教学课程体系中的一部分，与必修知识点共存。例如，学习数学的坐标轴概念，就应该从数字集合，引申到坐标点、坐标系，再转化为几何图形，并依次对应现实中的场景与物体；通过歌唱和表演，将一段阅读材料"活化"成一幕生动的歌舞剧；聆听不同旋律时仿佛品尝多种芬芳的水果。这些不同于传统教学中基础学习部分的内容和方式，将原先仅部分脑区处于激活的状态，提升到了核心脑区全面、高强度的激活，这样对所学内容的记忆加工水平和程度会更深，对该科目的理解相应也会更加扎实充分。学生在未来的学习过程中，也就能够理解该阶段的核心要点，即发掘所学目标与自身学习动力的结合点——如何能够建立持续不断的**学习兴趣**，成为终生持续学习的**动力源泉**。

2. 认知学习阶段

这一阶段是逐步掌握和巩固所学知识的阶段，也是必不可少的"1 万小时刻意练习"期。因此，除去之前章节中针对四大科目的学习方法之外，在该阶段最为重要的是建立科学合理的**个人知识管理体系**，这也是终生持续学习的**机制保障**。

个人知识管理体系，一般由以下四个方面构成：学习规划、知识保存、知识分享及应用反馈。

1）学习规划

学习规划解决的是学什么及从哪些方向去学的问题，可以采用四个步骤，完善学生的学习规划。

第一步，建立与学习科目之间的兴趣：在学某一科目入门时，一般该科目的发展史往往比该科目的入门概念更能让学生产生一个通盘的理解（这就是笔者在每个科目章节中加入该科目诞生简史的原因——构建对该科目产生背景的了解与兴趣），再结合该科目中的前沿发展成果，如给孩子教授物理学常识时，对于压力与压强的知识点，就可以结合相关的科研事件如"中国全海深载人潜水器'奋斗者号'在马里亚纳海沟成功坐底，深度为10909米，在马里亚纳海沟的一万米以下水底，每平方厘米就会产生约一吨的压力，一个成年人的身体平均表面积为1.6平方米，也就是说在那个深度，我们的身体需要承受住16000吨重的压力，而目前成年的非洲象的最大重量为6吨左右，如果有2500头非洲象同时站在你的背上会是什么样的感觉？"既勾起了学生对物理学概念的兴趣，又植入了科技、生物、地理等维度的知识点，达到了一课多识的效果。学习目标所规定的知识点与该领域的最新科研故事，两者结合可以快速帮助学生发掘并建立起对该学习领域的兴趣点。

第二步，在帮助学生发掘兴趣点之后，就要找寻2~3个该领域的优质资讯渠道，逐步建立起阅读与实践观摩的学习习惯。还是以学习物理为例，可以鼓励学生阅读类似"微科普"或者"中科院物理研究所"科普频道的资讯，这些都是经过专业人士编纂的，适合不同年龄段学生的阅读需求。

第三步，结合本书第三章中的知识树工具，协助学生规划学习所需沉淀的知识点，这里介绍两个经典笔记工具。

一个是康奈尔笔记法或称"5R笔记法"，其适用于课堂学习的理解记录，具体包括以下几个步骤：记录（Record）——在听讲或阅读过程中，在主栏（将笔记本的一页分为左小右大的两部分，左侧为副栏，右侧为主栏）内尽量多记有意义的论据、概念等讲课内容；简化（Reduce）——在课后尽可能及早将这些论据、概念简明扼要地概括（简化）在回忆栏，即副栏；**回忆（Recite）**——把主栏遮住，只用回忆栏中的摘记提示，尽量完整地叙述课堂上讲过的内容；**思考（Reflect）**——将自己的听课随感、意见、经验体会之类的内容，与讲课内容区分开，写在卡片或笔记本的某一单独部分，加上标题和索引，编制成提纲、摘要，分成类目，并随时归档；**复习（Review）**——每周花十分钟左右的时间快速复习笔记，先看回忆栏，适当看主栏（见图9-1）。初用这种做笔记的方法时，可以以一科为例进行训练，在不断熟练的基础上，再用于其他科目。

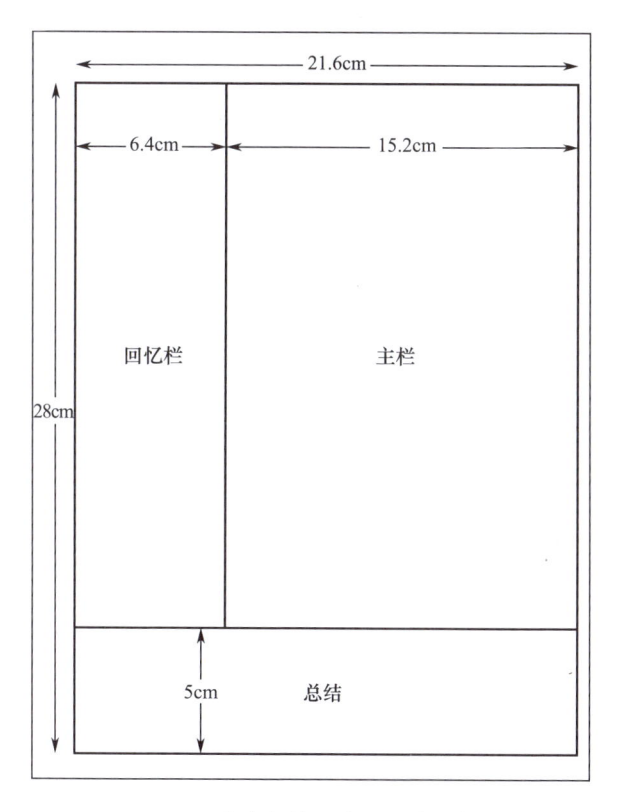

图 9-1 康奈尔笔记法的区域示意图

另一个经典笔记工具是运用广泛的思维导图，在此不过多赘述。该记录方式适合作为知识点层次结构的全局纵览，如图 9-2 所示为小学数学部分知识点的汇总一览。

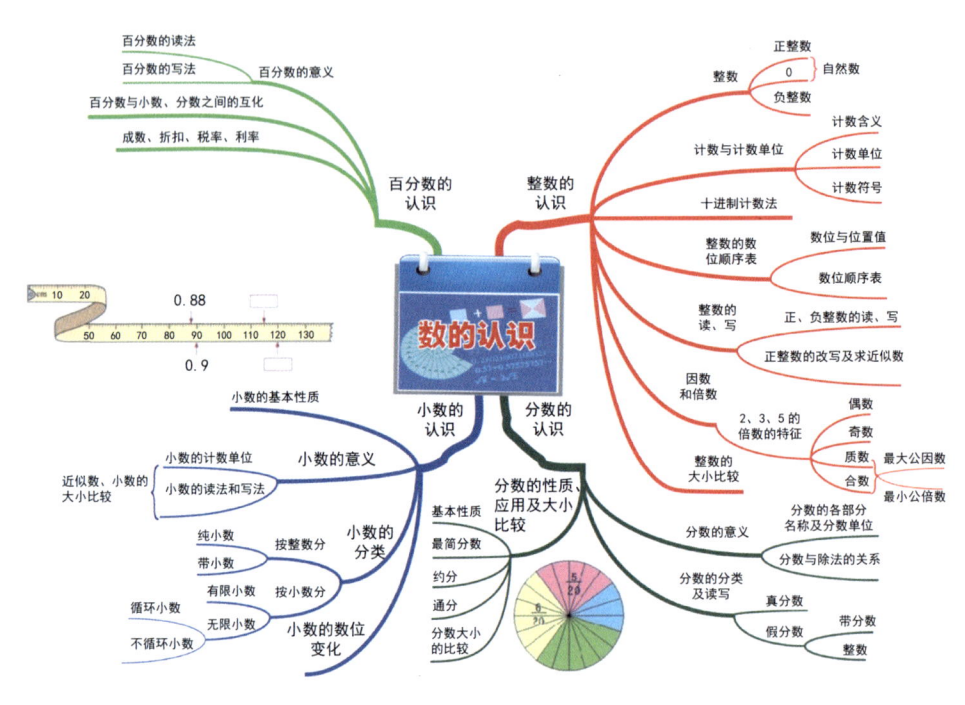

图 9-2　思维导图——小学数学部分知识点

康奈尔笔记法与思维导图的结合运用，能够帮助学生理清各知识点中的逻辑关系与学习路径，同时在学习的过程中理解教师讲授的观点与角度，并记录下自己对学习内容的理解，有利于知识体系的建立与巩固。

在学习规划的最后一步，我们要鼓励学生在适当的学习场景中，通过与同学/同伴的交流，研判自己的理解和掌握能力。除去教师与家长在学生学习过程中的引导与纠偏之外，同年龄段学生之间的交流是学生能够以一个轻松、平等的角度，去审视他人对同样的学习知识与内容的理解程度与其个人的观点，学生可以此作为自身理解程度的对比与验证，看看自己所掌握的知识与他人有什么异同之处，也就理解了人与人之间由于观点与角度不同，对事物所产生的认知不同这样的深刻印象，有利于学生在今后的人生之旅中建立起良好和谐的人际关系，善于从群体中找到自己最独特的品格，以及以平和的心态与情绪接受个人认知的差异。

2）知识保存

目前在中小学学习过程中，除了传统的纸笔教具及教材之外，很多学习内容和资料已经数字化了。计算机、移动设备及平板计算机、网盘的广泛普及，使得存储空间不是目前考虑的重点，但众多繁杂的学习资料使得学生在检索时常常费尽心力，所以，知识保存最重要的在于教授他们如何科学分类和随意调取所存内容。

科学分类的方式很多，最重要的是符合个人使用习惯，这里推荐一个笔者常用的分类方式：

"科目""子类""载体""文件名""日期及版本"。比如，化学课中的分子键课程中的一个教学视频，就可以这么分类：

"初中化学第一册""分子键""实验""视频""分子键的构成""2020V1"。

出于随意调取的便利性考虑，针对目前常见的学习材料，笔者推荐学生可以在印象笔记和有道云笔记中二选一。两者最不同的是，印象笔记偏重于笔记，分类的形式依靠标签，在日常使用中，我们由于对标签的定义不会太严格，就会造成之后查找的时间浪费。相对比，快速发展的有道云笔记更偏重于分类和存储，可以分别将笔记、文档、微信收藏文章、扫描件、音频等一个专题的内容存入同一个文件夹下。

3）知识分享

回忆自身的学习历程，特别是在中高考时，当亲朋好友们找到的一些试题、辅导资料、新奇的解题思路等，我们往往把相关的知识作为自己的独门绝技，不愿意与别人分享，殊不知这样可能已经陷入了闭门造车的状况。通过知识的分享，个人才能整理、发现问题，深入并真正掌握知识。脑神经科学与认知科学的原理表明，复述、演讲等活动能够帮助学生重新整理和归纳所学知识，在讲述时，语言功能正向作用于对内容的二次理解，会激活大脑皮层中更深层次的神经反应，容易产生新的"创意"想法。这就是很多人在大学时代，会有一种错觉，往往一些需要做演讲或主题汇报的科目，就是自己得分最高的，甚至多年以后依然记得当时的场景，这就是通过语言转述的知识分享构建了最深刻的场景记忆效果。

4）应用反馈

积极参与知识分享，与同学/同伴一道碰撞出创新的观点，并结合实际进行运用。例如，共同设计物理、化学实验等，发现所学知识的客观局限性，及时纠偏，可以更好地反馈到你的学习规划中，相应调整更新、更适合的学习方向。应用反馈步骤通常也是通过考试等测评方式，得知自己最真实的相关知识掌握程度。但家长及学生针对成绩的剖析通常不太深刻，"没发挥好""题目有点难"等都是模糊的主观感受，应从科目知识点、题型理解及考试心理状态三个维度审视所学知识的应用水平。学生在知识点的应用上容易出现概念理解不清、公式原理掌握不透彻、计算错误等主要问题，这是一般错误分析的首要切入点；"题型理解"则是笔者更希望教师和家长重视的"新"角度，这里指的是学生对题目的阅读理解出现了偏差：一是工作记忆容量的问题，如有三个未知条件，当学生读到第三个条件时，第一个未知条件已经有点模糊，这样又要重新从理解第一个条件开始，如此反复就容易在带入公式运算时出现错误；二是对第一点的补充，在理解内容层面上可能会出现"阅读障碍"，部分学生在错误总结后，当教师列出解决公式时才恍然大悟，自己其实是明白公式原理与运算规则的，但是在读题时却不能理解题目的要求——这是一个重大的隐性问题，很多学生不是在数字或运算上有问题，而是因为"阅读障碍"导致读取不出题目所要求解的目标。学生在考试高压下的情绪调节能力也是影响其最终成绩的重要组成部分，很多人都经历过自己或同学本身成绩优异但在大考时发挥失常，尤其是像中高考这样社会广泛定义为"一考定终生"的大型考试。因此，一个良好备考心态的背后必然是锤炼过的情绪管理能力。

整个认知学习阶段就是学生将一个科目门类从信息到知识再到能力的转化过程（见图9-3）。转化效果的好与坏、转化效率的低与高与是否做好了科学合理的个人知识管理体系密切相关，也是未来学习任意科目的基石。

3. 元认知学习反馈阶段

元认知学习反馈阶段可以说是从"成功到卓越"的过程。若不想荒废在

| 数据 | 信息 | 知识 | 洞察 | 智慧 |

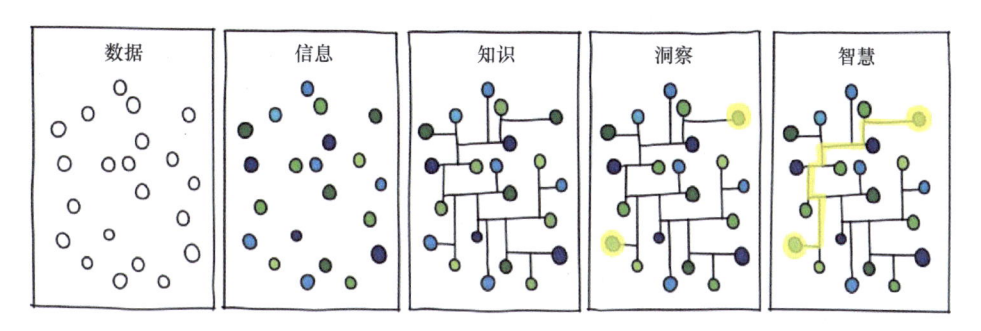

图 9-3　个人知识管理体系就是巩固"数据—信息—知识—洞察—智慧"这一学习回路

上一阶段努力完成的 1 万小时刻意练习，那么元认知学习反馈阶段就是给这 1 万小时做优化和提升，也是终生持续学习的目标——建立效果调节系统。

前文已经阐述了针对不同科目的该阶段学习方法，在情绪管理内容中提出了如何抽离出情绪状态，反观自身的一些技巧。在此主要建议教师和家长，通过学生能够理解的"元认知"概念的形式载体入手，将这个强大、深奥的心理技巧，由浅入深地示范并教授给他们。例如，笔者经常采用学生喜爱的游戏中的游戏机制和场景去帮助他们理解什么是元认知学习反馈：选择一款可以切换主人公（玩家）视角的游戏，第一人称就是玩家视角，提示学生这个视角就如同他们身临其境，用眼睛看、耳朵听，也就是与外界信息交换之后进入信息和记忆加工的过程，即认知学习阶段；在这个视角下（第一人称）会遇到一些与游戏场景交互的问题，如"卡地图"的情况，说明游戏判定玩家的虚拟人物卡在了环境中的某处，这时可以让学生切换到第三人称视角，提示学生这就是"元认知"的视角，将自己抽离出来，以旁观者的视角看待自己的虚拟人物动作，找到"卡"点，同时通过系列操作将自己的游戏人物"解困"的过程，就是元认知学习反馈阶段（见图 9-4）。

"他人评价"（同学/同伴对自己的评价）也是以第三人称视角看待自己学习效果的方式之一，同时还具有非本体（学生本身）的主客观属性存在，使得学生可以通过该评价，体会和理解他人认知角度的不同，作为提升自己认知视角的重要参考，以及对于团队协作的深刻理解。

图 9-4 某游戏的两个视角切换分别对应元认知（第三人称）与认知视角（第一人称）

没有人会再问为什么要终生学习，无论是社会变迁、科技革新，还是自我提升，每个人都有对于持续学习的需求，同时也希望下一代能够尽早地掌握适应未来的高效学习能力。但作为教育者，我们常发现，很多人用了错误的方式去学习，陷入了重重误区。首当其冲的就是"知识焦虑"轰炸下的大脑认知偏差："十分钟读完一本书""21 天克服拖延症"，看到这些"干货"标题，别说想让学生能快速掌握，甚至成人自己都想即刻掌握这些核心能力。但是，这其实是学习的重大误区，人类大脑容量有限且高耗能（即便不做任何运动或有意识思考，大脑每天也将耗去身体全部热量的 20%），因此，大脑通常喜欢"捷径"，认知科学家的发现及我们的常识亦可体会，人类并不能很好地区分"看到了，记住了"与"学会了"的真正差异。因为大脑是如此善于欺骗自己，我们总是倾向于将"看到过""记得"的信息，当作"学会了"的内容。这种错觉，体现为大脑常常对一些本来不应该产生知晓感的词汇、学习的内容产生知晓感（大概率是因为接触到信息流、朋友圈等简短但不深刻的信息）。但如果仅仅停留在知晓感上，容易误以为自己学会了，就很难获得真正的知识，更别提在认知能力上的进步。这个错觉与办健身卡类似：与其焦虑健康和考虑健身计划，不如办张健身卡，之后便感觉已经健康了不少……多少人像这样被自己的大脑成功蒙骗过去了。同理，与其知识焦虑，不如赶紧订阅各种公众号和课程，让大脑自以为看过了，达成满足感和虚假的成就感。

还有一个误区就是让孩子阅读所谓的"精读版"书籍/课程：感觉与其去看需要思考的深度资料和书籍，不如听别人给孩子读书。看上去好像省了时间和精力，但并没有考虑到孩子和精读者之间，因为不同偏好、学历背景等因素造成的认知差异，他人选取的内容片段，不一定是孩子感兴趣的，而他人忽视的片段，可能才是孩子在这个阶段真正需要的。而作为家长，看到精读者的权威性的背景，大脑选择性的相信和忽视了真正的需求。但是，请认真思考，一本数万字的著作，精编为几千字甚至几百字，被剪掉的数万字难道都是没有意义的吗？

而对于突击式的学习，经历过学生阶段的人都不陌生，但也应该有深刻的体会：突击式学习可能对于需要记忆的陈述性内容有效，但对于理科等需要理解规律的科目的学习效果就会差很多。且突击完之后，可能这些信息很快就在"记忆中消失"了，等到回忆时很难再现。因为大脑的神经可塑性需要间隔式的刺激，才能建立强劲的连接，信息加工的记忆水平才会更深刻；短时间密集的突击记忆在加工水平上缺乏深度，学生仅仅是机械地记住"字字句句"，但缺乏对内容的关联理解，也只能在考试中以复印机的方式将信息重新写出来，如同计算机只记录了人们输入的字符笔记，但无法理解字符的意义。

尾声与展望

在本书修订期间，恰逢国家"双减"政策出台，对资本裹挟下的校外学科培训业态产生了重大冲击，行业面临着转型与阵痛……作为教育者和终生学习者，我们无时无刻不在思索，中国的孩子真正需要什么样的教育。

面对科技与资本颠覆一切的风口，高举科技赋能教育的口号数不胜数。因此，我在GET2019的教育峰会上发表主题演讲时指出："孩子无论是在移动端还是桌面端与教学产品的内容做互动，即使产品的动画效果制作精良，最终还是得用眼睛看、用耳朵听，用肢体去触碰感受——感受器官的接收与认知模型的加工处理，才是孩子消化信息和吸收知识的唯一路径和载体……""科技赋能学习个体，要利用对大脑发展与认知加工模型的理解，调整教学科技的创新角度，真正做到科技以人为本、以学生为本的创新实践……"

早在该演讲之前，作为多年的教育行业头部企业首席战略官，以及先后担任两家上市教育集团高管的我，就在找寻真正让孩子掌握学会学习的核心素养及其教学的方式。因此，我将研究方向聚焦于脑神经科学与教育学领域；赵君老师则综合了自己在认知科学与学科融汇的跨学科前沿研究成果，以及多年教育领域实战经验。我们联合研发了CBTT（Cognition & Brain Teaching Technology）元认知学习理念及其产品体系，期待能够让孩子通过对自身认知与元认知能力的理解，掌握与学科能力相结合的认知思维模式，告别低效刷题式学习，真正理解事物的规律和本质，并由此掌握受益终生的学习方法。

关注孩子的身心脑成长规律与学习认知能力的塑造，才能真正回归教育的本质。

与行业友人共勉！

参 考 文 献

[1] 董奇，张红川，周新林. 数学认知：脑与认知科学的研究成果及其教育启示[J]. 北京师范大学学报(社会科学版)，2005,3：40-46.

[2] 陈立翰. Education and visual neuroscience: A mini review[J]. Psych Journal，2020.

[3] 金建水，刘兴华. 儿童和青少年学生群体的正念教育——正念作为新的心理健康教育方式的探索[J]. 首都师范大学学报(社会科学版)，2017,2：170-180.

[4] 孟祥芝. 走出迷宫：认识发展性阅读障碍[M]. 北京：北京大学出版社，2018.

[5] Paniel Ansari, Donna Coch, Bert De Smedt. Connecting Education and Cognitive Neuroscience: Where will the journey take us? [J]. Educational Philosophy and Theory, 2011, 43:1, 37-42.

[6] Bandura A.. Social learning theory[M]. Englewood Cliffs, NJ: Prentice-Hall, Inc.,1977.

[7] Baker L., Brown A. L.. Metacognitive skills and reading. In P. D. Pearson, R. Barr, M. L. Kamil and P. Mosenthal (Eds.) [M]. Handbook of Reading Research. New York: Longman,1984: 353-394.

[8] Baker D. P., Salinas D., Eslinger P. J.. An envisioned bridge: Schooling as a neurocognitive developmental institution[J]. Developmental Cognitive Neuroscience, 2012,2(1):6-17.

[9] Bakhurst D.. Minds, brains and education[J]. Journal of Philosophy of Education,2008,42(3-4):415-432.

[10] Bondy E.. Thinking about thinking: Encouraging children's use of metacognitive processes[J]. Childhood Education, 1984,60 (4):234-238.

[11] Bialystok E., Ryan E.B.. A metacognitive framework for the development of first and second language skills. In D.L. Forrest-Pressley, G.E. MacKinnon and T.G. Waller (Eds.) [J]. Metacognition, cognition and human performance. New York: Academic Press,1985,1: 207-252.

[12] Bruer J. T.. Education and the brain: A bridge too far[M]. Educational Researcher, 1997,26: 4-16.

[13] Byrnes J. P.. Minds, brains and learning: Understanding the psychological and educational relevance of neuroscientific research[M]. New York: Guilford,2001.

[14] Covington M.V.. The role of motivational and cognitive variables in autonomous

learning[R]. Paper presented at the annual meeting of the American Educational Research Association, Washington DC.,1987.

[15] Carew T. J., Magsamen S. H.. Neuroscience and Education: An ideal partnership for producing evidence-based solutions to guide 21st century learning[J]. Neuron, 2010,67(5):685–688.

[16] Coch D., Ansari D.. Thinking about mechanisms is crucial to connecting neuroscience and education[J]. Cortex, 2009,45:546–547.

[17] Daneman M., Carpenter P.A.. Individual differences in working memory and reading[J]. Journal of Verbal Learning and Verbal Behavior, 1980,19:450–466.

[18] Dempster F.N.. Memory span and short term memory capacity: A developmental study[J]. Journal of Experimental Child Psychology, 1979,26:419–431.

[19] Deshler D.D., Warner M.M., Schumacher J.B., Alley, G.R.. Learning strategies intervention model: Key components and current status. In J. D. McKinney and L. Feagans (Eds.) [J]. Current topics in learning disabilities. Norwood, NJ: Ablex,1983: 245–283.

[20] Davis R.B., McKnight C.. The influence of semantic content on algorithmic behavior[J]. Journal of Mathematical Behavior,1980,3:167–201.

[21] Elliott-Faust D.J., Pressley M.. How to teach comparison processing to increase children's short-and long-term listening comprehension monitoring[J]. Journal of Educational Psychology, 1986:78:27–33.

[22] Economides A. A.. Conative feedback in computer-based assessment[J]. Computers in the Schools, 2009,26(3):207–223.

[23] Flavell J. H.. Cognitive Monitoring. In W. P. Dickson (Eds.) [J]. Children's Oral Communication. New York: Academic Press,1981:35–60.

[24] George J. M., Zhou J.. When openness to experience and conscientiousness are related to creative behavior: An interactional approach[J]. Journal of Applied Psychology, 2002,86(3):513–524.

[25] Harris K.R.. The effects of cognitive-behavior modification on private speech and task performance during problem solving among learning-disabled and normally achieving children[J]. Journal of Abnormal Child Psychology,1986,14:63–67.

[26] Hasselhorn M., Körkel J.. Metacognitive versus traditional reading instructions: The mediating role of domain-specific knowledge on children's text processing[J]. Human Learning, 1986,5:75–90.

[27] Ho M. C., Chou C. Y., Huang C. F., Lin Y. T., Shih C. S., Han S. Y., et al.. Age-related changes of task-specific brain activity in normal aging[J]. Neuroscience Letters, 2012,507:78–83.

[28] Howard-Jones P.. Philosophical challenges for researchers at the interface between neuroscience and education[J]. Journal of Philosophy of Education, 2008:42(3-4):361–380.

[29] Jenkins J.J.. Four points to remember: A tetrahedral model and memory experiment. In L.S. Cermak & F.I.M. Craik (Eds.) [J]. Levels of processing in human memory. Hillsdale, NJ: Erlbaum & Associates,1979,429–446.

[30] Kendall P.C.. Cognitive processes and procedures in behavior therapy[J]. Annual Review of Behavior Therapy Theory and Practice, 1984,9:132–179.

[31] Meichenbaum D.M.. Cognitive behavior modification: An integrative approach[M]. New York: Plenum Press,1977.

[32] Mason L.. Bridging neuroscience and education: A two-way path is possible[J]. Cortex,2009,45: 548–549.

[33] Pressley M., Borkowski J.G., O'Sullivan J.T.. Memory strategy instruction is made of this: Metamemory and durable strategy use[J]. Educational Psychologist,1984,19:94–107.

[34] Pressley M., Borkowski J.G., Schneider W.. Cognitive strategies: Good strategy users coordinate metacognition and knowledge. In R. Vasta & G. Whitehurst (Eds.)[J]. Annals of child development. Greenwich, CT: JAI Press,1987,4:89–129.

[35] Pressley M., Levin J.R., Ghatala, E.S.. Memory strategy monitoring in adults and children[J]. Journal of Verbal Learning and Verbal Behavior, 1984,23:270–288.

[36] Prudy N., Morrison H.. Cognitive neuroscience and education: Unravelling the confusion[J]. Oxford Review of Education, 2009,35(1):99–109.

[37] Reid M.K., Borkowski J.G.. A cognitive-motivational program for hyperactive children[R]. Paper presented at the biennial meeting of the Society for Research in Child Development, Toronto,1985.

[38] Schneider W., Dumais S., Shiffrin, M.. Automatic and control processing and attention. In R. Parasuraman & D. Daviez (Eds.)[J]. Varieties of attention. Orlando, FL: Academic Press,1984:1–28.

[39] Schneider W., Körkel J., Weinert, E.. The knowledge base and memory performance: A comparison of academically successful and unsuccessful

learners[R]. Paper presented at the annual meeting of the American Educational Research Association, Washington, DC,1987.

[40] Short E.J.. The educational implications of cognitive, metacognitive and motivational subtypes[R]. Paper presented at the annual meeting of the American Educational Research Association, Washington, DC,1987.

[41] Sternberg R.J.. Intelligence, information processing and analogical reasoning: The componential analysis of human abilities[M]. NJ: Erlbaum and Associates,1977.

[42] Swanson H.L.. The influence of metacognitive knowledge and aptitude on problem solving[M]. Manuscript submitted for publication,1988.

[43] Willingham D. T.. Why don't students like school: A cognitive scientist answers questions about how the mind works and what it means for the classroom[M]. San Francisco: Jossey-Bass Press,2009.

[44] Yussen S. R.. The role of metacognition in contemporary theories of cognitive development. In D. L. Forrest-Pressley, G. E. MacKinnon and T. G. Waller (Eds.) [J]. Metacognition, cognition and human performance. New York: Academic Press,1985: 253–283.